高职高专"十三五"规划教材

电子技术基础
（学习指导书）

杨碧石　戴春风　编著

化学工业出版社

·北京·

本书是杨碧石等编著的《电子技术基础（数字部分）》（化学工业出版社，2017 年）和《电子技术基础（模电部分）》（化学工业出版社，2018 年）两本主教材的配套学习指导书，章节的安排与上述两本主教材同步，也可以单独作为"电子技术基础"课程的学习指导书。全书分为电子技术基础（数字部分）、电子技术基础（模电部分）和电子技术实验指导 3 个部分，共 28 章。前两部分每章内容都包括基本要求、重点及难点，基本概念的分析，思考题分析解答，自我测试题分析解答，习题分析解答和实验与实训分析提示；第 3 部分是电子技术实验所需要掌握的基础知识、技术要求，以及实验所用的仪器仪表与元器件的相关知识。通过学习便于读者巩固所学理论知识，提高分析问题和解决问题的能力。

　　本书可作为高职高专院校电子、电气、自动化、计算机等有关专业的教材，也可作为自学者及相关技术人员参考用书。

图书在版编目（CIP）数据

　　电子技术基础：学习指导书/杨碧石，戴春风编著. —北京：化学工业出版社，2018.10
　　高职高专"十三五"规划教材
　　ISBN 978-7-122-32906-6

　　Ⅰ.①电…　Ⅱ.①杨…②戴…　Ⅲ.①电子技术-高等职业教育-教学参考资料　Ⅳ.①TN

中国版本图书馆 CIP 数据核字（2018）第 196128 号

责任编辑：王听讲　　　　　　　　　装帧设计：韩　飞
责任校对：杜杏然

出版发行：化学工业出版社（北京市东城区青年湖南街 13 号　邮政编码 100011）
印　　装：河北鹏润印刷有限公司
787mm×1092mm　1/16　印张 12¾　字数 310 千字　2018 年 11 月北京第 1 版第 1 次印刷

购书咨询：010-64518888　　售后服务：010-64518899
网　　址：http：//www.cip.com.cn
凡购买本书，如有缺损质量问题，本社销售中心负责调换。

定　　价：36.00 元

前　言

电子技术基础是一门理论性和实践性比较强的课程，它涉及大量与实际密切联系的概念、电路和方法等。初次接触该课程，许多学生会感到不适应，入门过程较长，而在概念不明、电路不清和方法不熟的情况下，解题难又是初学者遇到的普遍问题。为帮助学生解决问题，尽快适应电子技术课程的学习，出版一本与电子技术基础教材配套的学习指导书尤为重要。

本书为杨碧石等编著的《电子技术基础（数字部分）》（化学工业出版社，2017 年）和《电子技术基础（模电部分）》（化学工业出版社，2018 年）两本主教材的配套学习指导书，章节的安排与上述两本主教材同步，也可以单独作为"电子技术基础"课程的学习指导书。全书分为电子技术基础（数字部分）、电子技术基础（模电部分）和电子技术实验指导 3 个部分，共 28 章。前两部分主要内容概述如下：

【基本要求、重点及难点】这一部分按"熟练掌握"、"正确理解"和"一般了解"3 个层次，给出了教学内容中各个知识点的教学要求。

【基本概念的分析】这一部分提炼了主教材中各章节的基本概念、基本电路和基本分析方法，目的是帮助学生梳理教学内容中的各种概念、电路分析方法，以及它们之间的联系，也是教材各章节内容的总结，以期达到使课程内容由多变少、由繁变简、由难变易的目的。

【思考题分析解答】这一部分让学生检查自己对基本概念的掌握程度，通过思考题的练习，学生将加深对基本概念和基本分析方法的理解，掌握课程的知识点。思考题的顺序与主教材完全对应。

【自我测试题分析解答】这一部分让学生检查对本章节的全面知识的掌握程度，通过自我测试题分析解答，学生可以掌握解题的基本方法和技巧，提高分析和解决一些最基本的工程实际问题的能力。

【习题分析解答】这一部分对主教材的课后习题给出了解答过程和答案。

【实验与实训分析提示】这一部分对学生在实验中容易产生的问题给出提示，并提醒学生在实验中应注意的问题，确保实验顺利进行。

第 3 部分是电子技术实验指导，主要介绍了电子技术实验所需要掌握的基础知识、技术要求，以及实验所用的仪器仪表与元器件的相关知识。

本书由杨碧石和戴春风编著，杨碧石还负责全书内容的总体策划、统稿。在本书编写与整理过程中，得到了杨卫东、陈兵飞、束慧、严飞、刘建兰、赵青、居金娟和王力等的大力支持和帮助，并提出了一些宝贵意见，在此，向他们表示衷心的感谢。

希望本教材能够得到专家、同行和学生的认同和指正，意见和建议可用 E-mail 发至：ntybs@126.com 或 ntybs@mail.ntvu.edu.cn。

编者

2018 年 8 月

目 录

第1部分　电子技术基础（数字部分）

第2部分 电子技术基础（模电部分）

第 3 部分　电子技术实验指导

第1部分
电子技术基础（数字部分）

第1章

逻辑代数基础

【基本要求、重点及难点】

本章介绍了数制与码制、逻辑代数基本运算、逻辑代数基本定律和常用公式、逻辑函数的表示方法、逻辑函数的最小项及标准表达式、逻辑函数的化简方法等。应熟练掌握数制间的相互转换、常用的 BCD 码、逻辑代数基本运算、逻辑代数基本定律和逻辑函数化简方法；正确理解格雷码、常用公式在逻辑函数化简的应用技巧、逻辑函数常用 5 种表示方法及相互转换；一般了解逻辑函数最大项及标准表达式、逻辑函数公式法化简和卡诺图法化简局限性。

【基本概念的分析】

大多数自然量都是模拟量；数字量可以精确地再生，而且存储方便。数字量在自然界中以模拟形式存在，但在用计算机或数字电路处理之前必须转化为数字形式。

数字系统中之所以使用二进制，是由于"1"和"0"很容易通过三极管的"导通"和"截止"来表示，也可表示电平的高低，"1"表示高电平"5V"，"0"表示低电平"0V"。

数制是多位数码中每一位的构成方法，以及从低位到高位的进位规则，其中包括十进制、二进制、八进制和十六进制等。在任何数制中，最低位的加权因子都是 1。采用对应数位的数乘以相应加权因子求和的方法，可以将各种数制转换为十进制；利用基数除法或基数乘法，可以将十进制数转换为二进制数、八进制数或十六进制数。二进制数可以通过 3 位组合形式转换为八进制数，也可以通过 4 位组合形式转换为十六进制数，整数部分从最低有效位（LSB）开始组合，然后将每组数转换为八进制数或十六进制数，最后不足 3 位或 4 位时左边用 0 补足，小数部分从最高有效位（MSB）开始组合（最后不足 3 位或 4 位时右边用 0 补足），应熟练掌握数制间的相互转换。码制是为了便于记忆和处理，在编制代码时要遵循一定的规则，应掌握常用的 BCD 码。

逻辑运算中的三种基本运算是与、或、非运算，与其对应的表示方式有逻辑符号、逻辑表达式和真值表。基本逻辑运算是构成复合逻辑运算的基础。常用的复合逻辑运算有与非运算、或非运算、与或非、异或及同或运算，其中的与非、或非运算是通用运算。利用这些简单的逻辑关系可以组成更复杂的逻辑运算。

逻辑代数的基本定律与常用公式是推演、变换和化简逻辑函数的依据，有些与普通代数相同，有些则完全不一样，例如摩根定理、重叠律、非非律等，要特别注意记住这些特殊的定律。

逻辑函数常用的表示方法有真值表、函数表达式、逻辑图、卡诺图和波形图等。它们各有其特点，但本质相通，可以互相转换。尤其是由真值表到逻辑图和由逻辑图到真值表的转换，直接涉及数字电路的分析设计与综合问题，更加重要，一定要掌握。逻辑函数化简是应该熟练掌握的内容。

【思考题分析解答】

1.1 思考题

1. 列举 3 个模拟量。

[答案] 温度、压力、速度、质量、声音等。

提示：模拟量的变化在时间上和数值上都是连续的。

2. 为什么计算机系统处理的量是数字量而不是模拟量？

[答案] 因为数字量在计算机系统中容易存储和编译。

提示：计算机的键盘是按动的开关量或称数字量（"按"为 1，"不按"为 0）

1.2.1 思考题

1. 为什么数字电子技术中采用二进制？

[答案] 因为它仅用两个数字"0"和"1"，可以用来表示两种不同的电平。

2. 在二进制中，如何确定每个二进制位的加权因子？

[答案] 用 2 的乘方（2^n）。

提示：加权因子即为数制中的权值。

3. 将 $(1101.0110)_2$ 转换为十进制数，将 $(43)_{10}$ 转换为二进制数。

[答案] $(1101.0110)_2 = (13.375)_{10}$；$(43)_{10} = (101011)_2$。

4. 八进制数每位允许使用的数是 0～8 吗？

[答案] 不是。数制中的最大数码是 N-1，八进制不可能有 8 这个数码。

提示：八进制有 0、1、2、3、4、5、6、7 这 8 个数字符号。

5. 将 $(111011)_2$ 转换为八进制数，将 $(263)_8$ 转换为二进制数。

[答案] $(111011)_2 = (73)_8$；$(263)_8 = (10110011)_2$ 或 $(010110011)_2$。

提示：八进制数转换成二进制数时，最高位的 0 可以不写。

6. 将 $(90)_{10}$ 转换为八进制数，将 $(300)_{10}$ 转换为十六进制数。

[答案] $(90)_{10} = (132)_8$；$(300)_{10} = (12C)_{16}$。

7. 任何时候，将十进制数转换为其他数制都可以使用除基取余法吗？

[答案] 不可以。只有整数部分可以采用除基取余法转换。

提示：应把整数和小数分开后采用不同方法转换。

8. 将 $(01101011)_2$ 转换为十六进制数，将 $(E7)_{16}$ 转换为二进制数。

[答案] $(01101011)_2 = (6B)_{16}$；$(E7)_{16} = (11100111)_2$。

1.2.2 思考题

1. BCD 码与二进制有什么不同？

[答案] BCD 码是使用 4 位二进制为 1 组，来表示十进制数 0 至 9；而二进制数可以任意位。

提示：应注意 BCD 码与二进制表示时有不同下标的。

2. 将 $(947)_{10}$ 转换为 BCD 码，将 $(100001100111)_{BCD}$ 转换为十进制数。

[答案] $(947)_{10} = (100101000111)_{BCD}$；$(100001100111)_{BCD} = (867)_{10}$。

1.4 思考题

1. 利用摩根定理，可以证明或非运算等效于反相输入与运算。

[答案] 或非 $F = \overline{A+B} = \overline{A}\,\overline{B}$；与运算 AB；反相输入与运算 $\overline{A}\,\overline{B}$。

2. 对偶规则与反演规则有什么不同？

[答案] 对偶规则是变量不变，其余要变；而反演规则是所有都要变。

3. 应用何种基本定律来变换下列表达式？

(a) $B+(D+E)=(B+D)+E$；(b) $CAB=BCA$；(c) $(B+C)(A+D)=BA+BD+CA+CD$

[答案] (a) 用的是结合律；(b) 用的是交换律；(c) 用的是分配律。

4. 用运算规则中的一种来变换下列表达式：

(a) $\overline{B}+AB=?$　　　(b) $B+\overline{B}C=?$

[答案] (a) $\overline{B}+AB=\overline{B}+A$；(b) $B+\overline{B}C=B+C$。

提示：利用了吸收律。

5. 为什么在逻辑表达式的化简中摩根定理很重要？

[答案] 在逻辑函数的化简和变换中，经常要用到这一对公式进行变换。

1.5 思考题

1. 什么是逻辑函数？什么是逻辑变量？逻辑变量的定义域是多少？

[答案] 逻辑函数是描述输入逻辑变量和输出逻辑变量间的因果关系。逻辑变量是描述事件因果关系中所有的原因。逻辑变量的定义域：0 和 1。

2. 逻辑函数有几种表示方法？相互如何转换？

[答案] 表示方法：表达式、逻辑真值表、逻辑图、卡诺图和波形图。

转换：由真值表写出逻辑函数表达式；由逻辑函数表达式列出真值表；由逻辑函数表达式画出逻辑图；由逻辑图写出逻辑函数表达式等。

3. 逻辑函数的标准表达式有几种？什么是最小项和最大项？它们有什么性质？

[答案] 标准表达式有 2 种：最小项与或表达式和最大项或与表达式。

最小项：在 n 变量逻辑函数中，若 m 为包含 n 个因子的乘积项，而且这 n 个变量均以原变量或反变量的形式在 m 中出现一次，则称 m 为该组变量的最小项。

最小项有以下性质：①在输入变量的任何取值下必有一个最小项，而且仅有一个最小项的值为 1；②全体最小项之和为 1；③任意两个最小项的乘积为 0；④n 个变量的最小项有 n 个相邻最小项。

最大项：在 n 个变量逻辑函数中，若 M 为 n 个变量之和，而且这 n 个变量均以原变量或反变量的形式在 M 中出现一次，则称 M 为该组变量的最大项。

最大项有以下性质：①在输入变量的任何取值下必有一个最大项，而且只有一个最大项的值为 0；②全体最大项之积为 0；③任意两个最大项之和为 1；④n 个变量的最大项有 n 个相邻最大项。

1.6 思考题

1. 逻辑函数有几种化简方法？各有什么特点？

［答案］公式化简法：是反复使用逻辑代数的基本定律和常用公式，消去函数式中多余的乘积项和多余的因子，以求得函数的最简表达式。其特点：化简方便，但需要能熟练掌握基本定律和常用公式，并有一定的应用技巧。

卡诺图化简法：化简时依据的基本原理就是具有相邻性的最小项可以合并，来消去不同的因子。其特点：容易化简，通常适用于 4 个逻辑变量以下的逻辑函数。

2. 用卡诺图法进行逻辑函数化简时，应注意什么？无关项如何处理？

［答案］（1）圈越大越好。合并最小项时，圈的最小项越多，消去的变量就越多，因而得到的由这些最小项的公因子构成的乘积项也就越简单。

（2）每一个圈至少应包含一个新的最小项。合并时，任何一个最小项都可以重复使用，但是每一个圈至少都应包含一个新的最小项（未被其他圈圈过的最小项），否则它就是多余项。

（3）必须把组成函数的全部最小项圈完。每一个圈中最小项的公因子就构成了一个乘积项，一般地说，把这些乘积项加起来，就是该函数的最简与或表达式。

（4）有时需要比较、检查才能写出最简与或表达式。在有些情况下，最小项的圈法不止一种，因而得到的各个乘积项组成的与或表达式也会各不相同。虽然它们都包含了函数的全部最小项，但是谁是最简的，常常要经过比较、检查才能确定，而且，有时候还会出现表达式都同样是最简式的情况。

无关项处理：无关项与最小项相邻时，可以与最小项合并化简，独立无关项可以略去。

【自我测试题分析解答】

一、选择题（请将下列题目中的正确答案填入括号内）

1. c；2. c；3. b；4. a；5. c；6. c；7. a；8. a；9. c；10. c；11. a；12. c；13. c；14. b；15. a，a。

二、判断题（正确的在括号内打√，错误的在括号内打×）

1. √；2. ×；3. ×；4. ×；5. ×；6. ×；7. √；8 ×；9. √；10√。

三、分析计算题

1. 解：比特：二进制位数的最小单位。

　　　字节：8 个比特组成的一组数，称为一个字节（byte）。

2. 解：$(1111111111)_2 = (1023)_{10}$。

3. 解：（1）$56_{10} = 111000_2 = 70_8 = 38_{16}$；

　　　（2）$439_{10} = 110110111_2 = 667_8 = 1B7_{16}$；

　　　（3）$1281_{10} = 10100000001_2 = 2401_8 = 501_{16}$。

4. 解：（1）$F = A\bar{B} + B + \bar{A}B = A + B$。

提示：用了二次吸收律。

（2）$F = A\bar{B}CD + ABD + A\bar{C}D = AD(\bar{B}C + B + \bar{C}) = AD$。

提示：用了吸收律、互补律和 01 律。

5. 解：由题目可画出卡诺图，如图 1.1.1 所示。

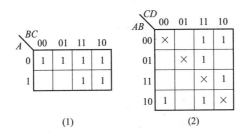

图　1.1.1

（1）$F = \bar{A} + B$；（2）$F = CD + AC + \bar{B}\,\bar{D}$。

【习题分析解答】

一、选择题（请将下列题目中的正确答案填入括号内）

1. b；2. b；3. c；4. c；5. c；6. b；7. b；8. a；9. a；10. a。

二、判断题（正确的在括号内打√，错误的在括号内打×）

1. √；2. √；3. √；4. ×；5. √；6. √；7. ×；8. √。

三、分析计算题

1. 解：可以（通过采样和量化）。

2. 解：数字信号：物理量的变化在时间和数值上都是离散的，这一类物理量称为数字量，这种数字量的信号叫数字信号。它是一种离散信号，或者说是不连续变化的信号。

　数字电路：传输、处理数字信号的电路。

　数字电路特点：基本单元电路比较简单，对元件的精度要求不高，便于电路集成化、系列化生产，并具有使用方便、可靠性高、价格低廉等优点。

3. 解：二进制数是在数字电路中应用最广的计数体制。特点：只有 0 和 1 两个数字符号，所以计数的基数为 2。

　其特点是各位数的权值是 2 的幂，低位和相邻高位之间的进位关系是"逢二进一"。

　因为有 0 和 1 两个数字符号，所以很容易表示数字电路的两种工作状态。

4. 解：用 4 位二进制数组成一组代码来表示 0～9 十个数字，这种代码称为二-十进制代码（Binary Coded Decimal），简称 BCD 码。常见的 BCD 码有 3 种：8421 码、2421 码和余 3 码。有权码是每一位都有固定数值的码，8421 码和 2421 码是有权码，而余 3 码是无权码，格雷码也是无权码。

5. 解：$(51.25)_D = (110011.01)_B = (63.2)_O = (33.4)_H = (01010001.00100101)_{8421BCD}$。

6. 解：(1) $(A4)_H < (165)_D < (246)_O < (10100111)_B$。

(2) $(001001010111)_{8421BCD} < (100000001)_B < (258)_D < (103)_H$。

7. 解：$(1011.01)_2 = (11.25)_{10}$；$(101101)_2 = (45)_{10}$；$(27)_8 = (23)_{10}$；$(5B)_{16} = (91)_{10}$。

8. 解：$(13)_{10} = (1101)_2$；$(39.375)_{10} = (100111.011)_2$；$(75.5)_{10} = (1001011.1)_2$。

9. 解：$(10101101)_2 = (255)_8 = (AD)_{16}$；$(100101011)_2 = (453)_8 = (12B)_{16}$；

$(11100011.011)_2 = (343.3)_8 = (E3.6)_{16}$；$(110.1101)_2 = (6.64)_8 = (6.D)_{16}$。

10. 解：$(78)_{10} = (01111000)_{8421} = (10101011)_{余3码}$；

$(5423)_{10} = (0101010000100011)_{8421} = (1000011101010110)_{余3码}$；

$(760)_{10} = (011101100000)_{8421} = (101010010011)_{余3码}$。

11. 解：(1) 00100001_2：A 超温，C 超压；(2) $C0_{16} = 11000000_2$：D 超温超压；

(3) $88_H = 10001000_2$：B、D 超压；(4) $024_8 = 00010100_2$：B、C 超温；

(5) $48_{10} = 0011000000_2$：C 超温超压。

12. 解：(1) $\overline{F_1} = \overline{A}B + \overline{C}D$；(2) $\overline{F_2} = (\overline{A} + \overline{B}C)(A + \overline{D})$。

13. 解：(1) $F' = \overline{AB}\ (\overline{A} + \overline{B})$；(2) $F' = \overline{AB\overline{\overline{C}\ \overline{D}} + F}$；(3) $F' = [\overline{AB} + C(D + E)]\overline{D}$。

14. 解：列真值后得：(1) 当 A、B、C 取值为 001、011、110、111 时，F 的值为 1。
(2) 当 A、B、C 取值为 011 时，F 的值为 1。

15. 解：列真值后得：(1) $F_1 = F_2$；(2) $F_1 = \overline{F_2}$。

16. 解：$F = \sum m(0,1,3,4,6,7) = \Pi M(2,5)$。

17. 解：(1) $F(A,B,C) = A\overline{B}C + \overline{A} + B + \overline{C} = A\overline{B}C + \overline{A\overline{B}C} = 1$；

(2) $F(A,B,C,D) = A\overline{B}CD + ABD + A\overline{C}D = AD(\overline{B}C + B + \overline{C}) = AD(C + B + \overline{C}) = AD$；

(3) $F = \overline{A} + \overline{B} + \overline{C} + \overline{D} + ABCD = \overline{ABCD} + ABCD = 1$；

(4) $F = AB + AD + \overline{B}\ \overline{D} + A\ \overline{C}\ \overline{D} = AB + \overline{B}\ \overline{D} + A\overline{D} + AD + A\overline{C}\ \overline{D} = A + \overline{B}\ \overline{D}$；

(5) $F = \overline{A}\ \overline{B} + AC + BC + \overline{B}\ \overline{C}D + \overline{B}CE + \overline{B}CF = \overline{A}\ \overline{B} + AC + B(C + \overline{C}E) + \overline{B}\ \overline{C}\ \overline{D} + \overline{B}CF$

$\qquad = \overline{A}\ \overline{B} + AC + BC + BE + \overline{B}\ \overline{C}D + \overline{B}CF = \overline{A}\ \overline{B} + AC + BE + \overline{B}\ \overline{C}D + C\ (B + \overline{B}F)$

$\qquad = \overline{A}\ \overline{B} + AC + BE + \overline{B}\ \overline{C}D + CB + CF = \overline{A} + \overline{B} + (A + B)C + CF + BE + \overline{B}\ \overline{C}\ \overline{D}$

$\qquad = \overline{A} + \overline{B} + C + CF + BE + \overline{B}\ \overline{C}D = \overline{A} + \overline{B} + C + BE + \overline{B}\ \overline{C}D = \overline{A} + \overline{B} + C + BE + \overline{B}\ \overline{D}$；

(6) $F = A\overline{B} + BD + CDE + \overline{A}D = A\overline{B} + BD + AD + CDE + \overline{A}D = A\overline{B} + D$。

18. 解：由题画出各自的卡诺图，如图 1.1.2 和图 1.1.3 所示。合并最小项后得：

(1) $AC + BC + \overline{A}BD$；(2) $\overline{B} + C\overline{D} + \overline{A}\ \overline{D}$；(3) $\overline{C}\ \overline{D} + BD + \overline{B}\ \overline{D}$；

(4) $F(A,B,C,D) = A\overline{C} + A\overline{B} + A\overline{D}$；(5) $F(A,B,C,D) = \overline{A}\ \overline{B} + AC + B\overline{C}$；

AB\\CD	00	01	11	10
00	0	0	0	0
01	0	1	1	1
11	0	0	1	1
10	0	0	1	1

AB\\CD	00	01	11	10
00	1	1	1	1
01	1	0	0	1
11	0	0	0	1
10	1	1	1	1

AB\\CD	00	01	11	10
00	1	0	0	1
01	1	1	1	0
11	×	×	×	×
10	1	0	×	×

图　1.1.2

AB\\CD	00	01	11	10
00	0	0	0	0
01	0	0	0	0
11	1	1	0	1
10	1	1	1	1

AB\\CD	00	01	11	10
00	1	1	1	1
01	1	1	0	0
11	1	1	1	1
10	0	0	1	1

AB\\CD	00	01	11	10
00	0	0	0	1
01	1	1	1	1
11	1	1	1	1
10	0	0	1	0

AB\\CD	00	01	11	10
00	1	1	0	1
01	0	1	0	0
11	1	1	1	1
10	1	0	1	1

图　1.1.3

(6) $F(A,B,C,D)=\overline{A}B+B\overline{D}+ACD+\overline{A}C\overline{D}$；(7) $F(A,B,C,D)=\overline{B}\,\overline{D}+AB+\overline{A}\,\overline{C}D+AC$。

19. 解：互补（反函数），卡诺图略。

20. 解：由题画出各自的卡诺图，如图 1.1.4 所示。合并最小项后得：

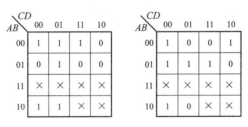

AB\\CD	00	01	11	10
00	1	1	1	0
01	0	1	0	0
11	×	×	×	×
10	1	1	×	×

AB\\CD	00	01	11	10
00	1	0	0	1
01	1	1	1	0
11	×	×	×	×
10	1	0	×	×

图　1.1.4

(1) $F(A,B,C,D)=\overline{B}\,\overline{C}+CD+\overline{B}D$；

(2) $F(A,B,C,D)=\overline{C}\,\overline{D}+BD+\overline{B}\,\overline{D}$ 或 $F(A,B,C,D)=B\overline{C}+BD+\overline{B}\,\overline{D}$。

21. 解：由题画出各自的卡诺图，如图 1.1.5 所示。合并最小项后得：

AB\\CD	00	01	11	10
00	1	×	×	1
01	×	×	1	×
11	0	1	1	0
10	×	0	0	×

AB\\CD	00	01	11	10
00	×	×	×	1
01	1	0	1	1
11	1	0	1	0
10	×	×	×	0

AB\\CD	00	01	11	10
00	0	1	0	1
01	1	×	×	×
11	1	0	0	1
10	×	×	0	×

AB\\CD	00	01	11	10
00	1	0	1	1
01	1	1	0	1
11	1	×	×	×
10	×	×	1	×

图　1.1.5

(1) $F(A,B,C,D)=\overline{A}+BD$；(2) $F(A,B,C,D)=CD+\overline{C}\,\overline{D}+\overline{A}C$；

(3) $F(A,B,C,D)=B\overline{D}+\overline{C}\,\overline{B}D+C\overline{D}$ 或 $F(A,B,C,D)=B\overline{D}+\overline{A}\,\overline{C}D+C\overline{D}$；

（4）$F(A,B,C,D)=\overline{D}+B\overline{C}+\overline{B}C$。

【实验与实训分析提示】

利用 Multisim 10 可以实现计算机仿真设计与虚拟实验，与传统的电子电路设计与实验方法相比，具有如下特点：设计与实验可以同步进行，可以边设计边实验，修改调试方便；设计和实验用的元器件及测试仪器仪表齐全，可以完成各种类型的电路设计与实验；可方便地对电路参数进行测试和分析；可直接打印输出实验数据、测试参数、曲线和电路原理图；实验中不消耗实际的元器件，实验所需元器件的种类和数量不受限制，实验成本低，实验速度快，效率高；设计和实验成功的电路可以直接在产品中使用。

Multisim 10 易学易用，便于学生自学、便于开展综合性的设计和实验，有利于培养综合分析能力、开发和创新的能力。

请用 Multisim 10 软件仿真主教材：《电子技术基础（数字部分）》书中图 1.8 串联开关电路、图 1.10 并联开关电路、图 1.12 开关与灯并联电路和图 1.15 楼道照明电路的功能，初步熟悉 Multisim 10 软件的基本操作。

第2章

逻辑门电路

【基本要求、重点及难点】

本章介绍了数字电路中基本逻辑单元门电路、三态逻辑门和集电极开路输出门，简要介绍 TTL 集成门电路和 CMOS 集成门电路的逻辑功能、外特性和性能参数等内容。应熟练掌握逻辑门电路高、低电平与正、负逻辑状态的关系、基本门电路的工作原理及实际应用、三态门的工作原理及应用；正确理解集成逻辑电路主要参数的含义与所表示的性能、逻辑符号与控制端符号上非号、小圆圈含义及其门电路上小圆圈符号含义的区别、三态门使能控制端的作用、各种门电路多余输入端的处理、门电路的实际检测；一般了解 OC 门和传输门的逻辑符号及应用、各种门电路系列间的接口、CMOS 集成电路的存放和焊接的措施。

【基本概念的分析】

逻辑门是数字系统的"基本单元"，根据输入电平的组合情况，逻辑门产生可预测的输出电平，所以逻辑门是一种"判决"电路。只有当所有输入都是高电平时，与门的输出才是高电平。只要有一个或多个输入为高电平时，或门的输出就是高电平。非门（反相器）产生的输出电平正好与输入电平相反。

与非门等价于在与门后接一个反相器（即非门）。只有当所有输入都是高电平时，与非门的输出才是低电平。或非门等价于在或门后接一个反相器（即非门）。只有当所有输入都是低电平时，或非门的输出才是高电平。与非门和或非门可用来实现基本和复合逻辑运算。

异或门仅当输入 A 和 B 处于相反的逻辑电平时，输出 F 才变为高电平。同或（异或非）门仅当输入 A 和 B 处于相同逻辑电平时，输出 F 才变为高电平。

把集电极开路输出线连接到一起，能实现"线与"功能；把三态输出连接在一起，可以允许多个器件共用一条数据总线，在这种情况下，某一时刻只允许一个器件驱动总线。

各种类型的逻辑门都是以集成电路（IC）形式提供的。主要的数字集成电路系列是 TTL 和 CMOS 系列。TTL 系列和 CMOS 系列存在不同的特点和电压差别，除了兼容系列外，两者不能直接相连，当两者同处于一个系统中时就需要考虑接口问题。

对数字集成电路 IC 的理解，重点在于它们的输出与输入之间的逻辑关系和外部电气特性。其性能参数主要包括：直流电源电压、逻辑电平（输入与输出）、传输延迟、扇出系数、功耗等。其特性包括：集成块类型、引脚逻辑图和符号。

【思考题分析解答】

2.1.3 思考题

1. 在什么情况下，与门输出为逻辑高电平？

[答案] 只有当所有的输入都是逻辑高电平时，其输出才是逻辑高电平。

提示：与逻辑的逻辑关系是"全 1 出 1，有 0 出 0"。

2. 4 输入与门有多少种可能的输入状态组合？

[答案] 16 种（ABCD：0000、0001、0010、…、1111）。

3. 如果 2 输入与门的一端输入为数字波形，则在什么情况下能得到数字波形？

[答案] 另一个输入为高电平。

提示：另一个输入为低电平时与门被封锁。

4. 在什么情况下，或门输出为逻辑高电平？

[答案] 只要有一个或多个输入是逻辑高电平时，其输出就是逻辑高电平。

提示：或逻辑的逻辑关系是"有 1 出 1，全 0 出 0"。

5. 对于 3 输入或门有多少种可能的输入状态组合？

[答案] 8 种（ABC：000、001、010、…、111）。

6. 如果向 2 输入或门一端输入数字波形，则在什么情况下输出为高电平？

[答案] 另一个输入输为高电平。

提示：或门有 1 出 1，此时输入数字波形被封锁。

2.1.4 思考题

1. 非门是如何实现非函数功能的？

[答案] 对函数取反。用三极管组成反相器实现非门功能，当输入高电平为"1"时，三极管导通，输出低电平（"0"）；而当输入低电平（"0"）时，三极管截止，输出高电平为"1"。

2. 非门有多少个输入端？

[答案] 非门是实现倒相或称反相功能，所以只有一个输入端。

2.2.1 思考题

1. 在什么情况下，与非门的输出为逻辑低电平？

[答案] 与非门的输入端全为高电平时，输出才为低电平。

提示：与非门的逻辑关系是"有 0 出 1，全 1 出 0"。

2. 如果 2 输入与非门的一端输入为数字波形，则在什么情况下输出为高电平？

[答案] 另一个输入端为低电平，此时与非门被封锁。

提示：另一个输入端为高电平时，输入数字波形被反相后输出。

3. 对于 3 输入与非门，所有可能的输入状态组合中有几组输入状态能够输出高电平？

[答案] 3 输入与非门输入状态组合有八组，根据与非逻辑关系输出高电平有七组。

提示：与非逻辑关系只有全 1 出 0（全 1 只有一组组合，其他有七组组合都有 0）。

2.2.2 思考题

1. 在什么情况下，或非门输出为逻辑高电平？

［答案］或非门输入端全为低电平时输出才为高电平。

提示：或非门的逻辑关系是"有 1 出 0，全 0 出 1"。

2. 如果向 2 输入或非门输入数字波形，则在什么情况下能输出数字波形？

［答案］另一个输入端为低电平，输入数字波形被反相后输出。

提示：另一个输入端为高电平时，输入数字波形被封锁。

2.2.3 思考题

1. 当异或门两个输入都是 1（高电平）时，可以判断其输出的唯一状态吗？

［答案］不能。当两个输入都是 0（低电平）时输出状态也为 0。

2. 将异或门作为反相器使用时，应将另一输入端接什么电平？

［答案］另一个输入端为高电平。

提示：根据异或门的真值表可判断。

3. 异或门可看作是 1 的奇数还是偶数检测器？

［答案］看作是 1 的奇数检测器。

提示：根据异或门逻辑关系不同时输出 1；异或门有奇数个 1 时也输出为 1。

2.2.4 思考题

1. 在什么情况下，同或门的输出为低电平？

［答案］同或门二个输入端不同电平时输出为低电平。

提示：根据同或门逻辑关系"相同出 1，不同出 0"。

2. 当同或门两个输入都是高电平时，可以判断其输出的唯一状态吗？

［答案］不能。当两个输入都是 0（低电平）时，输出状态也为 1。

3. 如何将同或门用作反相器？

［答案］有一个输入端为低电平。

提示：根据同或门的真值表可判断。

2.2.5 思考题

1. 在什么情况下，与或非门的输出为逻辑低电平？

［答案］一个或多个与门的输入端全为高电平时。

提示：至少在一个与门的输入为全 1。

2. 对于三个 2 输入与门构成的与或非逻辑，写出其逻辑表达式。

［答案］$F = \overline{AB + CD + EF}$。

2.3 思考题

1. 试说明三态门输出的逻辑功能。它有什么特点和用途？

［答案］三态输出门（简称 TS 门）除了有高电平和低电平（即逻辑 1 和逻辑 0）两种逻辑状态外，还有第三种状态——高阻状态（记为 Z），或称为禁止状态。

特点：三态输出门的构成是在普通逻辑门电路的基础上增加一些专门的控制电路，以及一个新的控制输入端——三态使能端，即 EN（Enable）端，通过 1/0 逻辑电平来控制，可以工作在三种不同状态。

用途：三态门在数据传送和总线接口中得到了广泛的应用。

2. OC 门与普通门电路有什么区别？它适合什么场合？

[答案]OC 门特点是内部输出三极管的集电极开路。在使用时，必须外接"上拉电阻 R"，使得该输出端与直流电源相连。

特点：输出端直接相连，可以实现门电路间的"线与"功能。

提示：上拉电阻 R 的阻值的选取可查阅相关资料。

3. 什么叫线与？普通 TTL 与非门能否线与？

[答案]两个 OC 门的输出线直接相连，实现"与"逻辑运算时称为"线与"。

普通 TTL 与非门不能"线与"。

2.4 思考题

1. 比较 TTL 和 CMOS 集成电路的特点。

[答案]TTL 集成电路的特点：速度快、抗静电能力强，但其功耗较大，不适宜做成大规模集成电路。

CMOS 集成电路的特点：集成度高、功耗低，但速度较慢、抗静电能力差。

2. 在数字电路系统中，总的延迟时间由什么来决定？

[答案]由系统中门电路的传输延迟时间来决定。

2.5 思考题

1. 如何利用探测器进行数字集成电路的故障排查？

[答案]逻辑探测器的金属接头可以接触待测 IC 的引脚、印制电路板的敷铜引线或器件的引线，同时探测器上安有指示灯，用来告知某点的数字电平，若为高电平，则指示灯亮起；若为低电平，则指示灯熄灭；若电平悬浮（开路，既不是高电平也不是低电平），则指示灯发光黯淡。

2. 如何利用脉冲发生器进行数字集成电路的故障排查？

[答案]逻辑脉冲发生器用来为待测电路提供数字脉冲，同时观测逻辑探测器。可以通过集成电路或元件的信号，判断电路是否正常。绝大多数集成电路或元件的故障，是由电路的输入输出端开路或短路造成的。

3. 集成电路中较常见的是开路还是短路？

[答案]是开路，没输出，输出固定在高电平或低电平。

【自我测试题分析解答】

一、选择题（请将下列题目中的正确答案填入括号内）

1. b；2. a；3. c；4. c；5. c；6. a。

二、判断题（正确的在括号内打√，错误的在括号内打×）

1. ×；2. ×；3. √；4. √；5. ×；6. √。

三、分析计算题

1. 解：当 TTL 反相器的输出为 3V 时，输出是高电平，是红灯亮 $[I=(3-2)/150=6.7$（mA）$]$；

当 TTL 反相器的输出为 0.2V 时，输出是低电平，是绿灯亮 $[I=(5-2.2)/480=5.8$（mA）$]$。

2. 解：当 TTL 反相器的输出为高电平时，三极管会导通，且发光二极管会发亮；当 TTL 反相器的输出为低电平时，三极管不导通，发光二极管不会发亮。

3. 解：F_1：高电平；F_2：$B=0$ 时，$\overline{A}$；$B=1$ 时为高阻；F_3：$\overline{AB}$。

4. 解：由图可得 $F=\overline{A}B+BC$，由表达式可得表 1.2.1 所示的真值表。

表 1.2.1

A	B	C	F
0	0	0	0
0	0	1	0
0	1	0	1
0	1	1	1
1	0	0	0
1	0	1	1
1	1	0	0
1	1	1	1

表 1.2.2

A	B	C	F_1	F_2
0	0	0	0	0
0	0	1	0	0
0	1	0	0	0
0	1	1	0	1
1	0	0	0	1
1	0	1	1	1
1	1	0	1	1
1	1	1	1	1

5. 由题意可得表 1.2.2 所示真值表。

由真值表 1.2.2 可得表达式 $F_1=A(B+C)$；$F_2=A+BC$。

由上述表达式可画出如图 1.2.1 所示波形图。

6. 由题意可画出如图 1.2.2 所示波形图。

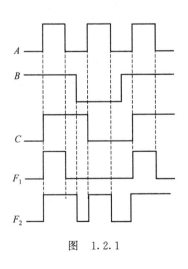

图 1.2.1

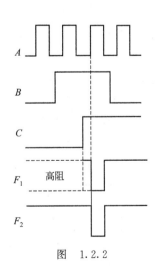

图 1.2.2

【习题分析解答】

一、选择题（请将下列题目中的正确答案填入括号内）

1. a；2. b；3. c；4. c；5. a。

二、判断题（正确的在括号内打√，错误的在括号内打×）

1. √；2. √；3. √；4. ×；5. ×。

三、分析计算题

1. 解：与门：$F_1=\overline{\overline{AB}\cdot 1}$；或门：$F_2=\overline{\overline{A}\cdot 1\cdot\overline{B}\cdot 1}$；

或非门：$F_3=\overline{\overline{A\cdot 1}\,\overline{B\cdot 1}}$；异或门：$F_4=\overline{\overline{\overline{A\cdot 1}\cdot B}\cdot\overline{A\cdot\overline{B\cdot 1}}}$。

2. 解：可以。与非门另一端接高电平；或非门另一端接低电平；异或门另一端接高电平。

3. 解：$F_1=\overline{A}$；$F_2=\overline{AB+CD}$；$F_3=\overline{AB}$（$C=0$）或 $F_3=\overline{B}$（$C=1$）；$F_4=\overline{AB}$。

4. 解：$G=0$ 时，$F_1=A$、$F_2=$高阻、$F_3=AB$；$F_4=$高阻；

$G=1$ 时，$F_1=$高阻、$F_2=\overline{A}$；$F_3=$高阻、$F_4=\overline{AB}$。

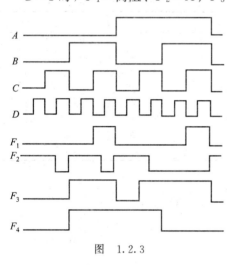

图　1.2.3

5. 解：$F_1=BC$；$F_2=\overline{AB+CD}$；$F_3=(A+B)(B+C)=B+AC$；$F_4=\overline{AB+\overline{A+B}}=A\overline{B}+\overline{A}B$，波形如图 1.2.3 所示。

6. 解：为了防止外界干扰信号的影响，门电路多余的输入端一般不要悬空，尤其是 CMOS 电路更不得悬空，处理方法是应保证电路的逻辑关系，并使其正常而稳定地工作。

与门的多余输入端应接高电平，或门的多余输入端应接低电平。接高、低电平的方法是通过限流电阻接正电源或地，有时也可以直接和正电源或地相连。但是，TTL 电路输入端不可串接大电阻，否则将不能得到输入低电平，不过它可以悬空获得输入高电平。如果工作速度不高，信号源驱动能力较强，多余输入端也可同使用端并联使用。

7. 解：$\dfrac{V_{CC}-U_{OL(max)}}{I_{OL}-m\,|I_{IL}|}\leqslant R\leqslant\dfrac{V_{CC}-U_{OH(min)}}{nI_{OH}+mkI_{IH}}$，$\dfrac{5-0.8}{25-6\times|-1.5|}\leqslant R\leqslant\dfrac{5-3}{2\times 0.1+6\times 2\times 0.05}$

得：$0.26k\Omega\leqslant R\leqslant 3.75k\Omega$。

8. 解：高电平扇出系数$=\dfrac{I_{OH(max)}}{I_{IH(max)}}=\dfrac{2}{0.02}=100$；低电平扇出系数$=\dfrac{I_{OL(max)}}{I_{IL(max)}}=\dfrac{20}{0.5}=40$；

高电平扇出系数和低电平扇出系数不同，选取两者中的较小者，因此能驱动 40 个 74LS20 与非门的输入。

【实验与实训分析提示】

一、TTL 集成门电路功能测试

1. 提示：读懂 TTL 集成门电路的引脚图，正确连接集成门电路的电源，正确连接门电路的输入逻辑电平，正确测试门电路的输出状态。实验前画出测试电路图和测试表格。

2. 注意：TTL 集成门电路的多余输入端可以空置，为了防范干扰，应按不同逻辑门电路处理方法进行连接。

二、TTL 集电极开路门与三态输出门的应用

1. 提示：TTL 集电极开路与非门 74LS03 上拉电阻 R 的确定可查阅相关资料获得。

读懂 TTL 集成门电路的引脚图，正确连接集成门电路的电源，正确连接门电路的输入逻辑电平，正确测试门电路的输出状态。实验前画出测试电路图和测试表格。

2. 注意：三态门电路实现总线传输，即用一个传输通道（称为总线），以选通方式传送多路信息，任何时刻都只能有一个选通端有效。

三、综合实训

1. 用门电路设计一个简单的有三人参赛智力竞赛抢答器。

提示：建议用与非门和反相器来设计，有人抢答后给出信号显示抢答成功，并同时给出信号，封锁其他抢答者使其他抢答无效。给出四人抢答器电路参考图如图 1.2.4 所示。

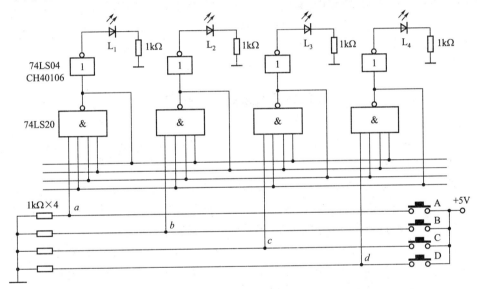

图 1.2.4

2. 用与非门设计一个交通信号灯的故障警示电路。

提示：建议用与非门设计实现此功能的电路，考虑能否用其他门电路来实现同样的功能，使电路更简单。

第3章

组合逻辑电路

【基本要求、重点及难点】

本章介绍了组合逻辑电路分析和设计方法、常用的中规模集成电路（加法器、数值比较器、编码器、译码器、数据选择器和数据分配器等）的工作原理及实际应用、组合逻辑电路的竞争冒险现象等内容。应熟练掌握组合逻辑电路分析和设计方法，常用集成电路器件的功能及实际应用，熟练应用译码器或数据选择器设计逻辑电路；正确理解根据逻辑事件设定输入和输出变量及其逻辑状态的含义，根据因果关系列出真值表及按要求画出逻辑图；一般了解组合逻辑电路的竞争冒险现象。

【基本概念的分析】

组合逻辑电路一般是由若干个基本逻辑单元组合而成的，特点是任何时候输出信号都只取决于当时的输入信号，而与电路原来所处的状态无关，它的基础是逻辑代数和门电路。

分析给定的组合逻辑电路时，可以逐级地写出输出的逻辑表达式，然后进行化简，力求获得一个最简单的逻辑表达式，以使输出与输入之间的逻辑关系能一目了然。设计组合逻辑电路时，按设计步骤进行设计，把实际问题转化为逻辑关系。

常用的中规模集成电路包括加法器、数值比较器、编码器、译码器、数据选择器和数据分配器。为了增加使用的灵活性和便于功能扩展，在多数中规模组合逻辑器件中，都设置了使能端（或称选通端、控制端等），它们既可控制电路（器件）的工作状态，又可作为输出信号的选通信号，还可作为信号的输入端来使用，以便于构成各种比较复杂的数字电路系统。

组合逻辑电路存在竞争与冒险现象，在电路的输出端会出现尖峰干扰脉冲，这可能会引起负载电路的错误动作。因此，应采取措施消除冒险现象。消除冒险现象的方法通常有：加封锁脉冲、接滤波电容、加选通脉冲和修改逻辑设计等。

【思考题分析解答】

3.1 思考题

1. 组合逻辑电路逻辑功能和电路结构的特点是什么？

[答案]逻辑功能的特点：任一时刻的输出只取决于该时刻的输入状态，而与电路以前

的状态无关；电路结构的特点：输入与输出间无反馈线。

2. 如何描述组合逻辑电路的功能？

[答案] 可以用真值表、卡诺图、逻辑表达式、逻辑图等来表示组合逻辑电路的逻辑功能。

3.2.1 思考题

1. 组合逻辑电路的逻辑特点是什么？

[答案] 组合逻辑电路的逻辑特点是具有即时性。

2. 组合逻辑电路的分析方法如何？

[答案]（1）根据给定的逻辑图写出输出函数的逻辑表达式；（2）进行化简，求出输出函数的最简表达式；（3）列出输出函数的真值表；（4）说明给定电路的基本功能。

3.2.2 思考题

1. 组合逻辑电路的设计应如何进行？

[答案]（1）进行逻辑抽象。①分析设计要求，确定输入、输出信号及它们之间的因果关系。②设定变量，用英文字母表示有关输入、输出信号，表示输入信号者称输入变量，有时也简称为变量，表示输出信号者叫做输出变量，有时也称为输出函数或简称为函数。③状态赋值，即用 0 和 1 表示信号的有关状态。④列真值表，根据因果关系，把变量的各种取值和相应的函数值，以表格形式一一列出，而变量取值顺序则常按二进制数递增排列，也可按循环码排列。

（2）进行化简。①输入变量比较少时，可以用卡诺图化简。②输入变量比较多用卡诺图化简不方便时，可以用公式法化简。

（3）画逻辑图。①变换最简与或表达式，求出所需要的最简式。②根据最简式画出逻辑图。

2. 逻辑函数的化简对组合逻辑电路的设计有何实际意义？

[答案] 化简的实际意义是使所设计的电路最简单。

3.3.1 思考题

1. 比较串行加法器和并行加法器运算速度，比较串行加法器和超前进位加法器的特点。

[答案] 串行加法器运算速度慢（逐位相加），并行加法器运算速度快（同时相加）。

串行加法器的特点：优点是电路简单、连接方便；缺点是运算速度不高。

超前进位加法器的特点：运算速度高。

提示：根据实际设计要求选择不同类型的加法器。

2. 如何利用半加器和门电路构成全加器？

[答案] 可用二个半加器和一个 2 输入的或门电路构成全加器，第一个半加器输入 A_iB_i，输出接 2 输入的或门，或门输出接第二个半加器的一个输入端，C_{i-1} 接第二个半加器的另一个输入端，第二个半加器的输出即为全加器输出，电路图略。

3. 试采用 4 位全加器完成 8421BCD 码到余 3 码的转换。

[答案] 将 4 位全加器中的 $A_3A_2A_1A_0$ 加入 8421BCD 码，$B_3B_2B_1B_0$ 固定为 0011，和即为余 3 码，电路图略。

3.3.2 思考题

1. 比较器 74LS85 的多个输出端可以同时为高电平吗？

[答案] 不可以，只能有一个是高电平。

提示：参见 74LS85 的功能表。

2. 除 $M'(A<B)$ 输入端以外，如果 74LS85 比较器的所有输入端都为低电平，输出是什么？

[答案] 输出 $M(A<B)$ 为 1。

3. 比较器 74LS85 不进行级联时，其 3 个级联输入端分别接什么电平？

[答案] $M'(A<B)$ 和 $L'(A>B)$ 为 0 电平，$G'(A=B)$ 接 1 电平。

3.3.3 思考题

1. 如果多个输入作用在优先编码器的输入端，哪一个输入端将被编码？

[答案] 权最高的输入端将被编码。

2. 优先编码器 74LS148 的 5 个输出端是什么？它们是低电平有效，还是高电平有效？

[答案] $\overline{Y_2}\,\overline{Y_1}\,\overline{Y_0}$ 为编码输出，$\overline{Y}_S$ 为选通输出端，$\overline{Y}_{EX}$ 为扩展端，可用于扩展编码器的功能。低电平有效。

提示：参见优先编码器 74LS148 的功能表。

3. 在什么情况下，编码器输入的编码信号是相互排斥的？

[答案] 有 2 个以上输入的编码信号有效时，此时编码器输入的编码信号是相互排斥的。

3.3.4 思考题

1. 二进制译码器为什么又称最小项译码器？

[答案] 二进制译码器的输出全是最小项的形式输出。

2. 二-十进制译码器有多少个输入端和输出端？

[答案] 有 4 个输入端和 10 个输出端。

3. 译码器 74LS138 的 3 个使能输入端，只要一端满足条件，是否就可以工作？

[答案] 不可以，必须同时满足。

提示：参见 74LS138 的功能表。

4. 如有共阳接法半导体数码显示器，应选用什么输出电平有效的显示译码器？

[答案] 应选用输出低电平有效的显示译码器。

5. 用输出低电平有效的二进制译码器实现逻辑函数时，应选用什么门电路？

[答案] 应选用与非门电路。

3.3.5 思考题

1. 为什么有时将数据选择器称为多路转换器？

[答案] 在多路数据传送过程中，能够根据需要将其中任意一路挑选出来的电路，叫做数据选择器，因为从多路数据中选择一路输出，所以有时也称为多路转换器。

2. 为什么有时将数据分配器称为多路分配器？举例说明如何用译码器来做数据分配器。

[答案] 能够将 1 个输入数据，根据需要传送到 m 个输出端的任何 1 个输出端的电路，叫做数据分配器，因为将 1 个输入数据送到多个输出端，所以有时又称为多路分配器。

在使用时，把二进制集成译码器的选通控制端当作数据输入端，二进制代码输入端当作选择控制端即可。例如，74LS139 是集成 2 线—4 线译码器，也是集成 1 路—4 路数据分配器，74LS138 是集成 3 线—8 线译码器，也是集成 1 路—8 路数据分配器，而且它们的型号也相同。

3．当逻辑函数变量个数多于地址变量个数时，如何用数据选择器实现逻辑函数？

[答案] 多余的变量作为数据信号来输入。

提示：可加上合适的门电路进行变量运算即可实现。

3.4 思考题

1．组合逻辑电路的竞争现象是由什么引起的？表现为什么脉冲？

[答案] 是器件的延时造成的；表现为窄脉冲。

2．产生竞争冒险的主要原因是什么？

[答案] 在变量发生变化时门电路有延时。

3．消去竞争冒险方法有哪些？

[答案] 冗余项法、选通法、滤波法。

【自我测试题分析解答】

一、选择题（请将下列题目中的正确答案填入括号内）

1．c；2．c；3．b；4．c；5．c；6．b；7．b；8．b；9．c；10．b。

二、判断题（正确的在括号内打√，错误的在括号内打×）

1．√；2．√；3．×；4．×；5．√；6．√。

三、分析计算题

1．解：10010。

2．解：由题意，三个开关用 ABC 表示，路灯用 F 表示，设定逻辑状态为开关闭合为 1，断开为 0，路灯亮为 1，路灯灭为 0，列出真值表见表 1.3.1 所示。

表　1.3.1

A	B	C	F	A	B	C	F
0	0	0	0	1	0	0	1
0	0	1	1	1	0	1	0
0	1	0	1	1	1	0	0
0	1	1	0	1	1	1	1

由真值表 1.3.1 可写出表达式并化简得：$F = A \oplus B \oplus C$，根据表达式可画出电路图，用 2 个异或门即可实现，电路图略。

3．解：用 4 选 1 组成 16 选 1，需要增加 2 位地址码 $A_2 A_3$，把 $A_2 A_3$ 送入 2—4 译码器的输入，2—4 译码器产生的 4 个输出信号，分别控制 4 个 4 选 1 数据选择器的使能端，其构成的电路图如图 1.3.1 所示。

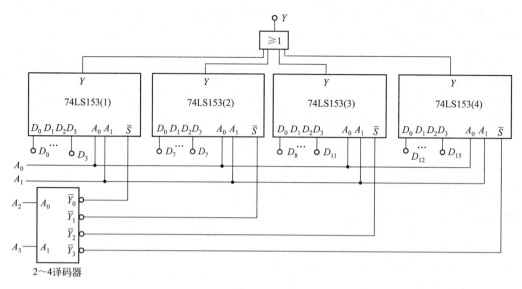

图　1.3.1

4. 解：由译码器来实现逻辑函数，应首先将逻辑函数表达式化为最小项与或标准表达式。

（1）$F_1 = \sum m(0,1,3,4,6,7)$，用 3—8 译码器和一个 6 输入与非门组成，电路图略。

（2）$F_2 = \sum m(0,2,8,4,10,12,13)$，用 4—16 译码器和一个 7 输入与非门组成，电路图略。

5. 解：（1）$F_1 = \overline{A}\,\overline{B}\,\overline{C} + \overline{A}B + A\overline{B}C + ABC$，和 4 选 1 数据选择器的输出表达式比较得：

$A_1 A_0 = AB$，$D_0 = \overline{C}$，$D_1 = 1$，$D_2 = \overline{C}$，$D_3 = C$，实现的电路图如图 1.3.2(a) 所示。

（2）$F_2 = A\overline{B} + AB\overline{C}$，和 4 选 1 输出表达式比较得：

$A_1 A_0 = AB$，$D_0 = 0$，$D_1 = 0$，$D_2 = 1$，$D_3 = \overline{C}$，实现的电路图如图 1.3.2(b) 所示。

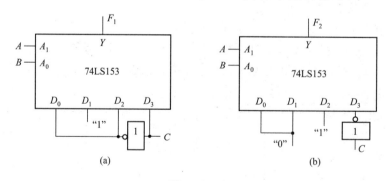

图　1.3.2

【习题分析解答】

一、选择题（请将下列题目中的正确答案填入括号内）

1. a；2. a；3. b；4. a；5. c；6. a；7. c；8. b；9. c；10. c；11. a；12. b。

二、判断题（正确的在括号内打√，错误的在括号内打×）

1. √；2. √；3. ×；4. √；5. √；6. ×。

三、分析计算题

1. 解：由逻辑图可得：（a）$F_1 = A \oplus B + C \oplus D$，四个变量先两两异或，再实现或运算；

（b）$F_2 = A \oplus B \oplus C \oplus D$，四个变量异或运算；

（c）$M=0$：$F_0 = A_0$，$F_1 = A_1$，$F_2 = A_2$，$M=0$ 时实现信号的直通传输功能；

$M=1$：$F_0 = \overline{A_0}$，$F_1 = \overline{A_1}$，$F_2 = \overline{A_2}$，$M=1$ 时实现信号反相后的传输功能。

2. 解：设 3 台设备为 A、B、C，无故障为"0"，有故障为"1"，F_1 为红灯，F_2 为黄灯，灯灭为"0"，灯亮为"1"。列出真值表见表 1.3.2 所示。

由表 1.3.2 可得：$F_1 = AB + AC + BC$，$F_2 = \overline{A}\,\overline{B}C + \overline{A}B\overline{C} + A\overline{B}\,\overline{C} + ABC = A \oplus B \oplus C$。由表达式可画出逻辑图如图 1.3.3 所示。

表 1.3.2

A	B	C	F_1	F_2
0	0	0	0	0
0	0	1	0	1
0	1	0	0	1
0	1	1	1	0
1	0	0	0	1
1	0	1	1	0
1	1	0	1	0
1	1	1	1	1

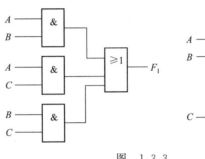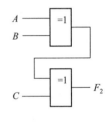

图　1.3.3

3. 解：设总裁判为 D，由题意可得表 1.3.3 所示的真值表。

由真值表可得：$F = ABC + AD + BD + CD$；

由表达式可画出逻辑图如图 1.3.4 所示。

表　1.3.3

A	B	C	D	F_1
0	0	0	0	0
0	0	0	1	0
0	0	1	0	0
0	0	1	1	1
0	1	0	0	0
0	1	0	1	1
0	1	1	0	0
0	1	1	1	1
1	0	0	0	0
1	0	0	1	1
1	0	1	0	0
1	0	1	1	1
1	1	0	0	0
1	1	0	1	1
1	1	1	0	1
1	1	1	1	1

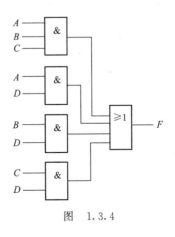

图　1.3.4

4. 解：由题意可得表 1.3.4 所示的真值表。

由真值表可得：$Y_3 = X_3 + X_0 X_2 + X_1 X_2$；

$Y_2 = X_0 X_3 + \overline{X_0}\,\overline{X_1} X_2$；

$Y_1 = X_3 \overline{X_0} + \overline{X_2} X_1 + X_1 X_0$；

$Y_0 = X_0 \overline{X_2}\,\overline{X_3} + \overline{X_0} X_1 X_2 + \overline{X_0} X_3$。

由表达式画逻辑电路图如图 1.3.5 所示。

表　1.3.4

X_3	X_2	X_1	X_0	Y_3	Y_2	Y_1	Y_0
0	0	0	0	0	0	0	0
0	0	0	1	0	0	0	1
0	0	1	0	0	0	1	0
0	0	1	1	0	0	1	1
0	1	0	0	0	1	0	0
0	1	0	1	1	0	0	0
0	1	1	0	1	0	0	1
0	1	1	1	1	0	1	0
1	0	0	0	1	0	1	1
1	0	0	1	1	1	0	0

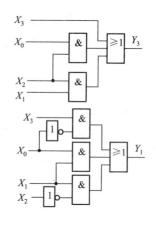
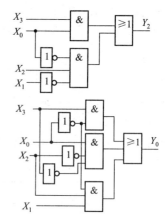

图　1.3.5

5．解：$A_3 A_2 A_1 A_0$ 接 8421 码，$B_3 B_2 B_1 B_0$ 接 0011，全加器的 $S_3 S_2 S_1 S_0$ 为余 3 码。

6．解：用 $A_3 A_2 A_1 A_0$ 表示 8421 码，$B_3 B_2 B_1 B_0$ 表示余 3 码，可得真值表 1.3.5 所示。

表　1.3.5

A_3	A_2	A_1	A_0	B_3	B_2	B_1	B_0	A_3	A_2	A_1	A_0	B_3	B_2	B_1	B_0
0	0	0	0	0	0	1	1	0	1	0	1	1	0	0	0
0	0	0	1	0	1	0	0	0	1	1	0	1	0	0	1
0	0	1	0	0	1	0	1	0	1	1	1	1	0	1	0
0	0	1	1	0	1	1	0	1	0	0	0	1	0	1	1
0	1	0	0	0	1	1	1	1	0	0	1	1	1	0	0

表　1.3.6

A_1	A_0	B_1	B_0	Y_3	Y_2	Y_1	Y_0	A_1	A_0	B_1	B_0	Y_3	Y_2	Y_1	Y_0
0	0	0	0	0	0	0	0	1	0	0	0	0	0	0	0
0	0	0	1	0	0	0	0	1	0	0	1	0	0	1	0
0	0	1	0	0	0	0	0	1	0	1	0	0	1	0	0
0	0	1	1	0	0	0	0	1	0	1	1	0	1	1	0
0	1	0	0	0	1	0	0	1	1	0	0	0	0	0	0
0	1	0	1	0	0	0	1	1	1	0	1	0	0	1	1
0	1	1	0	0	0	1	0	1	1	1	0	0	1	1	0
0	1	1	1	0	0	1	1	1	1	1	1	1	0	0	1

由真值表可得：$B_3 = A_3 + A_2 A_1 + A_2 A_0$，$B_2 = \overline{A_2} A_1 + \overline{A_2} A_0$，$B_1 = A_1 \odot A_0$，$B_0 = A_0$。

由表达式画逻辑电路图如图 1.3.6 所示。

7．解：由题意可得表 1.3.6 所示的真值表。

由真值表可得：

$Y_3 = A_1 A_0 B_1 B_0$；

$Y_2 = A_1\overline{A}_0 B_1 + A_1 B_1 \overline{B}_0$；

$Y_1 = A_1\overline{A}_0 B_0 + \overline{A}_1 A_0 B_1 + A_1\overline{B}_1 B_0 + A_0 B_1\overline{B}_0$；

$Y_0 = A_0 B_0$。

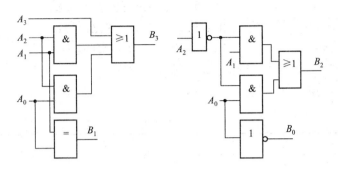

图　1.3.6

根据题意，画出 Y_2 表达式的逻辑图如图 1.3.7 所示。

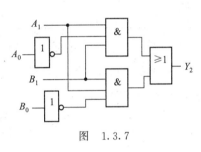

图　1.3.7

8. 解：设 4 个控制路灯的开关为 A、B、C 和 D，开关动作为 1，不动作为 0。路灯用 F 表示，路灯亮为 1，路灯灭为 0。由此可列出真值表（真值表略），由真值表可知 $ABCD$ 组合为 0001、0010、0100、0111、1000、1011、1101、1110 时灯亮。由此可得到最小项表达式，并化简后得到：$F = A \oplus B \oplus C \oplus D$。由表达式可知用 3 个异或门即可实现，电路图略。

9. 解：实现对被减数、减数及来自相邻低位的借位数，进行全减减运算而得到差，以及向相邻高位借位的逻辑电路，称为全减器。

设在第 i 位进行减法运算，输入被减数为 A_i，减数为 B_i，来自相邻低位的借位数为 C_{i-1}，输出本位差为 D_i，借位为 C_i。由此可列出真值表见表 1.3.7 所示。

表　1.3.7

A_i	B_i	C_{i-1}	D_i	C_i
0	0	0	0	0
0	0	1	1	1
0	1	0	1	1
0	1	1	0	1
1	0	0	1	0
1	0	1	0	0
1	1	0	0	0
1	1	1	1	1

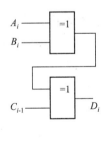

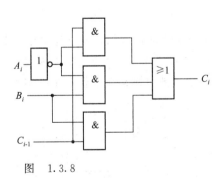

图　1.3.8

由真值表写出全减器表达式：

$D_i = m_1 + m_2 + m_4 + m_7 = A_i \oplus B_i \oplus C_{i-1}$；$C_i = m_1 + m_2 + m_3 + m_7 = B_i C_{i-1} + \overline{A}_i B_i + \overline{A}_i C_{i-1}$。

由表达式画全减器逻辑电路图，如图 1.3.8 所示。

10. 解：由题意可知：当 $A_1 A_0$ 和 $B_1 B_0$ 同时为 00、01、10、11 时，$A = B$，输出 F 为

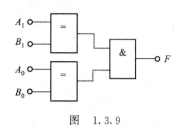

图　1.3.9

1。对应的最小项为 m_0、m_5、m_{10}、m_{15}，由此可写表达式：
$$F = \sum m(0,5,10,15) = (A_1 \odot B_1)(A_0 \odot B_0)$$
由表达式画逻辑电路图，如图 1.3.9 所示。

11. 解：由题意可得表 1.3.8 所示的真值表。
由真值表写表达式，并化简得：
$$Z_2 = B_2 \overline{B_1} + \overline{B_2} B_1 = B_2 \oplus B_1;$$
$$Z_1 = B_2 \overline{B_1};$$

$$Z_0 = \overline{B_2} \overline{B_1} + \overline{B_2} B_0 + \overline{B_1} B_0 。$$

表　1.3.8

B_2	B_1	B_0	Z_2	Z_1	Z_0	B_2	B_1	B_0	Z_2	Z_1	Z_0
0	0	0	0	0	1	1	0	0	1	1	0
0	0	1	0	0	1	1	0	1	1	1	1
0	1	0	1	0	0	1	1	0	0	0	0
0	1	1	1	0	1	1	1	1	0	0	0

12. 解：（1）当使能端 $\overline{S} = 0$ 时，$Y_2 Y_1 Y_0 = 101$；（2）当 $\overline{S} = 1$ 时，输出高阻。

13. 解：$F_1 = m_0 + m_1 + m_4 + m_5$；$F_2 = m_1 + m_3 + m_6 + m_7$。连接图如图 1.3.10 所示。（主教材书中应为（1）$F_1 = \overline{A}\,\overline{B}C + A\,\overline{B}C + \overline{B}\,\overline{C}$；（2）$F_2 = AB + \overline{A}C$。）

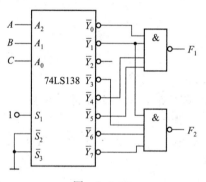

图　1.3.10

14. 解：根据题意可写出全加器最小项表达式：$S_i = m_1 + m_2 + m_4 + m_7$、$C_i = m_3 + m_5 + m_6 + m_7$；全减器最小项表达式：$D_i = m_1 + m_2 + m_4 + m_7$、$C_i = m_1 + m_2 + m_3 + m_7$。由表达式可画出全加器和全减器的电路图如图 1.3.11 所示。

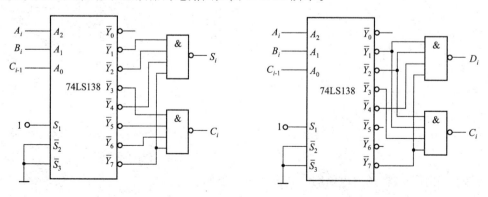

图　1.3.11

15. 解：由题意设红黄绿用 RYG 表示，列出真值表（真值表略），写出最小项标准表达式，然后与 4 选 1 数据选择器的输出表达式比较得：$A_1A_0=RY$；$D_0=\overline{G}$，$D_1=D_2=G$，$D_3=1$。画出电路图如图 1.3.12 所示。

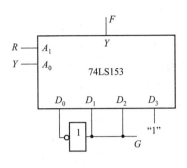

图 1.3.12

16. 解：（1）写出最小项标准表达式与 4 选 1 输出表达式比较得：

$D_0=C+D$，$D_1=C\oplus D$，$D_2=\overline{C}$，$D_3=\overline{C+D}$。

（2）写出最小项标准表达式与 4 选 1 输出表达式比较得：

$D_0=D$，$D_1=C+D$，$D_2=C+D$，$D_3=0$。

画出电路图如图 1.3.13 所示。

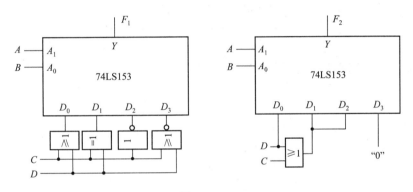

图 1.3.13

17. 解：参考自我测试题 3，将图 1.3.1 中后 2 个 2—4 译码器，用 3—8 译码器替代。

18. 解：由题意可得表 1.3.9 所示的真值表。

由真值表写表达式：$F=m_0+m_3+m_5+m_6$。

由表达式可用译码器产生的逻辑电路图如图 1.3.14 所示。

用 4 选 1 数据选择器时，将表达式与 4 选 1 输出表达式比较得：

$A_1A_0=AB$，$D_0=\overline{C}$，$D_1=D_2=D_3=C$，数据选择器产生的逻辑电路图如图 1.3.15 所示。

19. 解：根据逻辑功能列真值表见表 1.3.10～表 1.3.12 所示。

由真值表可写表达式（并化简）：

$F_1=ABC+ABD+ACD+BCD$，$F_2=(A+B+C+D)(\overline{A}+\overline{B}+\overline{C}+\overline{D})$，$F_3=A\oplus B\oplus C\oplus D$。

再由表达式画逻辑电路图，如图 1.3.16 所示。

表 1.3.9

A	B	C	F
0	0	0	1
0	0	1	0
0	1	0	0
0	1	1	1
1	0	0	0
1	0	1	1
1	1	0	1
1	1	1	0

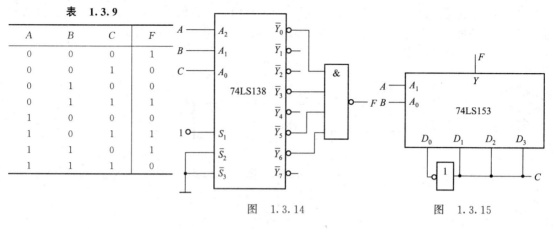

图 1.3.14   图 1.3.15

表 1.3.10

A	B	C	D	F_1	A	B	C	D	F_1
0	0	0	0	0	1	0	0	0	0
0	0	0	1	0	1	0	0	1	0
0	0	1	0	0	1	0	1	0	0
0	0	1	1	0	1	0	1	1	1
0	1	0	0	0	1	1	0	0	0
0	1	0	1	0	1	1	0	1	1
0	1	1	0	0	1	1	1	0	1
0	1	1	1	1	1	1	1	1	1

表 1.3.11

A	B	C	D	F_1	A	B	C	D	F_1
0	0	0	0	0	1	0	0	0	1
0	0	0	1	1	1	0	0	1	1
0	0	1	0	1	1	0	1	0	1
0	0	1	1	1	1	0	1	1	1
0	1	0	0	1	1	1	0	0	1
0	1	0	1	1	1	1	0	1	1
0	1	1	0	1	1	1	1	0	1
0	1	1	1	1	1	1	1	1	0

表 1.3.12

A	B	C	D	F_1	A	B	C	D	F_1
0	0	0	0	0	1	0	0	0	1
0	0	0	1	1	1	0	0	1	0
0	0	1	0	1	1	0	1	0	0
0	0	1	1	1	1	0	1	1	1
0	1	0	0	1	1	1	0	0	0
0	1	0	1	0	1	1	0	1	1
0	1	1	0	0	1	1	1	0	1
0	1	1	1	1	1	1	1	1	0

20. 解：设 4 项质量指标为 D、C、B 和 A，质量指标满足要求用 1 表示，不满足要求用 0 表示。产品检验结果用 F 表示，产品合格为 1，不合格为 0。根据题意可列出真值表（真值表略），并由真值表可得到表达式：$F = DCB\bar{A} + DC\bar{B}A + D\bar{C}BA + DCBA$。

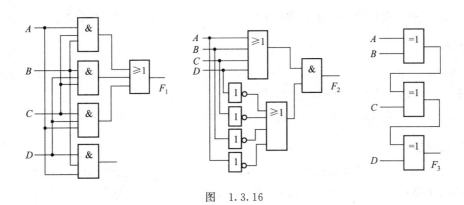

图　1.3.16

设 $A_2 = D$、$A_1 = C$、$A_0 = B$，上述表达式同 8 选 1 数据选择器表达式比较后可得：$D_0 = D_1 = D_2 = D_3 = D_4 = 0$，$D_5 = D_6 = A$，$D_7 = 1$，由此画出逻辑电路图如图 1.3.17 所示。

21．解：选择 8 选 1 数据选择器，其地址输入码 $A_2 A_1 A_0$ 为自然二进制代码，并取 $D_0 D_1 D_2 D_3 D_4 D_5 D_6 D_7 = 11011010$，这样当地址输入码 $A_2 A_1 A_0$ 由 000 依次变到 111 时，输出端 Y 便输出 11011010 的序列脉冲信号，电路图如图 1.3.18 所示。

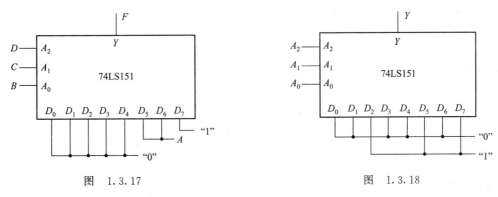

图　1.3.17　　　　　　　　　　　图　1.3.18

22．解：（a）$F_1 = \overline{A}\,\overline{B}C + \overline{A}B + A\overline{B}\,\overline{C}$；

（b）$F_2 = \overline{A}\,\overline{B}\,\overline{C}D + \overline{A}\,\overline{B}C + \overline{A}BC + A\overline{B}\,\overline{C} + + AB\overline{C}D + ABCG$。

23．解：由图写出表达式：

$F = \overline{G_1}\,\overline{G_0}\,\overline{X}Z + \overline{G_1}\,\overline{G_0}X + \overline{G_1}G_0 XZ + G_1\overline{G_0}\,\overline{X}Z + G_1\overline{G_0}X\overline{Z} + G_1 G_0 \overline{X}\,\overline{Z} + G_1 G_0 XZ$。

整理后得：$G_1 G_0 = 00$，$F = X + Z$；$G_1 G_0 = 01$，$F = XZ$；

$G_1 G_0 = 10$，$F = X \oplus Z$；$G_1 G_0 = 11$，$F = X \odot Z$。

24．解：当 $\overline{B} = C = 1$ 时，$F_2 = A + \overline{A} + 1$，由于 $\overline{B}C = 1$，所以 F_2 始终为 1，故 F_2 不存在竞争冒险现象。

【实验与实训分析提示】

一、组合逻辑电路

1．提示：实验前画出设计的电路图，学会测试判断 TTL 集成门电路的好坏，在确保集成门电路逻辑功能正确的情况下，进行组合逻辑电路的测试。

2. 注意：根据设计电路要求，选择合适的集成门电路并完成相关测试。

二、全加器

1. 提示：读懂保留进位全加器（74LS183）和 4 位二进制全加器（74LS283）的引脚图和功能表，实验前画出测试电路图和测试表格。

2. 注意：4 位串行进位加法器测试时，应注意高低位进位端的正确连接。

三、数据选择器

1. 提示：读懂双 4 选 1 数据选择器（74LS1534）的引脚图和逻辑功能表，其中两个数据选择器的选择控制信号端 A_1A_2 是公用的。实验前画出测试电路图和测试表格。

2. 注意：双 4 选 1 数据选择器使用时，应正确连接使能端逻辑电平，确保数据选择器处于正常的工作状态。

四、数值（数码）比较器

1. 提示：读懂 4 位数码比较器 74LS85 的引脚图和逻辑功能表，实验前画出测试电路图和测试表格。

2. 注意：用门电路设计 1 位二进制数比较器和 4 位二进制数比较器时，电路要求最简化。

五、译码器

1. 提示：读懂译码器 74LS138 的引脚图和逻辑功能表，实验前画出测试电路图和测试表格。正确用 3—8 线译码器构成 4—16 线译码器，掌握译码器的扩展方法。

2. 注意：译码器 74LS138 使用时，应正确连接使能端逻辑电平，确保译码器处于正常的工作状态。

六、综合实训

1. 加减运算电路

提示：本题主要考核综合应用几种集成电路设计组合逻辑电路的能力，必须对所用的每一种集成电路的逻辑功能十分清楚，才能完成综合电路的设计。建议用一个变量作为控制信号，变量为 0 时全加运算，而变量为 1 时全减运算，合理连接变量控制信号与集成器件的使能端，即可实现两种功能。

（1）全加器和全减器的真值表见表 1.3.13。

表　1.3.13

X	A_i	B_i	C_{i-1}	$S_i(D_i)$	C_i
0	0	0	0	0	0
0	0	0	1	1	0
0	0	1	0	1	0
0	0	1	1	0	1
0	1	0	0	1	0
0	1	0	1	0	1
0	1	1	0	0	1
0	1	1	1	1	0
1	0	0	0	0	0

续表

X	A_i	B_i	C_{i-1}	$S_i(D_i)$	C_i
1	0	0	1	1	1
1	0	1	0	1	1
1	0	1	1	0	1
1	1	0	0	1	0
1	1	0	1	0	0
1	1	1	0	0	0
1	1	1	1	1	1

表中 X 变量为控制信号，$X=0$ 时作为全加器运算；$X=1$ 时作为全减器运算，C_i 为进借位信号。

全加器时：A_i、B_i 为两个加数，S_i 为全加的和，C_{i-1} 为低位向高位进位；

全减器时：A_i 为被减数，B_i 为减数，D_i 为全减差数，C_{i-1} 为低位向高位的借位。

（2）写表达式：

$$S_i(D_i)=\sum M(1,2,4,7,9,10,12,15);$$

$$C_i=\sum M(3,5,6,7,9,10,11,15)。$$

（3）用译码器实现函数 S_i 和 C_i。

用两片 138 芯片可扩展为 4 线—16 线的译码器。分别令 A_2、A_1、A_0 和一位可控制的全加、全减器的 A_i、B_i、C_{i-1} 端相连，控制端 X 和芯片（Ⅰ）的 $\overline{S}_3$，$\overline{S}_2$ 端及芯片（Ⅱ）的 S_1 端相连。根据 138 芯片的功能可知，$X=0$ 时，芯片（Ⅰ）工作 [芯片（Ⅰ）S_1 端直接高电平]；而当 $X=1$ 时，芯片（Ⅱ）工作 [芯片（Ⅱ）$\overline{S}_3$，$\overline{S}_2$ 端接低电平]。按此法连成的一位全加、全减器电路图如图 1.3.19 所示。

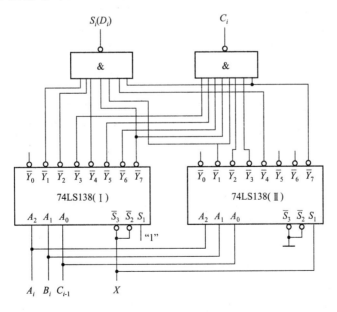

图 1.3.19

由于 138 芯片输出的通道被译中时为低电平输出，故电路中输出函数应加与非门。若译码器译中的通道为高电平输出，则应通过或门输出。

（4）用数据选择器 74LS253（153）芯片实现函数 $S_i(D_i)$、C_i。

74LS253 芯片为双 4 选 1 数据选择器，根据其表达式和函数 $S_i(D_i)$ 的表达式比较，$S_i(D_i) = \overline{A_i}\,\overline{B_i}C_{i-1} + \overline{A_i}B_i\overline{C_{i-1}} + A_i\overline{B_i}\,\overline{C_{i-1}} + A_iB_iC_{i-1}$，若令 $A_1 = A_i$、$A_0 = B_i$，则直接可得到：$D_0 = D_3 = C_{i-1}$、$D_1 = D_2 = \overline{C_{i-1}}$。因此用 74LS253 得到函数 $S_i(D_i)$ 的电路图如图 1.3.20(a) 所示。

进位（借位）函数 C_i 的表达式若改写为最小项的形式，可写成：

$$C_i = \overline{X}(\overline{A_i}B_iC_{i-1} + A_i\overline{B_i}C_{i-1} + A_iB_i\overline{C_{i-1}} + A_iB_iC_{i-1}) + X(\overline{A_i}\,\overline{B_i}C_{i-1} + \overline{A_i}B_i\overline{C_{i-1}} + \overline{A_i}B_iC_{i-1} + A_iB_iC_{i-1}).$$

C_i 为四变量函数，本例中将变量 $\overline{X}$ 和 X 分别接至 $1\overline{S}_T$ 和 $2\overline{S}_T$ 端。芯片的地址译码端仍按上面所述的接法，即令 $A_1 = A_i$、$A_0 = B_i$，比较表达式，可得 $1D_0 = 0$、$1D_1 = C_{i-1}$、$1D_2 = \overline{C_{i-1}}$、$1D_3 = 1$、$2D_0 = C_{i-1}$、$2D_1 = 1$、$2D_2 = 0$、$2D_3 = \overline{C_{i-1}}$。因此用 74LS253 实现的一位全加、全减器的进位（借位）信号 C_i 的电路如图 1.3.20(b) 所示。图中，当 $X = 0$ 时，1Y 通道内容与或门输出，2Y 通道输出呈高阻，和 $X = 0$ 线相与后不影响 C_i 输出。反之，当 $X = 1$ 时，2Y 通道内容经与或门输出，1Y 通道的内容被封锁。

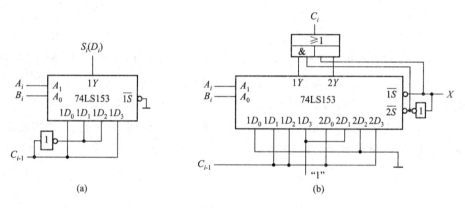

图　1.3.20

2. 制作温度检测报警电路

提示：电路用数值比较器来实现，设置一个基准温度（如在 B 输入端设定），当实测的（加在 A 输入端）超过基准温度时，电路发生报警（声响电路可直接用蜂鸣器）。

第4章

触发器

【基本要求、重点及难点】

本章介绍了各种触发器，它是构成各种复杂数字系统的一种基本逻辑单元，从电路结构形式上和逻辑功能上两个方面讲述了不同触发器的工作原理与特点。应熟练掌握与非门组成基本 RS 触发器、同步 D 触发器、主从和边沿 JK 触发器的工作原理与逻辑特点、触发器逻辑功能的表示方法；正确理解触发器的现态和次态、上升边沿触发和下降边沿触发的触发器时序对应关系，直接置位和复位端的正确使用；一般了解 T 和 T′触发器逻辑功能，不同触发器相互转换。

【基本概念的分析】

触发器和门电路一样，也是构成数字系统的一种基本逻辑单元。触发器逻辑功能的基本特点是可以保存 1 位二值信息。因此，又把触发器叫做半导体存储单元或记忆单元。

触发器逻辑功能是指触发器输出的次态和输出的现态，以及输入信号之间的逻辑关系。描写触发器逻辑功能的方法主要有状态（特性）表、状态（特性）方程、状态转换图和时序图。

根据逻辑功能的不同，将触发器分成 RS、JK、D、T、T′等几种不同的类型。此外，从电路结构形式上，又可以把触发器分为基本触发器、同步触发器、主从触发器、边沿触发器等不同类型。不同结构的触发器具有不同触发条件和动作特点，在触发器逻辑符号中，CP 端有小圆圈的为下降沿触发，没有小圆圈的为上升沿触发。

同一种逻辑功能的触发器可以用不同的电路结构实现；同一种电路结构的触发器可以实现不同的逻辑功能。不要把这两个概念混同起来。

当选用触发器电路时，不仅要知道它的逻辑功能，还必须知道它的电路结构类型。只有这样，才能把握住它的动作特点，完成正确的设计。

【思考题分析解答】

4.1 思考题

1. 触发器与逻辑门的区别是什么？基本 RS 触发器有几种常见的电路结构形式？

[答案] 前者触发器有记忆功能，而后者逻辑门没有记忆功能。

基本 RS 触发器有与非门和或非门二种电路结构形式。

2. 当 RS 触发器［在主教材图 4.4(a) 中］置位时，S 和 R 端应该输入何种电平？

［答案］S 端应该输入 1 电平，R 端应该输入 0 电平。

提示：或非门结构形式的基本 RS 触发器高电平有效。

3. 在主教材图 4.4(a) 中，当 $S=0$，$R=0$ 时，对输出端 Q 有什么影响？

［答案］由或非门构成的基本 RS 触发器，当 $S=0$，$R=0$ 时，是保持功能，对输出端 Q 没有影响。

4.2 思考题

1. 说明为什么基本 RS 触发器称为异步触发器，而门控 RS 触发器称为同步触发器。

［答案］基本 RS 触发器由输入端的电平直接控制触发，所以称为异步触发器；而门控 RS 触发器有时钟信号来控制，当时钟信号有效时才能控制触发，所以称为同步触发器。

2. 对于同步 RS 触发器，当电路使能控制时，改变 S 和 R 输入信号，对输出端 Q 有影响吗？

［答案］同步 RS 触发器当时钟信号有效时，改变 S 和 R 输入信号对输出端 Q 是有影响的。

3. D 锁存器和同步 RS 触发器有什么不同？

［答案］同步 RS 触发器有约束条件，而 D 锁存器没有约束关系。

4.3 思考题

1. 主从触发器为什么被称为高电平捕捉器？

［答案］因为在时钟为高电平时，主触发器接收输入信号，而低电平时输入信号对电路不起作用，所以主从触发器被称为高电平捕捉器。

提示：高电平时主触发器最终状态为主从触发器的输出状态，解决了同步触发器的空翻问题。

2. 主从 JK 触发器存在什么问题？是否需要进一步加以优化？

［答案］主从 JK 触发器存在一次性变化问题，需要进一步加以优化，用边沿触发器可解决。

3. 触发器的清零信号有什么作用？

［答案］触发器的清零信号使触发器复位。

提示：触发器有复位（置 0 信号或清零信号）和置位（置 1 信号）功能。

4.4 思考题

1. 请说明边沿触发的含义。

［答案］边沿触发是触发器在时钟的上升沿或下降沿时，根据输入信号的状态而发生的变化。

2. D 触发器的同步输入端和异步输入端分别是哪个？

［答案］同步输入端为 D（受时钟控制），异步输入端是 $\overline{R}_{\mathrm{D}}$、$\overline{S}_{\mathrm{D}}$。

3. 要实现异步置位，$\overline{S}_D$ 端必须为什么电平？

[答案] $\overline{S}_D$ 异步置位是低电平有效。

提示：异步置位也可以高电平有效（置位端 S_D 和复位端 R_D）。

4. 对于边沿触发型 JK 触发器，是否仅当 CP 为有效时钟边沿时，J、K 输入端才有效？

[答案] 是。

提示：边沿触发器只有在时钟上升沿或下降沿时才有效。

5. JK 触发器的翻转状态对输出端 Q 有什么影响？

[答案] 由原来的高（低）电平变为低（高）电平（称翻转）。

4.5 思考题

1. 如果在主教材图 4.25(b) 中的 S 输入信号恒为高电平，在 Q 和 $\overline{Q}$ 输出端会看到什么情况？

[答案] Q 输出端为输入时钟的反相输出。$\overline{Q}$ 输出端恒为低电平。

2. 如果触发器的时钟输入端开路，会出现什么情况？

[答案] 触发器恒定不变。

提示：当触发器没有时钟触发时，其输出状态是不变的。

【自我测试题分析解答】

一、选择题（请将下列题目中的正确答案填入括号内）

1. c；2. c；3. c；4. c；5. b。

二、判断题（正确的在括号内打√，错误的在括号内打×）

1. √；2. ×；3. √；4. √；5. √；6. ×；7. ×；8. √。

三、分析计算题

1. 解：当 JK 触发器 $J＝K＝1$ 时，其逻辑功能是翻转，所以经过 5 个时钟之后，触发器 Q 端输出低电平值；经过 100 个时钟之后，其结果变为高电平。

2. 解：JK 触发器的 $J＝K＝1$，CI 加输入时钟，输出 Q 即为输入时钟二分频。

3. 解：波形图如图 1.4.1 所示。

4. 解：波形图如图 1.4.2 所示。

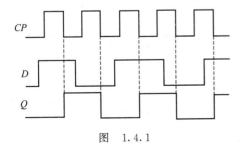

图 1.4.1

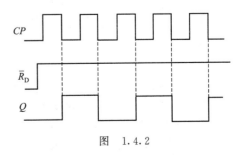

图 1.4.2

5. 解：波形图如图 1.4.3 所示。

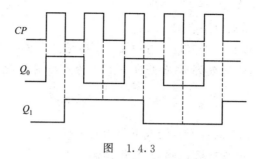

图　1.4.3

【习题分析解答】

一、选择题（请将下列题目中的正确答案填入括号内）

1. a；2. b；3. b；4. c；5. a；6. b。

二、判断题（正确的在括号内打√，错误的在括号内打×）

1. ×；2. √；3. √；4. √；5. √；6. ×。

三、分析计算题

1. 解：波形图如图 1.4.4 所示。

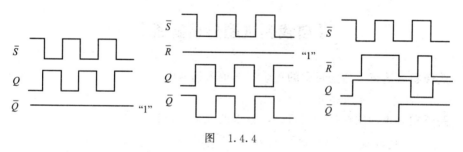

图　1.4.4

2. 解：波形图如图 1.4.5 所示。

3. 解：波形图如图 1.4.6 所示。

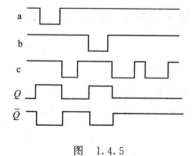

图　1.4.5

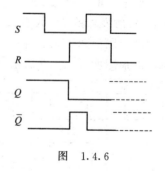

图　1.4.6

4. 解：波形图如图 1.4.7 所示。

5. 解：波形图如图 1.4.8 所示。

6. 解：波形图如图 1.4.9 所示。

7. 解：波形图如图 1.4.10 所示。

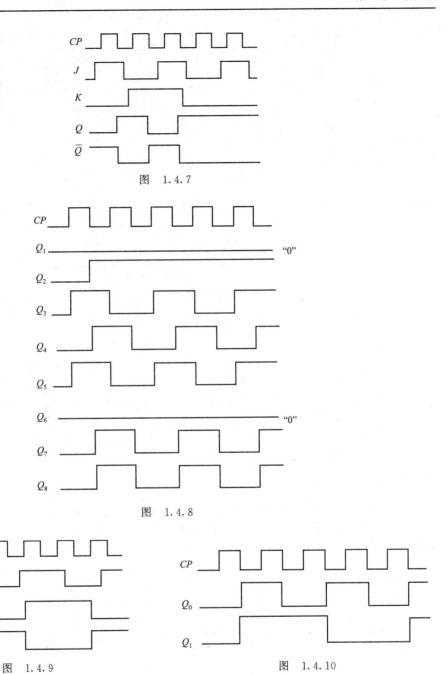

图 1.4.7

图 1.4.8

图 1.4.9

图 1.4.10

8. 解：状态表如表 1.4.1 所示，状态转换图如图 1.4.11 所示。

表 1.4.1

X	Y	Q^{n+1}
0	0	$\overline{Q}^n$
0	1	1
1	0	1
1	1	$\overline{Q}^n$

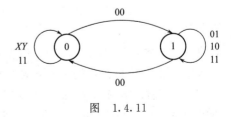

图 1.4.11

9. 解：波形图如图 1.4.12 所示。

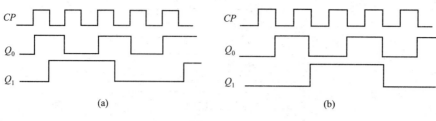

图　1.4.12

10. 解：波形图如图 1.4.13 所示。

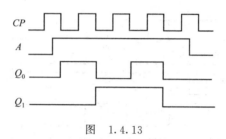

图　1.4.13

11. 解：波形图如图 1.4.14 所示。

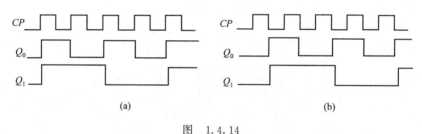

图　1.4.14

12. 解：状态方程、状态表、状态图、时序图。T 触发器见表 1.4.2 所示，状态转换图如图 1.4.15 所示，状态方程 $Q^{n+1}=T\oplus Q^n$。

表　1.4.2

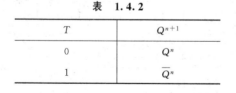

T	Q^{n+1}
0	Q^n
1	$\overline{Q^n}$

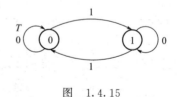

图　1.4.15

【实验与实训分析提示】

一、触发器

1. 提示：读懂 74LS112 型双 JK 触发器和 74LS74 型 D 触发器的引脚图和功能表，正确使用异步置 1 和置 0 端。实验前画出测试电路图和测试表格。

2. 注意：测试 JK 触发器和 D 触发器逻辑功能时，应使用单次脉冲，观察是上升沿还是下降沿触发。JK 触发器和 D 触发器在实现正常逻辑功能时，$\overline{R}_D$、$\overline{S}_D$ 应接高电平。

测试 JK 触发器转换成 T 触发器的逻辑功能和 D 触发器转换成 T′ 触发器逻辑功能，画出对应的波形图。

二、综合实训

1. 用触发器和门电路设计一个 7 人参赛的智力竞赛抢答器。

提示：建议用 D 触发器（74LS273）来设计，有人抢答后给出信号显示抢答成功，并同时给出信号封锁其他抢答者，使其他抢答无效。给出四人抢答器电路参考图如图 1.4.16 所示。

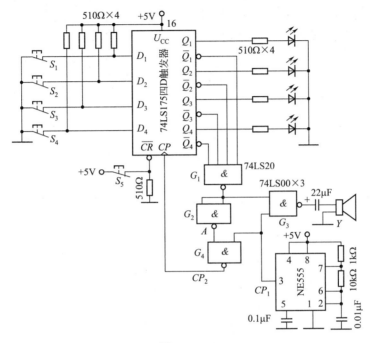

图 1.4.16

2. 设计总线数据锁存器。

提示：建议设计一个四路数据锁存器，用四 2 输入与门中的一端作为数据输入，另一端作为数据选通控制端；用触发器寄存数据，并用三态门缓冲器隔离作用。

该电路主要用于计算机（或单片机）中总线数据的传输、锁存，参考电路如图 1.4.17 所示。

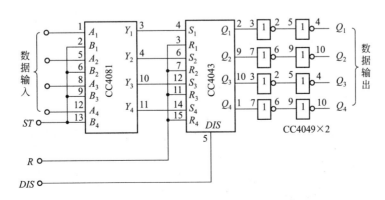

图 1.4.17

图中四 2 输入与门 CC4081 的 A 端作为输入，B 端连在一起作为数据选通控制 ST 端用。当 ST 为"1"时，数据 $A_1 \sim A_4$ 通过四 2 输入与门 CC4043 送到 CC4043 的 S 端。将 CC4043 的 R 端连在一起作为复位端。当 R 为高电平"1"时，CC4043 复位，数据总线输出端 $Q_1 \sim Q_4$ 都为"0"状态。

CC4043 的 DIS 端用做三态功能控制。在数据传输时，当 DIS 为"1"，ST 为"1"时，有 $Q = ST \cdot DIS \cdot A$。

当选通信号 ST 为"0"时，数据被封锁。控制信号 DIS 为"0"时，CC4043 处于高阻状态，数据被锁存。每当总线锁存器接收新的数据时，应先使 CC4043 复位，即 R 端为"1"状态。电路中的 6 个反相缓冲器/变换器 CC4049 起缓冲隔离作用。

第5章

时序逻辑电路

【基本要求、重点及难点】

本章介绍了时序逻辑电路分析和设计方法，计数器、寄存器等常用集成电路工作原理及实际应用，顺序脉冲发生器等内容。应熟练掌握时序逻辑电路分析方法、常用集成计数器、集成寄存器等器件的逻辑功能及实际应用，熟练应用集成计数器组成 N 进制计数器；正确理解时序逻辑电路的设计方法、驱动方程、输出方程、状态方程、状态转换表、状态转换图、时序图、集成时序逻辑电路的功能表；一般了解寄存器组成 N 进制计数器、顺序脉冲发生器。

【基本概念的分析】

时序逻辑电路的输出不仅和输入有关，而且还决定于电路原来所处的状态，这是时序逻辑电路的基本特点。

时序逻辑电路分析步骤一般为：观察逻辑电路图、求驱动方程、状态方程、输出方程，作状态表、状态图、时序波形图，最后描述逻辑功能。时序逻辑电路分析关键是求出状态方程和状态转换表，由此可分析出时序逻辑电路的功能，根据状态表可画出状态转换图和时序图。时序逻辑电路设计步骤一般为：分析设计要求确定输入变量、输出变量及电路的状态数，建立原始状态转换图；确定触发器的类型及数目；选择状态编码，进行状态分配；由状态编码列出状态转换表，由状态转换表画出各触发器的状态卡诺图，求状态方程、输出方程；检查是否自启动，对无效状态代入状态方程，求出状态与输出，完成状态转换图，并判断是否能自启动；根据转换状态方程所选触发器类型的特征方程形式，求各触发器的驱动方程；画逻辑电路图。

中规模集成计数器是一种简单而又最常用的时序逻辑电路器件，在计算机和其他数字系统中起着非常重要的作用。计数器不仅能用于统计输入时钟脉冲的个数，还能用于分频、定时、产生节拍脉冲。

寄存器是一种常用的时序逻辑电路器件，分为数码寄存器和移位寄存器两种。移位寄存器又分为单向移位寄存器和双向移位寄存器。集成移位寄存器具有使用方便、功能全、输入和输出方式灵活等优点。用移位寄存器可实现数据的串行-并行转换，组成环形计数器、扭环形计数器等。

【思考题分析解答】

5.1 思考题

1. 如何描述时序逻辑电路的逻辑功能？

[答案] 用逻辑表达式、状态表、卡诺图、状态图和时序图等方法，都可以描述时序逻辑电路的逻辑功能。

2. 时序逻辑电路有什么特点？时序逻辑电路有几种？

[答案] 任何时刻电路的稳态输出，不仅和该时刻的输入信号有关，而且还取决于电路原来的状态。

按逻辑功能可划分为计数器、寄存器、移位寄存器、读/写存储器、顺序脉冲发生器等。

按电路中触发器状态变化是否同步，可分为同步时序逻辑电路和异步时序逻辑电路。

按电路输出信号的特性可分为 Mealy（米利）型和 Moore（摩尔）型。

5.2.1 思考题

1. 分析现态和次态之间的关系。

[答案] 现态为信号作用前的状态，次态为信号作用后的状态。

提示：理解现态和次态之间是动态变化的。

2. 如何分析时序逻辑电路功能？

[答案] 时序逻辑电路分析步骤一般分 5 步进行（略）。

提示：不同的时序逻辑电路可采用不同的步骤来分析。

3. 什么情况下称能自启动的时序逻辑电路？

[答案] 在时序逻辑电路中，虽然存在无效状态，但无效状态没有形成循环，这样的时序逻辑电路叫做能够自启动的时序逻辑电路。

5.2.2 思考题

如何进行时序逻辑电路设计？

[答案] 时序逻辑电路设计步骤一般分 7 步进行（略）。

提示：不同的时序逻辑电路可采用不同的步骤来设计。

5.3 思考题

1. 如何使用两片集成计数器构成 80 分频电路？

[答案] 用两片集成计数器可组成八十进制计数器，八十进制计数器即可实现 80 分频。

提示：计数器有时称为分频器（如二进制计数器即可实现 2 分频）。

2. 同步计数器与异步计数器相比，有什么优点？

[答案] 同步计数器时钟脉冲同时触发计数器中的全部触发器，各个触发器的翻转与时钟脉冲同步，所以工作速度较快，工作频率较高；而异步计数器各个触发器的翻转时与时钟脉冲不同步，所以工作速度较慢。

5.4 思考题

1. 移位寄存器中所有触发器是否由同一时钟输入驱动的？

［答案］是由同一时钟输入驱动的。

提示：移位寄存器的数据必须同时传送，所以要用同步触发。

2. 移位寄存器中如何连接，才能使数据从一个触发器移到下一个触发器？

［答案］采用串行输入方式。

3. 用 JK 触发器构成的移位寄存器，如何进行数据并行置数？

［答案］可通过异步置位和异步复位端。

4. 如何将 74LS194 连接成一个左移循环寄存器？

［答案］通过控制端 S_1、S_0 信号来设置。

提示：控制端 $S_1 = 1$，$S_0 = 0$。

5. 双向寄存器 74LS194 可以允许数据通过它向任一方向传输吗？

［答案］可以允许数据双向传输。

提示：控制端 S_1、S_0 不同组合时，可实现不同的功能（左移或右移）。

5.5 思考题

1. 在主教材的图 5.55 中，如果 F_1 的 Q_1 输出出现开路，计数器的 Q_2 输出会怎样？

［答案］如主教材图 5.55 中的 Q_2'。

提示：当 $Q_0 = 1$ 时，时钟到达时 Q_2 输出翻转。

2. 如果主教材图 5.55 中的 F_1 的 K 端输入端恒为低电平，该计数器序列（状态）将会出现什么情况？

［答案］Q_1 在第一个时钟翻转到 1 后，就不再变化。

3. 如果主教材图 5.55 中的 F_0 的 J 和 K 端输入端错误地接地，而不是恒为低电平，该计数器序列（状态）将会出现什么情况？

［答案］由 F_0 的原始状态来决定。

【自我测试题分析解答】

一、选择题（请将下列题目中的正确答案填入括号内）

1. b；2. c；3. c；4. b；5. c；6. a；7. c；8. c；9. b；10. c。

二、判断题（正确的在括号内打√，错误的在括号内打×）

1. √；2. ×；3. ×；4. √；5. √；6. √。

（主教材书中第 5 题获得时间应为 100ms）

三、分析计算题

1. 解：4 个触发器可以组成十六进制以下的任意进制计数器；3 个触发器只可以组成八进制以下的任意进制计数器。

2. 解：4 个（级联计数器的模为各级模相乘得到）。

3. 解：（1）5MHz；10MHz 的时钟加 1 个触发器实现（2 分频）。

（2）2.5MHz；10MHz 的时钟加 2 个触发器实现（4 分频）。

（3）2MHz；10MHz 的时钟加 1 个模数为 5 的计数器实现（5 分频）。

（4）1MHz；10MHz 的时钟加 1 个模数为 10 的计数器实现（10 分频）。

（5）50kHz。10MHz 的时钟加 2 个模数为 10 的计数器和 1 个触发器实现（200 分频）。

4．解：8 个（1 字节为 8 位，1 个触发器保存 1 位数据，所以 1 字节需要 8 个触发器）。

5．解：5 个（4 比特串行输入需要 4 个时钟，并行输出需要 1 个时钟）。

6．解：10010010。

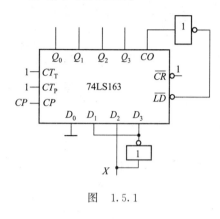

图　1.5.1

7．解：设计两个六十进制的计数器，分别显示秒和分的数字时钟电路；另外设计一个二十四进制的计数器，显示小时的数字时钟电路。秒计数器的进位信号作为分计数器的时钟，分计数器的进位信号作为时计数器的时钟，请读者自行画出总的电路图。

8．解：用 163 的进位 CO 直接作为进位输出端。同时用 163 的进位 CO 经反相器后加到置数端，当输入控制变量 $X=0$ 时工作在六进制，1010～1111；当输入控制变量 $X=1$ 时工作在十二进制，0100～1111，所以置数端 D_0 接地，D_2 接 X，X 经反相器后接 D_1 和 D_3，电路图如图 1.5.1 所示。

【习题分析解答】

一、选择题（请将下列题目中的正确答案填入括号内）

1. c；2. a；3. a；4. b；5. b；6. c；7. c；8. b。

二、判断题（正确的在括号内打√，错误的在括号内打×）

1. ×；2. √；3. √；4. ×；5. ×。

三、分析计算题

1．解：状态分析：

100→001→010→100，

时序图如图 1.5.2 所示。

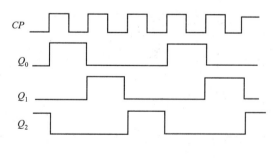

图　1.5.2

2．解：状态分析：000→100→010→110→001→101→000；011→111→000；电路为能自启动六进制计数器。

3．解：状态分析：1000→0001→0010→0100→1000；电路不能自启动。时序图和状态图如图 1.5.3 所示。

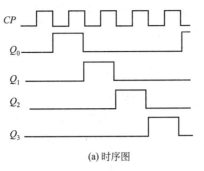

(a) 时序图　　　　　　　　　　　　　(b) 状态图

图　1.5.3

4. 解：状态分析：

$010 \rightarrow 100 \rightarrow 000 \rightarrow 001 \rightarrow 010$，$011 \rightarrow 110 \rightarrow 100$，$101 \rightarrow 010$，$111 \rightarrow 110$，电路能自启动。

状态图如图 1.5.4 所示。

5. 解：状态分析：$000 \rightarrow 001 \rightarrow 010 \rightarrow 011 \rightarrow 100 \rightarrow 101 \rightarrow 110 \rightarrow 000$，$111 \rightarrow 000$，电路为七进制同步加法计数器。时序图和状态图如图 1.5.5 所示。

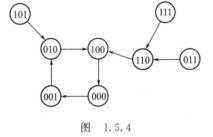

图　1.5.4

6. 解：状态分析：$000 \rightarrow 001 \rightarrow 011 \rightarrow 010 \rightarrow 110 \rightarrow 111 \rightarrow 101 \rightarrow 000$，$100 \rightarrow 000$，该电路的计数长度 N 是 7，能自启动。

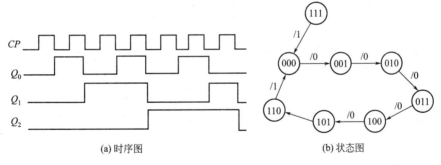

(a) 时序图　　　　　　　　　　　　　(b) 状态图

图　1.5.5

7. 解：首先分析设计要求。

计数器的工作特点是在时钟信号操作下，自动地依次从一个状态转为下一个状态，所以计数器没有输入信号，只有输出信号。可见，计数器是属于 Moore 型的一种简单时序逻辑电路。

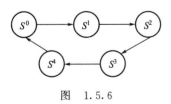

图　1.5.6

五进制计数器应该有 5 个状态，若分别用 S^0、S^1、S^2、S^3、S^4 表示，则按题意即可画出如图 1.5.6 所示的状态转换图。

因为五进制计数器必须用 5 个不同的状态表示已经输入的时钟脉冲数，所以状态已不能再化简。根据要求 M 有 5 个状态，故应取触发器位数 $n = 3$，因为：$2^2 < 5 < 2^3$，如无特殊要求，取自然进制数 $000 \sim 100$ 为 $S^0 \sim S^4$ 的编码，于是便得到了表 1.5.1 所示的状态表。

因为电路的次态 $Q_2^{n+1} Q_1^{n+1} Q_0^{n+1}$，唯一地取决于电路现态 $Q_2^n Q_1^n Q_0^n$ 的取值，故可根据

表 1.5.1 画出表示次态逻辑函数的卡诺图，如图 1.5.7 所示。计数器正常工作时，不会出现 101、110 和 111 这三种状态，所以可将 $Q_2 Q_1 Q_0$ 这三个最小项作约束项处理，在卡诺图上用"×"表示。

表　1.5.1

状态顺序	状态编码			等效十进制数
	Q_2	Q_1	Q_0	
S^0	0	0	0	0
S^1	0	0	1	1
S^2	0	1	0	2
S^3	0	1	1	3
S^4	1	0	0	4

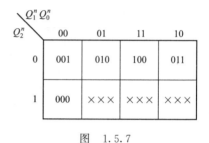

图　1.5.7

化简卡诺图可以写出电路的状态方程为：

$Q_0^{n+1} = \overline{Q_2^n}$、$Q_1^{n+1} = Q_1^n \overline{Q_0^n} + \overline{Q_1^n} Q_0^n$、$Q_2^{n+1} = Q_1^n Q_0^n$。

而 JK 触发器特性方程为 $Q^{n+1} = J\overline{Q^n} + \overline{K}Q^n$。

如果选用 JK 触发器，将状态方程与 JK 触发器特性方程的标准形式相比较，则可以得到驱动方程为 $J_0 = \overline{Q_2^n}$、$K_0 = 1$；$J_1 = K_1 = Q_0^n$；$J_2 = Q_0^n Q_1^n$、$K_2 = 1$。

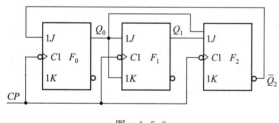

图　1.5.8

根据驱动方程与输出方程，即可画出同步计数器的逻辑图，如图 1.5.8 所示。

为验证电路的逻辑功能是否正确，可将 000 作为初始状态，代入状态方程依次计算次态值，所得结果应与表 1.5.1 中的状态转换表一致。

最后还应检查电路能否自启动。将有效循环之外的 101、110 和 111 这三种状态，代入各状态方程中计算，依次所得次态对应为 010、010 和 000，故电路能自启动。

8. 解：连接图如图 1.5.9 所示。

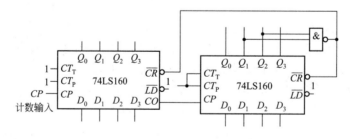

图　1.5.9

9. 解：连接图如图 1.5.10 所示。

10. 解：连接图如图 1.5.11 所示。

11. 解：连接图如图 1.5.12 所示。

12. 解：(a) $Q_0 Q_1 Q_3 = 0111$，8 个时钟脉冲作用后，信息循环一周。

(b) $Q_0 Q_1 Q_2 Q_3 = 0111$，15 个时钟脉冲作用后，信息循环一周。

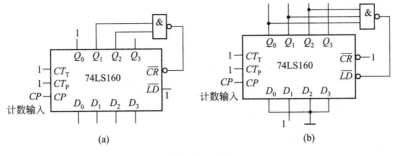

图　1.5.10

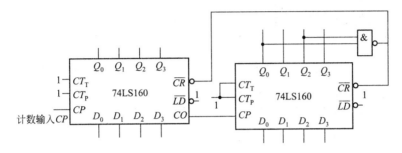

图　1.5.11

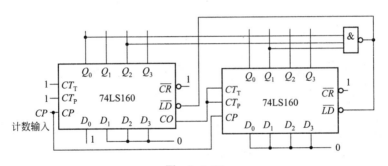

图　1.5.12

13. 解：根据设计要求，该时钟电路可由时计数器、分计数器和秒计数器组成，时计数器为十二进制计数器，分计数器和秒计数器为六十进制计数器。用六个 74LS160 分别组成一个十二进制计数器和二个六十进制计数器，将计数器的输出端接七段数码管，用串行进位方式时、分、秒计数器按顺序连接，并以秒脉冲（频率为 1 秒的脉冲），即可得到时钟电路。

14. 解：根据设计要求，做二分频时，当输出 $Q_3Q_2Q_1Q_0=0000$ 时，产生借位信号，同时产生置数信号 $\overline{LD}=0$，这时 $Q_3Q_2Q_1Q_0=D_3D_2D_1D_0$，使 74LS192 构成二进制计数器。由于 74LS192 是异步置数，所以 0000 是过渡状态。若使 74LS192 构成二进制减法计数器，则需使预置数 $D_3D_2D_1D_0=0010$，$CP_U=1$，当 $A=1$ 时，$\overline{I_2}=0$，$\overline{Y_3}\overline{Y_2}\overline{Y_1}\overline{Y_0}=1101$，经过非门后接入 $D_3D_2D_1D_0$，使预置数 $D_3D_2D_1D_0$ 为 0010，即可实现二分频。

同样，若要实现三分频、四分频、……、九分频，可分别令 $\overline{I_3}$、$\overline{I_4}$、…、$\overline{I_9}$ 为 0，使得预置数 $D_3D_2D_1D_0$ 分别为 0011、0100、…、1001。由分析结果画出逻辑电路图如图 1.5.13 所示。

15. 解：用 74LS163 归零方法，$A=0$ 时，归零信号 $Q_3Q_2Q_1Q_0=0101$；$A=1$ 时，归零信号 $Q_3Q_2Q_1Q_0=1101$。电路图如图 1.5.14 所示。

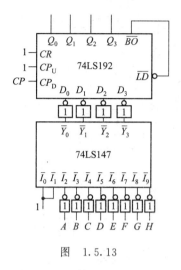

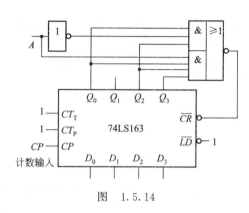

图　1.5.13　　　　　　　　　　　　　　　图　1.5.14

16. 解：根据设计要求用 3 片 74LS160，采用整体置数法或整体归零法组成，电路图略。

【实验与实训分析提示】

一、时序逻辑电路

1. 提示：实验前画出设计的电路图，学会测试判断集成触发器的好坏，在确保集成触发器逻辑功能正确的情况下，进行时序逻辑电路的测试。

2. 注意：根据设计电路要求，选择合适的集成触发器，完成相关测试。

异步二进制计数器和异步十进制计数器，可参考主教材：《电子技术基础（数字部分）》中 150 页图 5.15 和 156 页图 5.24；环形计数器可参考主教材中 166 页图 5.41 和图 5.43。

二、集成计数器

1. 提示：读懂中规模集成电路计数器的引脚图和功能表，实验前画出测试电路图。

2. 注意：各种进制计数器在测试时，应注意集成电路计数器使能端、控制端和高低位进位端的正确连接。

三、移位寄存器

1. 提示：读懂双向移位寄存器的引脚图和功能表，实验前画出测试电路图和测试表格。

2. 注意：双向移位寄存器各种实验测试时，应注意使能端和控制端的正确连接。

由 D 触发器构成的单向移位寄存器，可参考主教材：《电子技术基础（数字部分）》中 163 页图 5.38。

四、综合实训

1. 用计数器（74LS192）组成一个从 1 到 99 分频的可调分频电路。

提示：（1）确定方案

根据命题对电路功能的要求，所选主要集成逻辑器件应是计数器，因为计数器就是分频器。本命题应满足的最大分频能力是 99，故采用两片十进制计数芯片可以满足。分频倍数的设置，可由计数过程中输入脉冲与进位（或借位）信号的关系来决定。例如，可逆计数器进行递减计数时，计数状态每减到零就发出结尾信号，这样可在计数器置数输入端置入特定数据，在输入信号驱动下，计数器进行递减计数，从借位输出端所得到的脉冲的频率，就等于输入脉冲频率除以被置入的数。若置入 99，就可以实现 99 分频。

（2）选择器件

选两片 74LS192 同步十进制可逆计数器。为了改变置入数据，再选两片 8421BCD 码拨码盘和 8 只 3.3kΩ 电阻，另外还要选择一片 7404 反相器，以将结尾信号送给置数使能端。

（3）画出电路逻辑图

可调分频电路参考电路图如图 1.5.15 所示，由图可知拨动码盘，内部开关接通时，置入数据为 1，断开时为 0，置数 0 到 9 可调，即根据分频倍数置入数据。反相器 G 一方面可将 $\overline{BO}$ 端的负脉冲变为正脉冲并输出；另一方面，当 $\overline{BO}$ 结束时，将由 0 到 1 的正跳变变为由 1 到 0 的负跳变，以满足置数使能端 $\overline{LD}$ 重新置数的需要，使电路往复不停地工作。

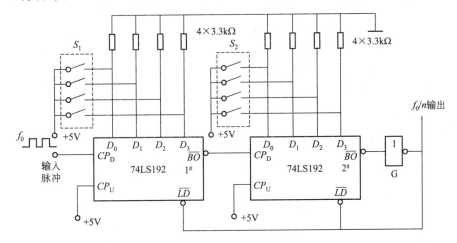

图 1.5.15　可调分频电路

2. 请用寄存器（74LS194）、计数器（74LS192）和译码器（74LS138）组成一个汽车尾灯控制电路。

提示：（1）确定方案

根据命题对电路功能的要求，所选主要集成逻辑器件应是计数器和寄存器，计数器采用置数法设计的模 3 计数器，寄存器完成移位功能。

（2）画出电路逻辑图

汽车尾灯控制电路参考电路图如图 1.5.16 所示。汽车正常行驶时 $L=0$，$R=0$；汽车左转弯时 $L=0$，$R=1$；汽车右转弯时 $L=1$，$R=0$；汽车暂停时 $L=1$，$R=1$。

3. 试用 74LS161 集成计数器和门电路，设计一个在时钟作用下，能周期性地输出 10101000011001 的序列发生器。

提示：计数器应接成序列发生器长度的模 N 进制计数器，门电路的输出为序列值。

4. 制作自动售货冷饮机。

提示：（1）确定方案

设 $A=1$ 为投入五角，$B=1$ 时为投入一元，$Y=1$ 为给出冷饮，$Z=1$ 为退回五角。

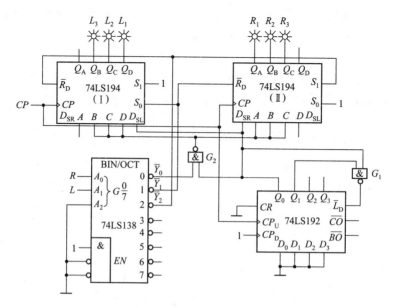

图 1.5.16 汽车尾灯控制电路

$Q_2^n Q_1^n$ 为投币箱内的存钱数，00 为无钱，01 为存有五角，10 为存有一元，11 为存有一元五角，根据设计要求列出状态转换表，如表 1.5.2 所示。

表 1.5.2

A	B	Q_2^n	Q_1^n	Q_2^{n+1}	Q_1^{n+1}	Y	Z
0	0	0	0	0	0	0	0
0	0	0	1	0	1	0	0
0	0	1	0	1	0	0	0
0	0	1	1	1	1	0	0
0	1	0	0	1	0	0	0
0	1	0	1	1	1	0	0
0	1	1	0	0	0	1	0
0	1	1	1	0	0	1	1
1	0	0	0	0	1	0	0
1	0	0	1	1	0	0	0
1	0	1	0	1	1	0	0
1	0	1	1	0	0	1	0

由于在投币箱中已有一元五角时，无论一元或五角都会有相应输出反应，因此不必再投入一元五角，所以 ABQ_2Q_1 为 1100～1111 可作为无关项。

（2）设计分析

根据状态转换表可写出化简后得到状态方程和输出方程：

$$Q_1^{n+1} = A\,\overline{Q_1^n} + \overline{A}\,\overline{B}Q_1^n + \overline{A}\,\overline{Q_2^n}Q_1^n$$

$$Q_2^{n+1} = BQ_2^n + \overline{A}\,\overline{B}Q_2^n + A\,\overline{Q_2^n}Q_1^n + AQ_2^n\,\overline{Q_1^n}$$

$$Y = BQ_2^n + AQ_2^nQ_1^n$$

$$Z = BQ_2^nQ_1^n$$

可采用两个 JK 触发器实现，将状态方程对比 JK 触发器的特征方程，可得到驱动方程：

$J_1 = A$，$K_1 = \overline{\overline{A}\,\overline{B} + \overline{A}Q_2^n}$；

$J_2 = B + AQ_1^n$，$K_2 = \overline{\overline{A}\,\overline{B} + A\,\overline{Q_1^n}}$。

根据驱动方程和输出方程画出电路图（电路图略）。

由于电路在实际情况下没有无效状态，故电路可以自启动。

第6章

脉冲发生与整形电路

【基本要求、重点及难点】

本章介绍了555集成定时器的结构、工作原理及引脚功能，用555集成定时器可以构成各种脉冲产生与整形电路等内容。应熟练掌握555定时器引脚功能，用555集成定时器组成的多谐振荡器、单稳触发器和施密特触发器三种电路的工作原理和基本计算；正确理解单稳触发器实现定时与延时和整形作用、施密特触发器波形变换或整形作用；一般了解单稳触发器的触发脉冲的脉宽要求以及石英晶体多谐振荡器。

【基本概念的分析】

555集成定时器的结构、工作原理及引脚功能。555定时器是一种用途很广的集成电路，可以构成各种脉冲产生与整形电路。

多谐振荡器是一种自激振荡电路，不需外加输入信号，就可以自动地产生出矩形脉冲；施密特触发器是一种双稳态触发器，常用于脉冲整形；单稳态触发器和施密特触发器一样，可以把其他形状的信号变换成为矩形波，为数字系统提供"干净"的脉冲信号。

石英晶体振荡器比定时器更精确、更稳定，它们大多数应用于微处理器和数字通信定时。

【思考题分析解答】

6.1 思考题

脉冲有哪些参数？

[答案] 脉冲周期 T、脉冲幅度 U_m、脉冲宽度 t_W、上升时间 t_r、下降时间 t_f。

6.2 思考题

1. 对于555集成定时器芯片内部的比较器，在反相输入端电位高于同相输入端电位时，输出为什么电平？

[答案] 输出低电平（低电平为0）。

提示：555定时器单电源供电，输出高、低电平分别为电源电压值 V_{DD} 和0。

2. 在555定时器内，放电三极管在管脚3输出何种电平时，将7脚与地短路？

[答案] 晶体管在管脚 3 输出 0 电平时，将 7 脚与地短路。

3. 当 555 定时器管脚 6 电位高于多少电平时，RS 触发器复位？此时，管脚 3 输出何种电平？

[答案] 管脚 6 电位高于 $(2/3)V_{DD}$ 时，RS 触发器复位，此时，管脚 3 输出 0 电平。

6.3 思考题

1. 电容与电阻串联电路中，如果串联电阻增大，电容充电电压如何变化？

[答案] 电路的充电时间常数变大，所以电容充电电压增长变缓。

2. $1\mu F$ 电容与 $10k\Omega$ 电阻串联电路的充电速率和 $10\mu F$ 电容与 $1k\Omega$ 电阻串联电路的充电速率是否相同？

[答案] 相同。

提示：两个串联电路的充电时间常数相同。

3. 555 定时器连接成多谐振荡器，当电容经哪个电阻充电时，u_O 为高电平？当电容经哪个电阻放电时，u_O 为低电平？

[答案] 当电容经 $V_{DD} \rightarrow R_1 \rightarrow R_2 \rightarrow C \rightarrow$ 地充电时，u_O 为高电平；当电容经 $C \rightarrow R_2 \rightarrow VT_N \rightarrow$ 地放电时，u_O 为低电平。

4. 在主教材图 6.4 中，555 多谐振荡器的占空比总是大于 50%，分析原因。

[答案] 充电的时间常数大于放电的时间常数。

5. 由 555 组成的多谐振荡器在周期不变的情况下，如何改变输出脉冲的宽度？

[答案] 改变充放电的时间常数。

提示：改变时间常数可以通过调节 R_1 和 R_2 的值。

6.4 思考题

1. 施密特触发器主要有哪些用途？

[答案] 用作接口、整形、多谐振荡器和幅度鉴别。

2. 施密特触发器构成的多谐振荡器中的电容电压由什么确定？输出电压由什么确定？

[答案] 电容电压由施密特触发器的转折电平确定，输出电压由电源电压确定。

6.5 思考题

1. 单稳态触发器是否可以根据输入触发脉冲的宽度来确定输出脉冲宽度？

[答案] 不可以。

提示：电路时间常数决定输出脉冲宽度。

2. 当 555 定时器组成单稳态电路时，何种电平触发信号引入管脚 2？迫使 u_O 变为什么电平，并使电容开始充电？

[答案] 低电平触发信号引入管脚 2，迫使 u_O 变为高电平，并使电容开始充电。

6.6 思考题

什么情况会引起单稳态触发器输出脉冲宽度大于应有的值？

[答案] 输入触发信号的脉冲宽度大于 T_W 时。

【自我测试题分析解答】

一、选择题（请将下列题目中的正确答案填入括号内）

1. c；2. b；3. a；4. c；5. c。

二、判断题（正确的在括号内打√，错误的在括号内打×）

1. ×；2. √；3. ×；4. ×；5. ×。

三、分析计算题

1. 解：$q = t_{W1}/T = \dfrac{t_{W1}}{t_{W1}+t_{W2}} = \dfrac{0.7R_1C}{0.7R_1C+0.7R_2C} = \dfrac{R_1}{R_1+R_2}60\%$，$R_1 = 1.5R_2$；

$T = 0.7(R_1+2R_2)C = 200\mu s$，取 $C = 0.47\mu F$，则 $R_1 = 173.7\Omega$，$R_2 = 115.8\Omega$。

电路图参考主教材：《电子技术基础（数字部分）》书中 185 页图 6.4 所示。

2. 解：$t_W = 1.1RC = 0.5s$，取 $C = 10\mu F$，则 $R_2 = 45k\Omega$。

电路图参考主教材：《电子技术基础（数字部分）》书中 193 页图 6.21 所示。

3. 解：（1）555 定时器接成多谐振荡器。

（2）报警电路的工作原理：正常时 555 定时器的 4 脚接地，所以电路不能工作，没有输出，扬声器不发出报警声；当小偷闯入室内将铜丝碰断后，555 定时器的 4 脚变为高电平，电路不能工作，输出正弦波，扬声器即发出报警声。

（3）改变电阻的大小，即可改变报警声的音调。

【习题分析解答】

一、选择题（请将下列题目中的正确答案填入括号内）

1. c；2. a；3. c；4. b；5. c；6. a；7. b；8. a。

二、判断题（正确的在括号内打√，错误的在括号内打×）

1. ×；2. √；3. √；4. ×；5. √。

三、分析计算题

1. 解：$q = t_{W1}/T = \dfrac{t_{W1}}{t_{W1}+t_{W2}} = \dfrac{0.7R_1C}{0.7R_1C+0.7R_2C} = \dfrac{R_1}{R_1+R_2} = 25\%$，$R_2 = 3R_1$；

$T = 0.7(R_1+2R_2)C = 50\mu s$，取 $C = 0.033\mu F$，则 $R_2 = 541\Omega$，$R_1 = 1623\Omega$。

电路图参考主教材：《电子技术基础（数字部分）》书中 185 页图 6.6 所示。

2. 解：输出电压为高电平 U_{OH} 的输入信号条件：低触发输入（置位）端 $< (1/3)V_{DD}$；输出电压为低电平 U_{OL} 的输入信号条件：低触发输入（置位）端 $> (1/3)V_{DD}$，高触发输入（复位）端 $> (2/3)V_{DD}$；保持原来状态不变的输入信号条件：低触发输入（置位）端 $>(1/3)V_{DD}$、高触发输入（复位）端 $< (2/3)V_{DD}$。

3. 解：（1）$T = 0.7(R_1+2R_2)C = 0.7 \times 3 \times 10^3 \times 1 \times 10^{-6} = 2.1$（ms），则 $f = 476Hz$，$q = 0.67$；

（2）$T = 0.7(R_1+2R_2)C = 0.7 \times 35 \times 10^3 \times 0.05 \times 10^{-6} = 1.225$（ms），$f = 816Hz$，$q = 0.71$。

波形图参考主教材：《电子技术基础（数字部分）》书中 185 页图 6.5。

4. 解：因为 $q=0.5$，所以 $R_1=R_2$；因为 $f=1\text{kHz}$，所以 $T=0.7(R_1+R_2)C=1\text{ms}$。
$0.7\times2R_1\times0.2\times10^{-6}=1$（ms），则 $R_1=3.57\times10^3\Omega$。

5. 解：$U_{T+}=8\text{V}$，$U_{T-}=4\text{V}$，$\Delta U_T=4\text{V}$，输出波形如图 1.6.1 所示。

6. 解：$U_{T+}=6\text{V}$，$U_{T-}=3\text{V}$，输出波形如图 1.6.2 所示。

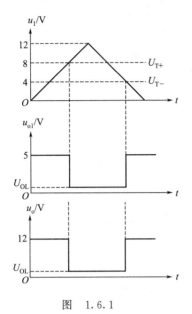 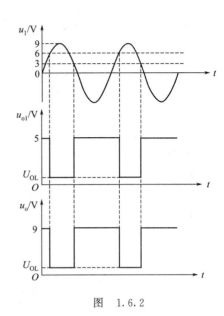

图 1.6.1　　　　　　　　　　图 1.6.2

7. 解：(1) 功能：555 产生脉冲、反相器缓冲、JK 与门电路完成脉冲转换。
(2) 波形 A、波形 B、波形 C 和波形 D 如图 1.6.3 所示。

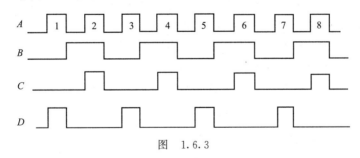

图 1.6.3

8. 解：(1) 功能：555 定时器构成多谐振荡器产生脉冲、D 触发器实现分频；
(2) $T=0.7(R_1+2R_2)C=3.15\text{ms}$；
(3) 波形如图 1.6.4 所示。

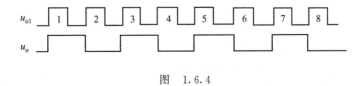

图 1.6.4

9. 解：(1) $t_W=1.1RC=1.1\times1\times10^3\times0.01\times10^{-6}=11$（μs）；(2) 波形如图 1.6.5 所示。

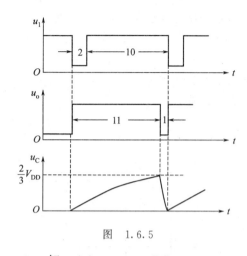 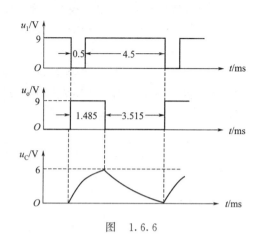

图　1.6.5　　　　　　　　　　　　　　图　1.6.6

10. 解：（1） $t_W=1.1RC=1.1\times27\times10^3\times0.05\times10^{-6}=1.485$（ms）；（2）波形如图 1.6.6 所示。

11. 解：多谐振荡器：2 个暂稳态；应用：秒信号发生器、模拟声响电路；单稳态触发器：1 个暂稳态、1 个稳态；应用：延时与定时、整形；双稳态触发器：2 个稳态；应用：分频、计数；施密特触发器：2 个稳态；应用：接口与整形、用作多谐振荡器、幅度鉴别。

【实验与实训分析提示】

一、集成定时器

1. 提示：实验前画出设计的电路图，学会测试判断集成定时器逻辑功能是否正确，在确保集成定时器逻辑功能正确的情况下，进行实验电路的测试。

2. 注意：根据设计电路要求，选择合适的电路参数，完成相关测试。

多谐振荡器电路参数可设置为：$R_1=5.1\text{k}\Omega$，$R_2=10\text{k}\Omega$，$C=0.047\mu\text{F}$，$C'=0.01\mu\text{F}$；施密特触发器由 $10\text{k}\Omega$ 电位器中心抽头提供可调电压；单稳态触发器电路参数可设置为：$R=20\text{k}\Omega$，$C=0.033\mu\text{F}$，$C'=0.01\mu\text{F}$。

二、集成单稳态触发器和集成施密特触发器

1. 提示：读懂集成单稳态触发器和集成施密特触发器的引脚图和功能表，实验前画出测试电路图。

2. 注意：实验电路测试时，应注意集成电路中使能端、控制端的正确连接。

三、综合实训

1. 用 555 定时器设计一个触摸和声控双延时灯电路。

提示：利用单稳态触发器特性来实现，延时的长短由暂稳态来决定（RC 时间常数）。

触摸和声控双功能延时灯电路的参考图如图 1.6.7 所示。电路由电容降压整流电路、声控放大器、555 触发定时器和控制器组成，具有声控和触摸控制灯亮的双功能。

555 和 VT_1、R_3、R_2、C_4 组成单稳定时电路，定时时间 $t_W=1.1R_2C_4$，图示参数的定时（即灯亮）时间约为 1 分钟。当击掌声传至压电陶瓷片（HTD）时，HTD 将声音信号

转换成电信号，经 VT_2、VT_1 放大，触发 555，使 555 输出端（3 脚）输出高电平，触发导通晶闸管 SCR，电灯亮；同样，若触摸金属片 A 时，人体感应电信号经 R_4、R_5 加至 VT_1 基极，使 VT_1 导通，触发 555，达到上述效果。

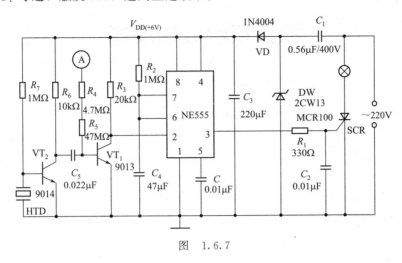

图　1.6.7

2. 用 555 定时器设计一个音乐传花游戏机电路。

提示：方法 1：单稳态触发器和多谐振荡器组成电路，电路按动按钮后，单稳态触发器处于暂稳态，使电路产生音乐声，暂稳态结束后，音乐声停止。音乐声保持时间可调（用电位器），可取代击鼓传花游戏［电路图参考主教材：《电子技术基础（数字部分）》书中 188 页图 6.11］。

方法 2：利用单稳态触发器和音乐集成块组成电路，电路参考图 1.6.8 所示。

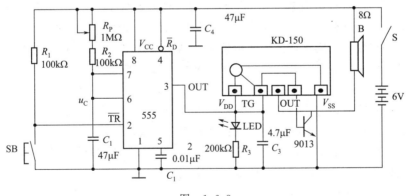

图　1.6.8

电路按动按钮后，会产生音乐声，经一段时间后，音乐声停止，且音乐声保持时间可调，可取代击鼓传花游戏。

按一下 SB 按键，LED 将发光，同时喇叭发出音乐声，经一段时间后，LED 自动熄灭，不再发光，喇叭不再发声。

调节 R_P 的位置，观察发光二极管发光和喇叭发声的现象有何变化，分析原因。

第7章

数模和模数转换器

【基本要求、重点及难点】

本章介绍了数模（D/A）转换器（也称为 DAC）和模数（A/D）转换器（也称为 ADC）的工作原理、特点及应用等内容。应熟练掌握数模转换器和模数转换器的功能、权电阻 D/A 转换器和 T 型电阻网络 D/A 转换器的工作原理，双积分型、逐次渐近型和并联比较型 A/D 转换器的工作原理；正确理解集成 D/A 和 A/D 转换器引脚功能及外部电路的连接方法，用电压值表示不同位数的 DAC 和 ADC 的分辨率以及允许最大绝对误差；一般了解数模转换器和模数转换器的参数及指标。

【基本概念的分析】

数字信号处理是一种对模拟信号进行数字处理的技术，通常用于实时处理，目的是对信号进行增强或改善。

数模（D/A）转换器和模数（A/D）转换器是现代数字系统的重要部件，应用十分广泛。将表示数字量的有权码每 1 位的代码，按其权的大小转换成相应的模拟量，然后模拟量相加，即可得到与数字量成正比的总的模拟量，从而实现了 D/A 转换。数模（D/A）转换器一般由变换网络和模拟电子开关组成。变换网络由权电阻变换网络、R-2R 型电阻变换网络等几种。

模数（A/D）转换器的功能是将输入的模拟信号转换成一组多位的二进制数字输出。不同模数转换器的转换方式具有各自的特点：并联比较型模数转换器转换速度快，主要缺点是要使用的比较器和触发器很多，随着分辨率的提高，所需元件数目按几何级数增加；逐次逼近型模数转换器的分辨率较高、误差较低、转换速度较快，因此得到广泛应用。

数模（D/A）转换器和模数（A/D）转换器的主要技术参数是转换精度和转换速度，在系统连接后，转换器的这两项指标决定了系统的精度与速度。目前 D/A 转换器和 A/D 转换器的发展趋势是高速度、高分辨率，以及易于与微型计算机接口，用于满足各个应用领域对信号处理的要求。

【思考题分析解答】

7.2 思考题

1. 如果二进制权 D/A 转换器的前面 3 个电阻的阻值分别为 30kΩ、60kΩ 和 120kΩ

时，与 D_0 输入位相对应的第 4 个电阻阻值应为多少？

[答案] 与 D_0 输入位相对应的第 4 个电阻阻值应为 240kΩ。

提示：权电阻 D/A 转换器中的求和网络电阻的阻值是以 2 倍倍增的。

2. 为什么实际构成一个 8 位的二进制权 D/A 转换器很困难？

[答案] 8 位的二进制权电阻的最大电阻值比较大，在制成集成电路时要占用较大的面积。

3. 设计一个 8 位的 R/2R 梯形 D/A 转换器，至少需要 8 个不同阻值的电阻吗？

[答案] 不需要 8 个不同阻值的电阻，只需要 2 个不同阻值的电阻。

提示：R/2R 梯形 D/A 转换器中只需 2 个阻值的电阻，适用于制作多位 D/A 转换器。

4. 如果将主教材图 7.4 所示 R/2R 梯形转换器中的 U_{REF} 改为 6V，最大的输出电压可达到 11.25V 吗？

[答案] 由主教材《电子技术基础（数字部分）》书中 204 页公式(7.7) 可知：当 $D_0 \sim D_3$ 均为 1 时，输出最大，可计算得到 u_o 为 5.625V（6×15/16），达不到 11.25V。

7.3 思考题

1. 一个 8 位的模数转换器能产生多少个独立的数字输出代码？

[答案] 8 个独立的数字输出代码。

2. 解释 DAC 或者 ADC 的分辨率的含义。

[答案] 数模转换器（DAC）的分辨率是指对输出最小电压的分辨能力。它是指输入数码只有最低有效位为 1 时的输出电压，与输入数码为全 1 时输出满量程电压之比，DAC 的位数越多，分辨输出最小电压的能力越强，故有时也用输入数码的位数来表示分辨率。

模数转换器（ADC）的分辨率又称分解度。其输出二进制数位越多，转换精度越高，即分辨率越高。故可用分辨率表示转换精度，常以 LSB 所对应的电压值表示。位数越多分辨率越高。

3. 逐次渐近型模数转换器的特点是什么？

[答案] 特点：转换速度快、精度高，其精确度可达 0.005%。

【自我测试题分析解答】

一、选择题（请将下列题目中的正确答案填入括号内）

1. a；2. a；3. b；4. b；5. a；6. c。

二、判断题（正确的在括号内打√，错误的在括号内打×）

1. √；2. √；3. √；4. ×；5. √。

三、分析计算题

1. 解：使模数转换器有充分的时间进行 A/D 转换。

取决于量化方法，对模拟量分割的等级越细，误差则越小。

2. 解：T 型电阻网络 D/A 转换器的输出电压表达式为：$u_o = -\dfrac{U_{REF}}{2^4}(D_3 \times 2^3 + D_2 \times 2^2 + D_1 \times 2^1 + D_0 \times 2^0)$，将 $U_{REF} = 16V$，$D_3 D_2 D_1 D_0 = 1011$ 代入公式，可计算可得：

$u_o = 11\text{V}$。

3. 解：权电阻网络 D/A 转换器的输出电压表达式为：$u_o = -\dfrac{U_{\text{REF}}}{2^4}(D_3 \times 2^3 + D_2 \times 2^2 + D_1 \times 2^1 + D_0 \times 2^0)$，将 $U_{\text{REF}} = 10\text{V}$，$D_3 D_2 D_1 D_0 = 0101$ 代入公式，可计算可得：$u_o = 3.125\text{V}$。

4. 解：至少要用 5 位，其分辨率为 $1/31 = 3.22\% < 5\%$。

5. 解：逐次比较后得：(1) 01111010；(2) 11010011。

【习题分析解答】

一、选择题（请将下列题目中的正确答案填入括号内）

1. a；2. a；3. a；4. c；5. b；6. c。

［主教材书中第 2 题的 (a) 应为 $1/2^n - 1$］

二、判断题（正确的在括号内打√，错误的在括号内打×）

1. ×；2. √；3. ×；4. ×；5. ×。

三、分析计算题

1. 解：$2^{11} = 2048$。

2. 解：T 型电阻网络 D/A 转换器输出电压表达式：$u_o = -\dfrac{U_{\text{REF}}}{2^4}(D_3 \times 2^3 + D_2 \times 2^2 + D_1 \times 2^1 + D_0 \times 2^0)$，当 $D_3 = 1$ 时，$u_o = -4\text{V}$；$D_2 = 1$ 时，$u_o = -2\text{V}$；$D_1 = 1$ 时，$u_o = -1\text{V}$；$D_0 = 1$ 时，$u_o = -0.5\text{V}$。

3. 解：权电阻网络 D/A 转换器输出电压表达式：$u_o = -\dfrac{U_{\text{REF}}}{2^4}(D_3 \times 2^3 + D_2 \times 2^2 + D_1 \times 2^1 + D_0 \times 2^0)$，代入公式计算可得：$u_o = -1.5625\text{V}$。

4. 解：要用 6 位，其分辨率为 $1/63 = 1.59\% < 2\%$。

5. 解：因为参考电压 $U_{\text{REF}} = 5\text{V}$，反馈电阻 $R_F = 10\text{k}\Omega$，运算放大器输出电压范围为 $-5 \sim +5\text{V}$，所以根据 8 位权电阻网络 D/A 转换器输出电压表达式，可得到 $R \geqslant 2R_F$，则 $R_0 = 20\text{k}\Omega$、$R_1 = 40\text{k}\Omega$、$R_2 = 80\text{k}\Omega$、$R_3 = 160\text{k}\Omega$、$R_4 = 320\text{k}\Omega$、$R_5 = 640\text{k}\Omega$、$R_6 = 1280\text{k}\Omega$、$R_7 = 2560\text{k}\Omega$。

6. 解：(1) 因为最小输出电压增量即为 $U_{\text{REF}}/2^n$，所以当输入二进制码 01001101 时，输出电压为 1.54V；(2) $1/255 = 0.392\%$；(3) 这种 D/A 转换器不能应用。

7. 解：代入公式计算可得：$6/255 = 0.0235$（V）。

8. 解：(1) 代入公式 $u_o = -\dfrac{U_{\text{REF}}}{2^8}(D_7 \times 2^7 + D_6 \times 2^6 + \cdots + D_0 \times 2^0)$，计算可得：$u_o = 5.625\text{V}$；

(2) 代入公式计算可得：$u_o = 3.125\text{V}$。

9. 解：所谓采样，就是在一个微小时间内对模拟信号进行取样。采样结束后，再将此取样的模拟信号保持一段时间，使模数转换器有充分时间进行 A/D 转换。这就是采样、保持电路的作用。

为保证采样后的信号能恢复为原来的模拟信号，要求采样的频率 f_S 与被采样的模拟信

号的最高频率 f_{Imax} 应满足下面关系：

$$f_S \geqslant 2f_{\text{Imax}}$$

也就是说，采样频率 f_S 必须高于输入模拟信号最高频率 f_{Imax} 的 2 倍，这一关系称为采样定理。

10．解：逐次比较后得：（1）01011001；（2）10110101。

【实验与实训分析提示】

一、数模转换器

1．提示：读懂集成 DAC0832 器件的引脚功能，实验前画出测试电路图。

2．注意：集成 DAC0832 器件应用电路测试时，应注意使能端、控制端的正确连接。

二、模数转换器

1．提示：读懂集成 ADC0809（0804）器件的引脚功能，实验前画出测试电路图。

2．注意：集成 ADC0809（0804）器件应用电路测试时应注意使能端、控制端的正确连接。

三、综合实训

1．用 D/A 转换器和集成运算放大器，设计一个精密的数控电流源。

提示：D/A 转换器可以为单极性输出，也可以双极性输出，其输出电压受输入数码 N 控制，运算放大器组成电压-电流转换电路。

在自动控制仪表中，经常要求根据输入数码相应地输出精密电流，这种电路称为数控电流源。其参考电路如图 1.7.1 所示。

它由 D/A 转换电路、运放 A_1、A_2 等组成电压-电流源转换电路。其中 D/A 转换电路可以为单极性输出电路，也可以为双极性输出电路，故其输出比电压受输入数码 N 控制。

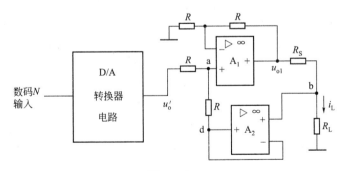

图　1.7.1

由图 1.7.1 所示电路可知，A_2 组成电压跟随电路，故 $u_d = u_b$。根据戴维南定理，可求得 a 点等效电压源为：

$$u_a = \frac{u_o' R + u_d R}{R + R} = \frac{1}{2}(u_o' + u_d) = \frac{1}{2}(u_o' + u_b)$$

A_1 组成同比放大电路，其输出为：$u_{o1} = \left(1 + \frac{R}{R}\right) u_a = 2u_a = u_o' + u_b$

即 $u_o' = u_{o1} - u_b$，因此，流过 R_S 上的电流 i_L，即负载 R_L 上的电流为：

$$i_L = \frac{u_{o1} - u_b}{R_S} = \frac{u_o'}{R_S}$$

由上式可知，i_L 由 D/A 转换电路的输入数码 N 决定，而与负载电阻 R_L 无关，故称为数控电流源。

2. 设计一个三位半数字电压表。

提示：数字电压表显示电压的量程为 1.999V 和 199.9mV，最高位只显示 0 或 1，建议用 ICL7106 双积分型 A/D 转换器，将被测的电压转换成 4 位 BCD 码，相应的七段数码管各段平行输出，驱动液晶数码管，显示被测电压值。

ICL7106 系列电路内部为双积分型 A/D 转换器，用来将被测的电压转换成 4 位 BCD 码，相应的七段数码管各段 a～g 平行输出，驱动液晶数码管，显示被测电压值。电路具有外围元件少、接线方便、使用简单、工作可靠的特点。其参考电路图如图 1.7.2 所示。

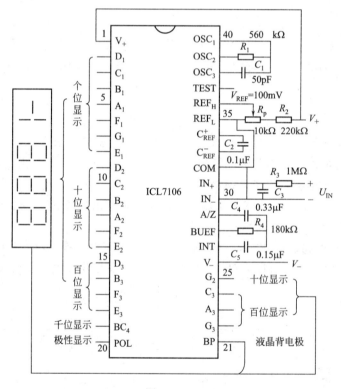

图　1.7.2

ICL7106 系列 A/D 转换器用 9V 单电源工作，采用 40 只引脚、双列直插式封装，其各引脚功能如下：

BUEF（28 号引脚）为缓冲器输出端，外接积分电阻 R_4，INT（27 号引脚）为积分器外接积分电容 C_5 输入端，A/Z（29 号引脚）为积分器和比较器的反相输入端，用以外接自动调零电容 C_4，33 号～34 号引脚接基准电容 C_{REF}(C2)，OSC_1、OSC_2、OSC_3（38 号～40 号引脚）接振荡电路的电阻 R_1 和电容 C_1，IN+/IN−（31、30 号引脚）模拟信号 U_{IN} 输入端，COM（32 号引脚）为模拟信号输入的公共地端，REF_H、REF_L（36、35 号引脚）为基准电压输入端，取 $V_{REF} = 1/2U_{Imax}$，对满量程 200mV 或 2V 的输入电压，V_{REF} 相应取

100mV 或 1V。TEST（37 号引脚）为逻辑电路共用地端，在与外部设备、电路连接时，外部逻辑电路的地必须与之相连。

ICL7106 系列 A/D 转换器转换速率为 1～3 次/s，其转换精度为±（读数×0.08%＋1 个字）。

其缺点是无 BCD 码输出，不能连接计算机系统和不能打印记录；优点是结构简单、安装方便和功耗小。

另外，还有 ICL7107 系列，用于驱动发光二极管数码管。

第8章

半导体存储器和可编程逻辑器件

【基本要求、重点及难点】

本章介绍了掩膜 ROM、PROM 和 EPROM 等只读存储器（ROM）的基本概念及各自的特点，随机存储器（RAM）的电路结构、工作原理和存储容量的扩展方法，可编程逻辑器件（PLD）的基本原理、特性和开发流程等内容。应熟练掌握只读存储器和随机存储器的逻辑功能和两者性能的区别，存储器地址译码器的功能，可编程逻辑器件的功能及实际应用，随机存储器字扩展和位扩展的方法，存储器产生逻辑函数的电路图；正确理解字线、位线、存储单元、字长、字节、半导体存储器的存储量；一般了解利用 PLD 来实现任何组合逻辑函数，用 GAL 实现时序逻辑电路。

【基本概念的分析】

存储器是一种可以存储数据或信息的半导体器件，它是现代数字系统特别是计算机中的重要组成部分。按照所存内容的易失性，存储器可分为只读存储器和随机存储器。

可编程逻辑器件应用越来越广泛，用户可以通过编程确定该类器件的逻辑功能。普通可编程逻辑器件 PAL 和 GAL 结构简单，具有成本低、速度高等优点，但其规模较小，难于实现复杂的逻辑，而 CPLD 和 FPGA 具有集成度高、使用方便和灵活等优点。

【思考题分析解答】

8.1 思考题

1. 在存储电路中，如何确定存储容量？何为存储周期？

[答案] 存储容量：存储器可以容纳的二进制信息量。通常用单元数×位数表示。存储周期：在连续两次访问存储器时，从第一次开始访问到下一次开始访问所需的最短时间。

2. 存储器中可以保存的最小数据单位是什么？

[答案] 存储元。

3. 半导体存储器有几种类型？各有什么特点？

[答案] 只读存储器和随机存储器两大类。只读存储器在工作时只能从中读出信息，不能写入信息，且断电后其所存信息仍能保持。随机存储器在工作时既能从中读出（取出）信息，又能随时写入（存入）信息，但断电后所存信息消失。

8.2 思考题

1. 在存储电路中，什么总线可以用来指定存储数据的单元？

[答案] 地址总线。

2. 一旦选定了存储单元，数据通过什么总线进行传输？

[答案] 输出（位线）总线。

3. 在什么情况下可以把 EPROM 存储设计转换为掩模 ROM？

[答案] 调试成功的基础上。

4. ROM 是一种什么类型存储器？

[答案] 半导体只读存储器。

5. 在 EPROM 存储器中，是如何实现擦除的？

[答案] 可以用特定的方法擦除并重写。最早出现的是用紫外线照射擦除的 EPROM。它的存储矩阵单元使用浮置栅注入 MOS 管或叠栅注入 MOS 管。

8.3 思考题

1. RAM 电路通常由几部分组成？

[答案] RAM 主要由存储矩阵、地址译码器和读/写控制电路 3 部分组成。

2. 2114 存储器是 1K×4 的静态 RAM，这表示它有几个存储单元，每个单元有几个数据位？

[答案] 有 1024 个存储单元，每个单元有 4 个数据位。

3. 存储器的容量有几种扩展方法？

[答案] 两种：字扩展和位扩展。

4. 动态存储器（DRAM）存储单元是利用什么来存储信息的？静态存储器（SRAM）存储单元是利用什么来存储信息的？

[答案] 动态 MOS 存储单元利用浮置栅 MOS 管的栅极电容来存储信息，将 MOS 管栅极电容上存有电荷时作为 1 状态，不存电荷时作为 0 状态，所以存储单元电路能够做得很简单。

静态 MOS 存储单元进行读出/写入操作时，控制行选线 X_i 和列选线 Y_j 电平，通过 I/O 线和 $\overline{\text{I/O}}$ 线读出或写入。

8.4 思考题

1. 简述可编程逻辑阵列（PLA）特点与分类。PAL 的常用输出结构有几种？

[答案] PLA 的特点是与阵列可编程使输入项增多，或阵列固定使器件简化，但或阵列固定明显影响了器件编程的灵活性。

PLA 常用输出结构：专用输出结构、可编程 I/O 结构、寄存器输出结构和异或型输出结构。

2. PAL 与 PROM、EPROM 之间的区别是什么？

[答案] PAL 与 PROM、EPROM 编程方式不同。

PAL 提高了功能密度，节省了空间；提高了设计的灵活性，且编程和使用都比较方便；有通电复位功能和加密功能，可以防止非法复制。

3. 现场可编程逻辑阵列（FPLA）和现场可编程门阵列（FPGA）各在什么场合

应用？

[**答案**] 现场可编程逻辑阵列（FPLA）：FPLA 与 ROM 电路结构极为相似，都用于产生组合逻辑函数，而由于 FPLA 的与逻辑阵列是可编程的，所以通过编程只产生所需要的乘积项，可有效提高芯片的利用率，使用 FPLA 设计组合逻辑电路比使用 ROM 更为合理。

现场可编程门阵列（FPGA）适用于开发初期和小批量生产的电子产品。

【自我测试题分析解答】

一、选择题（请将下列题目中的正确答案填入括号内）

1. a、d、b；2. a；3. c；4. b；5. a。

[主教材书中第 1 题的（d）应为 10；书中第 2 题的（c）应为 PLA。]

二、判断题（正确的在括号内打√，错误的在括号内打×）

1. √；2. √；3. ×；4. √；5. ×。

三、分析计算题

1. 解：$F_1 = \sum m(0,2,4,6,8,10,12,14)$；$F_2 = \sum m(1,3,5,7,9,11,13,15)$。可用 16×4PROM 实现。

2. 解：字扩展。加一个高位地址 A_{10} 和一个反相器，A_{10} 加到反相器的输入端并接低位片选控制端，A_{10} 经过反相器的输出接高位片选控制端（连线图略）。

【习题分析解答】

一、选择题（请将下列题目中的正确答案填入括号内）

1. a、d、b；2. a、b、a、b；3. b；4. b、c；5. b、d；6. c。

[主教材书中第 1 题的（d）应为 11；书中第 3 题的（c）应为 PLA；书中第 6 题的（c）应为 64。]

二、判断题（正确的在括号内打√，错误的在括号内打×）

1. √；2. √；3. ×；4. √；5. √。

三、分析计算题

1. 解：（1）全加器简化矩阵图如图 1.8.1 所示。

（2）简化矩阵图如图 1.8.2 所示。

2. 解：有 9 根地址输入线、512 根字线和 8 根位线。

3. 解：连接图如图 1.8.3 所示。

4. 解：集成电路的编程工作是由用户自己进行的，通常将这些集成电路叫做可编程逻辑器件（Programmable Logic Device，PLD）。

PLD 按芯片的集成度，分为低密度和高密度 PLD 器件。

低密度 PLD 器件，如 PROM、EPROM、EEPROM、PAL、PLA、GAL 等，只能完成较小规模的逻辑电路。高密度 PLD 器件，通常超过 1000 万门，如 EPLD、CPLD、FPGA 等，可用于设计大规模的数字系统集成度高，甚至可以做系统芯片（System On a Chip，SOC）。

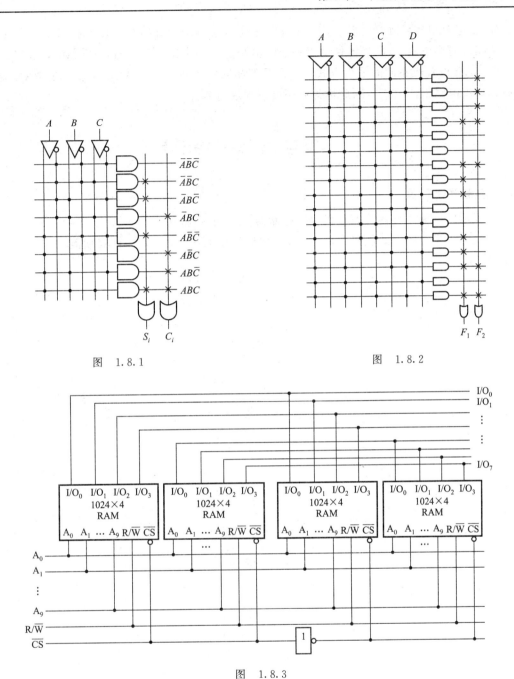

图　1.8.1　　　　　　　　　　　　　　　图　1.8.2

图　1.8.3

5. 解：PROM 在出厂时，存储的内容为全 0（或全 1），用户根据需要，可将某些单元改写为 1（或 0）。这种 ROM 采用熔丝或 PN 结击穿的方法编程，由于熔丝烧断或 PN 结击穿后不能再恢复，因此 PROM 只能改写一次。

PLA 是 Programmable Logic Array 的简写，它的特点是与阵列可编程使输入项增多，或阵列固定使器件简化，但或阵列固定明显影响了器件编程的灵活性。

PAL 器件的种类繁多，但基本结构类似，由可编程的"与"逻辑阵列和固定的"或"逻辑阵列组成。未编程时，"与"逻辑阵列的所有交叉点都有熔丝接通，编程时，将有用的熔丝保留，无用的熔丝熔断，这样可得到所需的电路。

　　GAL 与 PAL 器件的区别在于用可编程的输出逻辑宏单元（OLMC）代替固定的或阵列，来实现时序电路。GAL 器件的每一个输出端都有一个组态可编程的 OLMC，通过编程可以将 GAL 设置成不同的输出方式。这样具有相同输入单元的 GAL，可以实现 PAL 器件所有的输出电路工作模式，因此称为通用可编程逻辑器件。

【实验与实训分析提示】

半导体存储器读/写操作

　　1. 提示：读懂半导体静态随机存取存储器 6116 的引脚功能。

　　2. 注意：半导体静态随机存取存储器 6116 应用电路测试时，应注意使能端和控制端的正确连接。

第2部分
电子技术基础（模电部分）

第1章

半导体二极管及基本应用

【基本要求、重点及难点】

本章介绍了半导体基础知识、半导体二极管及基本应用等内容。应熟练掌握 PN 结的单向导电性、半导体二极管的伏安特性、二极管的应用（整流、检波和限幅）、稳压二极管的伏安特性及主要参数和稳压二极管的稳压电路；正确理解 PN 结的形成过程；一般了解本征半导体、杂质半导体、PN 结的反向击穿、二极管的结构及类型和特殊二极管。

【基本概念的分析】

半导体材料的原子有四个价电子，硅和锗是使用最广泛的半导体材料。半导体原子之间以对称方式共价键结合在一起，所形成的固态物质称为晶体。在晶体结构中，逃离原属原子的价电子，就称为自由电子。当电子离开原子成为自由电子后，就会在共价键上留下一个空穴，形成所谓的电子-空穴对。这些电子-空穴对是因为热扰动所产生的，因为电子从外界的热源获得足够能量，然后就能离开原来的原子。自由电子会自然地再失去能量，然后回落到空穴中，这称为复合。但是，因为电子-空穴对会因为热扰动而持续产生，因此材料中永远存在着自由电子。当在半导体材料的两端施加电压，这些因为热扰动所产生的自由电子就会朝同一方向流动而形成电流，这是在纯质半导体中的一种电流。将含有五个价电子的杂质原子加入半导体，就形成 N 型半导体，如将含有三个价电子的杂质原子加入半导体，就形成 P 型半导体。将五价或三价的杂质加入半导体的过程称为掺杂。在 N 型半导体中的多数载流子是自由电子，这是在掺杂的过程中产生的；而少数载流子是空穴，是由于热扰动产生的电子-空穴对所形成。在 P 型半导体中的多数载流子是空穴，这是在掺杂的过程中产生的；而少数载流子是自由电子，是由于热扰动产生的电子-空穴对所形成。

当 P 型半导体和 N 型半导体结合在一起，就会在交界面形成一个有特殊导电性质的耗尽区，这个耗尽区就是 PN 结。PN 结具有单向导电性。在 PN 结两端引出两根导线，就组成了二极管，所以二极管具有单向导电性。二极管在正向偏压下会传导电流，但在反向偏压下则会截断电流。二极管导通需要外加一定的电压，这个电压称为二极管导通电压（硅管为 0.7V，锗管为 0.2V）。理想二极管在正向偏压下，则可视为短路，而在反向偏压下则可视为开路。当温度升高时，二极管的反向电流迅速增加；而二极管的正向压降随温度升高而减小；一般温度升高 1℃，二极管的正向压降减 2～2.5mV；温度升高 10℃，二极管的反向电流约增大一倍。二极管的参数是合理选择和正确使用的依据，使用时，相关参数不能超过它的极限参数。整流电路利用二极管的单向导电性可将交流电压变成单向脉动的直流电压，主要用来分析输出直流（平均）电压、输出直流（平均）电流、流过二极管的最大整流电流（平均电流）及二极管承受的最高反向电压。

特殊二极管也具有单向导电性，利用 PN 结击穿时的特性可制成稳压二极管，利用发光材料可制成发光二极管，利用 PN 结的光敏性可制成光敏二极管。稳压电路结构简单，但输出电流变化范围较小（通常在几毫安～几十毫安之间）、输出电压不可调，通常适用于输出电压固定、工作电流小的场合。二极管稳压电路要正常安全工作，限流电阻的合理选择是关键。

【思考题分析解答】

1.1 思考题

1. 本征半导体中有几种载流子？其浓度与什么有关？

[答案] 有电子和空穴两种载流子；其浓度与温度有关。

提示：温度越高浓度越大。

2. P 型半导体和 N 型半导体是如何形成的？

[答案] 在本征半导体中掺入三价元素的物质就可形成 P 型半导体；在本征半导体中掺入五价元素的物质就可形成 N 型半导体。

3. 本征半导体和杂质半导体存在哪些差别？

[答案] 在本征半导体中电子与空穴是成对出现的，两种载流子浓度相等。而在杂质半导体中电子与空穴两种载流子浓度不相等。

提示：杂质半导体中还存在带电的离子。

4. 什么是扩散运动和漂移运动？PN 结的正向电流和反向电流是何种运动的结果？

[答案] 由载流子浓度不同而产生的"多子"运动是扩散运动。在内电场作用下而产生的"少子"运动是漂移运动。PN 结的正向电流是由"多子"产生扩散运动的结果，而反向电流是由"少子"产生漂移运动的结果。

5. 什么是 PN 结？PN 结是如何形成的？如何理解 PN 结的单向导电性？

[答案] 在 P 型半导体与 N 型半导体结合的过程中，交界处产生的空间电荷区称为 PN 结。

PN 结加不同极性电压时，呈现出两种完全不同的导电结果，加正向电压时产生较大的电流，加反向电压时电流很小，几乎等于零。

提示：加正向电压时导通（相当于开关闭合），加反向电压时截止（相当于开关断开）。

1.2 思考题

1. 二极管有几种结构类型？各适用于什么场合？

[答案] 从管子的结构来分，主要有点接触型和面结型。点接触型二极管的特点是 PN 结的面积小，因而，管子中不允许通过较大的电流，但是因为它们的结电容也小，可以在高频下工作，适用于检波电路。面接触型二极管则相反，由于 PN 结的面积大，故允许流过较大的电流，但只能在较低频率下工作，可用于整流电路。

2. 二极管的伏安特性曲线分为哪几个部分？各有什么特点？

[答案] 特性曲线分为两部分。

加正向电压时的特性称为正向特性，其特点是当正向电压超过导通电压以后，随着电压的升高，正向电流将迅速增大。电流与电压的关系基本上是一条指数曲线。

加反向电压时的特性称为反向特性，其特点是当在二极管上加上反向电压时，反向电流的值很小，而且当反向电压超过零点几伏以后，反向电流不再随着反向电压而增大，即达到了饱和，这个电流称为反向饱和电流，用符号 I_S 表示。如果使反向电压继续升高，当超过 U_{BR} 以后，反向电流将急剧增大，这种现象称为击穿，U_{BR} 称为反向击穿电压。

3. 二极管导通电压和击穿电压哪一个电压较大？当温度升高时，其导通电压如何变化？

[答案] 击穿电压较大；当温度升高时，其导通电压变小。

4. 理想情况下，二极管在什么偏置下相当于一个开关的打开和闭合？

[答案] 正向偏置时，相当于开关闭合；反向偏置时，相当于开关打开。

5. 何时二极管会产生反向击穿的现象？

[答案] 当超过反向击穿电压 U_{BR} 以后，反向电流将急剧增大，这种现象称为击穿。

提示：反向击穿分两种：若击穿是可逆的称为电击穿；若击穿是不可逆的称为热击穿。

1.3 思考题

1. 某单相桥式整流电路的输入是峰值 20V 的正弦波，则输出电压的峰值是多少？

[答案] 输出电压的峰值是 20V。

提示：理想的整流二极管其导通电压为零，所以整流电路输入输出峰值相等。

2. 桥式整流电路中的一个二极管开路对输出会有什么影响？

[答案] 输出为原来的一半。

提示：此时整流电路变为半波整流电路。

3. 如果桥式整流电路中的一个二极管短路，会有什么可能的结果？

[答案] 可能会导致变压器烧坏。

提示：此时变压器次级被短路会产生大电流。

4. 整流的直流电压小于其应该具有的值，可能的问题是什么？

[答案] 整流电路中有整流管损坏。

提示：整流电路中有一个二极管开路。

5. 说明检波电路、限幅电路的作用。

[答案] 检波电路的作用是检出有用信号。限幅电路的作用是用来限制输出电压的幅度。

1.4 思考题

1. 在稳压二极管组成的稳压电路中限流电阻起什么作用？

[答案] 限流电阻作用是确保管子工作在稳压区。

提示：稳压二极管有一定的工作电流范围。

2. 变容二极管工作在什么偏压状态？其用途是什么？

[答案] 二极管 PN 结正向偏置时，扩散电容大；反向偏置时，扩散电容很小，一般可以忽略。二极管 PN 结反向偏置时，势垒电容大，势垒电容是由空间电荷层中的电荷量变化形成的，正向偏置时，势垒电容很小。根据要求可选择工作在不同的偏置状态。

变容二极管可用于电子调谐、调频、调相和频率的自动控制等电路中。

3. 发光二极管（LED）与光电二极管有何区别？

[答案] 前者由电转换为光信号，后者光转换为电信号。

4. 光电二极管正常工作时的偏压状态如何？

[答案] 光电二极管工作在反向偏置。

5. 在没有光的条件下，光电二极管中有一个非常小的反向电流，该电流叫做什么？

[答案] 在无光照时，它与普通二极管一样，反向电流很小，该电流称为暗电流，此时光电二极管的反向电阻高达几十兆欧。

1.5 思考题

1. 如何使用指针式万用表检测普通小功率二极管？其检测的是二极管的什么参数？用数字式万用表检测的是二极管的什么参数？

[答案] 用指针式万用表"电阻"挡测试二极管的正、反向电阻，检测的是二极管的电阻。提示：指针式万用表测量时，将万用表拨到"电阻"挡，一般用 $R \times 100$ 或 $R \times 1k$ 这两挡。

数字万用表检测的是二极管的电压。

提示：数字万用表测量时直接用"二极管"挡位测试。

2. 为何不能用 $R \times 1$ 或 $R \times 10k$ 这两挡检测普通小功率二极管？为什么对于同一个二极管用不同挡位进行检测时，测得的数据会有差异？

[答案] 不要用 $R \times 1$ 挡或 $R \times 10k$ 挡，因为 $R \times 1$ 挡电流较大，容易烧坏二极管，而 $R \times 10k$ 挡电压较高，可能击穿二极管，导致被测管子损坏。因为二极管是非线性器件。

3. 二极管限幅电路中如果有一个二极管开路或短路分别会出现什么现象？

[答案] 开路时只有单向限幅；短路时输出是恒定的电源电压值。

提示：二极管限幅电路应是双向限幅电路。

【自我测试题分析解答】

一、选择题（请将下列题目中的正确答案填入括号内）

1. a；2. c；3. b；4. a；5. b；6. c。

二、判断题（正确的在括号内打√，错误的在括号内打×）

1. √；2. √；3. ×；4. ×；5. ×；6. ×；7. √；8. ×。

三、分析计算题

1. 解：半导体受热后会会产生本征激发。

2. 解：串联电阻起限流作用，防止电流过大而损坏二极管。

3. 解：（1）$I = 8\text{mA}$，$I_O = 3\text{mA}$，$I_Z = 5\text{mA}$，电路能稳压；

（2）$I = 2\text{mA}$，$I_Z < 5\text{mA}$，所以电路不能稳压。

4. 解：输出电压 u_o 的波形如图 2.1.1 所示。

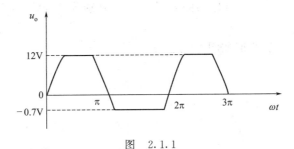

图　2.1.1

5. 解：不。正常工作时 $U_I = (1.5 \sim 2.0)U_O$，而本题中是 $U_I = (3 \sim 5)U_O$。

【习题分析解答】

一、选择题（请将下列题目中的正确答案填入括号内）

1. c；2. b；3. a；4. a；5. c；6. b；7. b、a；8. a。

二、判断题（正确的在括号内打√，错误的在括号内打×）

1. √；2. ×；3. √；4. ×；5. √。

三、分析计算题

1. 解：正向电阻小一些好，反向电阻大一些好，这样单向导电性好。

2. 解：50℃→10μA；30℃→2.5μA；60℃→20μA。

3. 解：大于 200Ω，可用二极管的伏安特性来说明。

4. 解：工作电流稍大一点，但必须小于 I_{ZM}；动态电阻越小越好，稳压值越稳定；温度系数值越小越好。

5. 解：（1）$I = \dfrac{U_I - U_Z}{R} = \dfrac{10 - 6}{200} = 20$（mA），$I_O = \dfrac{U_Z}{R_L} = \dfrac{6}{1\text{k}} = 6$（mA），$I_2 = I - I_O = 14$（mA）

（2）$I = \dfrac{U_I - U_Z}{R} = \dfrac{12 - 6}{200} = 30$（mA）　　$I_2 = 24$（mA）

（3）$I_O = \dfrac{U_Z}{R_L} = \dfrac{6}{2\text{k}} = 3$（mA）　　$I_2 = 17$（mA）

6. 解：（1）当 $U_I = 10\text{V}$ 时，若稳压管能正常工作，则 $I = \dfrac{U_I - U_Z}{R} = 5$（mA）$< 10$

（mA）（稳定电流），所以稳压管不工作，稳压管开路，$U_O = \dfrac{R_L}{R + R_L} \times U_I = \dfrac{1}{3} \times 10 =$

3.33（V）；

当 $U_I=15V$ 时，若稳压管能正常工作，则 $I=10\text{mA}=$ 稳压电流（稳压管），所以稳压管不能正常工作，稳压管开路，$U_O=\dfrac{R_L}{R+R_L}\times 15=5$（V）；

当 $U_I=35V$ 时，$I=30\text{mA}$，$I_O=10\text{mA}$，$I_Z=20\text{mA}>$ 稳定电流，所以稳压管能正常工作，即 $U_O=U_Z=5$（V）。

（2）负载开路时，$I_Z=I=30\text{mA}$，$P_Z=U_Z\times I_Z=5\times 30=150$（mW）$>12.5$（mW），所以稳压管因功耗过大而损坏。

7. 解：有四种组合：得到四种不同的稳压值，分别为 1.4V、5.7V、7.7V、12V，电路图略。

8. 解：输出电压 u_o 的波形如图 2.1.2 所示。

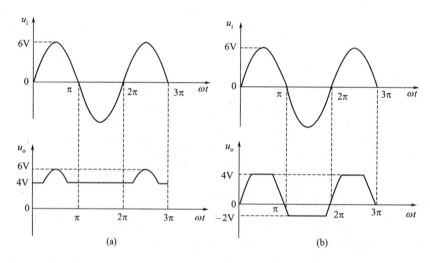

图　2.1.2

9. 解：（1）输出电压 u_o 的波形如图 2.1.3 所示。

（2）$U_O=0.45U_2=0.45\times 12=5.4$（V），$I_O=\dfrac{U_O}{R_L}=2.7$（mA），$U_{DRM}=\sqrt{2}\,U_2=17$（V）

10. 解：电路的电压传输特性曲线如图 2.1.4 所示。

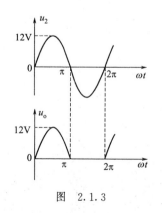

图　2.1.3

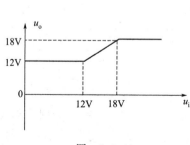

图　2.1.4

【实验与实训分析提示】

一、二极管的基本应用

1. 提示：熟悉用万用表判断二极管的好坏及正负极的方法，如用数字万用表判断二极管的好坏，其方法与模拟万用表有何不同？

2. 注意：测试二极管组成应用电路时，应合理选择电路参数，确保实验测试成功。

二、综合实训

1. 用发光二极管、光电二极管和光缆设计一个光电传输系统。

提示：设计时请选择合适的器件和光缆。

2. 设计一个二极管特性及参数的检测电路。

提示：用逐点渐近方法进行测试。正向特性仿真测试参考图如图 2.1.5 所示（测试反向特性时，将参考图中电源极性对换一下，并把电源值设置成 60V 即可）。

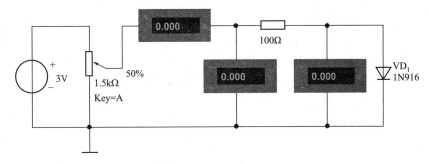

图 2.1.5

第2章

半导体三极管及基本放大电路

【基本要求、重点及难点】

本章介绍了半导体三极管、放大电路的主要技术指标、放大电路的分析方法、三极管三种基本放大电路和多级放大电路等有关内容。应熟练掌握半导体三极管的工作状态、伏安特性及主要参数、放大电路的主要技术指标、静态工作点估算与选择、微变等效电路法、三种基本放大电路和多级放大电路的分析计算方法；正确理解三极管电流分配与放大作用、放大电路的组成原则及工作原理和放大电路的图解法分析；一般了解半导体三极管的结构和直接耦合方式及直接耦合的特殊问题。

【基本概念的分析】

利用两个 PN 结可制成一个三极管，三极管有三个区、三个极和两个结，三极管的两种类型（NPN、PNP）；三极管的偏置和三个工作区（放大、截止和饱和），三极管是具有放大作用的半导体器件，三极管通过基极电流控制集电极电流，以实现电流放大，是电流控制器件。模拟电路中三极管应工作在放大区（发射结正偏、集电结反偏），而当三极管工作在截止区（发射结和集电结都反偏）和饱和区（发射结和集电结都正偏），可当作电子开关使用。使用三极管时应特别注意管子的极限参数，以防损坏三极管。

放大的概念，在电子电路中，放大的对象是变化量。放大的本质是输入信号对能量的控制，使负载从电源中获得的输出信号能量比输入信号向放大电路提供的能量大得多。放大的特征是功率放大，表现为电压放大或电流放大，或二者兼而有之，放大的前提是不失真。

组成三极管放大电路的基本原则是：外加电源的极性应使三极管的发射结正偏，集电结反偏，以保证三极管工作在放大区。放大电路的核心器件是有源器件即三极管。放大电路的分析应遵循"先静态，后动态"的原则。只有静态工作点合适，动态分析才有意义。静态工作点合适是指在输入信号作用的全部时间段，三极管都工作在放大区。

对放大电路定量分析的主要任务是：首先是静态分析，确定放大电路的静态工作点；其次是动态分析，求出电压放大倍数、输入电阻和输出电阻等。放大电路的基本分析方法有两种：图解法和估算法（动态时用微变等效电路法）。常用的三极管基本放大电路有三种组态（接法），即共发射极、共集电极和共基极放大电路。共发射极放大电路具有很好的电压、电流和功率增益，但是其输入电阻偏低。共集电极放大电路具有高输入电阻和很好的电流增益，但是其电压增益约为1。共基极放大电路具有很好的电压增益，但是其输入电阻相当低，且电流增益约为1。

　　运用不同的耦合方式，单级放大电路可以依次连接成多级放大电路。分立元件多级放大电路中常用阻容耦合，集成电路中常用直接耦合。多级放大电路的电压放大倍数（总增益）为各单级放大电路电压放大倍数（增益）的乘积，或分贝增益的总和。计算前一级的电压放大倍数时，要将后一级输入电阻作为前一级的负载电阻考虑。多级放大电路的输入电阻等于第一级的输入电阻，输出电阻等于末级的输出电阻。

　　放大电路的测试和调整，主要是进行静态和动态调试。静态调试一般是使用万用表直流电压挡测量在线电压，以调整静态工作点；动态调试一般是使用信号发生器、示波器和电子毫伏表等仪器测量工作波形、工作数据等，以调整电压放大倍数、动态范围、输入和输出电阻等动态指标。

【思考题分析解答】

2.1 思考题

　　1. 给出双极型三极管的三个区的名称，其中何种结构将三个区域分开？

　　[答案] 三个区分别称为发射区、基区和集电区；两个 PN 结将三个区域分开。

　　提示：两个 PN 结中的集电结将基区和集电区分开，发射结将基区和发射区分开。

　　2. 给出正向和反向偏置的定义。

　　[答案] 三极管工作在放大区时，三极管发射结正向偏置是指基极电位大于发射极电位，而三极管集电结反向偏置是指基极电位小于集电极电位。

　　提示：PN 结正向偏置是指 P 区接电源正极，N 区接电源负极；反向偏置则反之。

　　3. 三极管实现电流放大的内部条件和外部条件是什么？

　　[答案] 其内部条件是：发射区进行高掺杂，多数载流子浓度很高；基区做得很薄，掺杂少，则基区中多子的浓度很低。

　　外部条件是：三极管的发射结必须正向偏置，集电结必须反向偏置。

　　4. 三极管输出特性曲线分为几个区域？工作在各区域的条件和特点是什么？

　　[答案] 三极管输出特性曲线可划分 3 个区域。

　　(1) 截止区：工作在截止区的条件是发射结、集电结均处于反向偏置状态。其特点是 $i_B = 0$，$i_C \approx 0$，$u_{CE} = V_{CC}$，三极管没有放大作用。

　　(2) 放大区：工作在放大区的条件是发射结正向偏置，集电结反偏；其特点是 i_C 大小受 i_B 控制，且 $\Delta I_C \gg \Delta I_B$，$\Delta I_C = \beta \Delta I_B$，表明了三极管的电流放大作用，各条曲线近似水平，$i_C$ 与 u_{CE} 的变化基本无关，是近似的恒流特性。

　　(3) 饱和区：工作在饱和区的条件是发射结、集电结均处于正向偏置；其特点是 i_C 不受 i_B 控制，失去放大作用。

　　5. 三极管的安全工作区是如何确定的？

　　[答案] 在共射极输出特性曲线上，由极限参数 I_{CM}、$U_{(BR)CEO}$、P_{CM} 所限定的区域通常称为安全工作区。

　　提示：选择三极管时应确保其工作在安全状态。

　　6. 光电耦合器的有什么特点？

　　[答案] 光电耦合器以光为媒介实现电信号传输，输出端与输入端之间在电气上是绝缘

的，因此抗干扰性能好，能隔噪声，而且具有响应快、寿命长等优点。

2.2 思考题

放大电路的实质是什么？

［答案］放大表面上是指将信号的幅度由小变大，但是在电子技术中，放大电路的实质是实现能量的控制，即用能量比较小的输入信号控制另一个能源，从而在负载上得到能量比较大的信号。

提示：信号放大的对象是变化量（可以是交流信号有效值，也可以是直流信号变化量）。

2.3 思考题

1. 组成三极管放大电路最基本的原则是什么？

［答案］基本原则：①点合适；②能输入；③能输出；④不失真。

提示：理论上判断电路能否实现放大时只用前三个来判定，失真问题由实验来测试。

2. 如果共发射极放大电路中的三极管是 PNP 型，请画出它的基本放大电路图。

［答案］参考《电子技术基础（模电部分）》书中 35 页图 2.13，注意电源的极性。

2.4 思考题

1. 什么是 Q 点？如何用图解法确定 Q 点？

［答案］反映放大电路在静态时的工作状态，故称为静态工作点，简称 Q 点。

在画直流负载线时，静态工作点值只能是直流负载线与输入特性曲线交点坐标所决定的数值，相应的 i_B、u_{BE} 值就是静态工作点值，分别记作 I_{BQ} 和 U_{BEQ}；直流负载线与 $i_B = I_{BQ}$ 的那一条输出特性曲线的交点，就是静态工作点 Q，其相应的 i_C、u_{CE} 值就是静态工作点值，分别记作 I_{CQ} 和 U_{CEQ}。

2. 三极管集电极电流何时达到其最大值？集电极电流何时近似为 0？

［答案］工作在饱和区时达到最大值；工作在截止区时近似为 0。

3. 三极管的 U_{CE} 何时等于 V_{CC}？什么情况下 U_{CE} 变成最小值？

［答案］三极管截止区时，$U_{CE} = V_{CC}$；三极管饱和时，U_{CE} 最小（$U_{CE} = U_{CES}$ 饱和电压）。

2.5 思考题

1. 放大电路中的直流负载线和交流负载线的物理意义有何不同？什么情况下两线是重合的？

［答案］直流负载线用于静态分析，而交流负载线用于动态分析。负载开路时两线重合。

2. 用图解法能分析放大电路的哪些动态指标？

［答案］图解法只能分析放大电路的放大倍数和分析失真。

3. 如何确定放大电路的最大动态范围？如何设置静态工作点才能使动态范围最大？

［答案］偏离中点时由动态范围小的一侧决定。静态工作点选择在直流负载线的中点。

4. 以共射基本放大为例，说明截止失真和饱和失真产生的原因，以及消除失真的方法？

［答案］截止失真产生的原因是工作点偏低（I_{BQ} 偏小）。减小偏置电阻 R_B，工作点调高。

饱和失真产生的原因是工作点偏高（I_{BQ}偏大）。增大偏置电阻R_B，工作点调低。

提示：消除失真除调节偏置电阻R_B外，也可以通过适当调节集电极电阻R_C来解决。

5. 微变等效电路法其核心是什么？三极管用微变等效电路来代替的条件是什么？

［答案］其核心是将非线性转化为线性。条件是三极管应工作在小信号状态。

6. 共发射极放大器的电压增益与哪些因素有关？

［答案］由电压增益的计算公式可知：与β、r_{be}、R_C和负载R_L有关。

2.6 思考题

1. 引起放大电路静态工作点不稳定的主要因素是什么？

［答案］因为三极管受温度的影响较大。

提示：三极管的β、U_{BE}、I_{CEO}三个参数均与温度有关，导致工作点不稳定。

2. 分压式偏置电路为什么能稳定工作点？其电路中的旁路电容的作用是什么？

［答案］稳定工作点的关键在于，利用发射极电阻R_E两端的电压，来反映集电极电流的变化情况，并通过U_{BE}控制基极电流I_{BQ}的变化，从而达到稳定集电极电流I_{CQ}的目的。实质上是利用发射极电流负反馈作用使工作点保持稳定。旁路电容C_E主要作用是不使电路的放大倍数下降。

3. 工作点稳定电路中，发射极电阻的阻值选择有什么要求？

［答案］发射极电阻R_E的大小，确保电路工作点在放大状态。

2.7 思考题

1. 共集电极放大电路又称为什么？共集电极放大电路有什么特性使它成为有用的电路？

［答案］共集电极放大电路又称射极输出器。共集电极放大电路具有输入阻抗大、输出阻抗小和电压增益近似为1的特性，可用于输入级提高信号源的利用率，用于中间级实现阻抗变换，用于输出级提高带负载的能力。

2. 共基极放大电路有什么特点？其电流增益最大值为多少？

［答案］共基极放大电路的频率特性比较好，适用于高频电路；其电流增益近似为1。

2.8 思考题

1. 多级放大电路耦合方式有几种？各有什么特点？

［答案］耦合方式有四种：直接耦合、变压器耦合、阻容耦合和光电耦合。

直接耦合方式的特点是：便于集成，但各级工作点互相影响，且有零点漂移现象。

变压器耦合方式的特点是：可实现阻抗变换，各级工作点互相独立，但电路比较笨重。

阻容耦合方式的特点是：工作点相互独立，调试方便，但电路不便于集成。

光电耦合方式的特点是：抗干扰性能好，能隔噪声，响应快和寿命长。

2. 直接耦合放大电路存在什么问题？应如何解决？

［答案］直接耦合放大电路存在温度漂移（零点漂移），采用差动放大电路。

3. 如何计算多级放大电路的性能指标？

［答案］输入阻抗通常为第一级的输入阻抗；输出阻抗通常为末级的输出阻抗；总的电压放大倍数是各级放大倍数相乘。

2.9 思考题

　　1. 如何判断三极管好坏及管脚？

　　［**答案**］判断三极管的好坏的方法：可以用万用表（或数字万用表）测量，将万用表拨到"电阻"挡，一般用 $R \times 100$ 或 $R \times 1k$ 这两挡测试三极管的二个 PN 结的阻值，如两次测得的阻值都很小，表明管子内部已经短路；若两次测得的阻值都很大，则管内部已经断路。出现短路或断路时，表示管子已损坏。

　　判断管脚的方法：先确定三极管的基极 B，然后用估测 β 值的方法来判断 C、E 极。

　　2. 如何判断三极管在什么情况下会饱和？什么情况下会截止？

　　［**答案**］根据测试工作点的数值来判断。如测试到发射结电压小于 0 时，则三极管截止；如测试到发射结电压大于 0 时，同时测试到集电结电压也大于 0，则三极管饱和。

【自我测试题分析解答】

　　一、选择题（请将下列题目中的正确答案填入括号内）

1. c；2. a；3. b；4. a；5. b；6. a。

　　二、判断题（正确的在括号内打√，错误的在括号内打×）

1. ×；2. √；3. √；4. ×；5. ×。

　　三、分析计算题

　　1. 解：（1）输入电阻最小的是共基电路，输入电阻最大的是共集电路。（2）输出电阻最小的是共集电路。（3）有电压放大作用的是共射和共基电路。（4）有电流放大作用的是共射、共集和共基电路。（5）高频特性最好的是共基电路。（6）输入电压与输出电压同相的是共基电路，反相的是共射电路。

　　2. 解：（1）$R_B = \dfrac{V_{CC} - U_{BEQ}}{I_B} = \dfrac{12 - 0.7}{20} = 565$（kΩ），$R_C = \dfrac{V_{CC} - U_{CEQ}}{I_C} = \dfrac{12 - 6}{2} = 3$（kΩ）；

　　（2）电压放大倍数为 100；（3）0.25V。

　　3. 解：（1）×；（2）×；（3）×；（4）√；（5）×；（6）×；（7）√；（8）√；（9）√。

　　4. 解：$U_{B1Q} = \dfrac{R_{B2}}{R_{B1} + R_{B2}} V_{CC}$，$I_{E1Q} = \dfrac{U_{E1Q}}{R_{E1}} = \dfrac{U_{B1Q} - U_{BE1Q}}{R_{E1}}$；

$U_{CE1Q} = V_{CC} - I_{C1Q}R_{C1} - I_{E1Q}R_{E1} \approx V_{CC} - I_{C1Q}(R_{C1} + R_{E1})$，$I_{B1Q} \approx I_{C1Q}/\beta_1$；

$U_{B2Q} = U_{C1} = V_{CC} - I_{C1Q}R_{C1}$，$I_{E2Q} = \dfrac{V_{CC} - U_{E2Q}}{R_{E2}} = \dfrac{V_{CC} - (U_{B2Q} - U_{BE2Q})}{R_{E2}}$；

$U_{CE2Q} = V_{CC} - I_{C2Q}R_{C2} - I_{E2Q}R_{E2} \approx V_{CC} - I_{C2Q}(R_{C2} + R_{E2})$，$I_{B2Q} \approx I_{C2Q}/\beta_2$；

$A_{u1} = \dfrac{-\beta_1 R_{C1} /\!/ R_{i2}}{r_{be1}}$，$R_{i2} = r_{be2} + (1 + \beta_2)R_{E2}$；

$A_{u2} = \dfrac{-\beta_2 R_{C2} /\!/ R_L}{r_{be2} + (1 + \beta_2)R_{E2}}$，$A_u = A_{u1}A_{u2}$；

$R_i = R_{B1} /\!/ R_{B2} /\!/ r_{be1}$，$R_o = R_{C2}$。

5. 解：$A_{u1} = \dfrac{-\beta_1 R_{C1} /\!\!/ R_{i2}}{r_{be1}}$，$R_{i2} = R_{B21} /\!\!/ R_{B22} /\!\!/ r_{be2}$；

$A_{u2} = \dfrac{-\beta_2 R_{C2} /\!\!/ R_{i3}}{r_{be2}}$，$R_{i3} = R_{B31} /\!\!/ R_{B32} /\!\!/ r_{be3}$；

$A_{u3} = \dfrac{-\beta_3 R_{C2} /\!\!/ R_{L}}{r_{be3}}$，$A_u = A_{u1} A_{u2} A_{u3}$；

$R_i = R_{B11} /\!\!/ R_{B12} /\!\!/ r_{be1}$；$R_o = R_{C3}$。

【习题分析解答】

一、选择题（请将下列题目中的正确答案填入括号内）

1. a；2. b；3. a；4. a；5. a；6. a；7. d；8. a；9. b；10. a。

二、判断题（正确的在括号内打√，错误的在括号内打×）

1. ×；2. √；3. ×；4. √；5. ×；6. √。

三、分析计算题

1. 解：(a) 图没有放大作用。原因：没有静态偏量 $U_{BEQ}=0$，$I_{BQ}=0$。

(b) 图没有放大作用。原因：输出被交流短路，$U_O=0$。

2. 解：(1) 直流负载线：横坐标 (0，10V)，纵坐标 (1mA，0V)。

可找出：$I_{BQ} = \dfrac{V_{CC} - U_{BEQ}}{R_B} = \dfrac{10-0.7}{510} = 18$（$\mu A$），所以工作点不合适。

(2) $U_{CEQ}=5V$，在 (1) 时 $U_{CEQ}<5V$。

$U_{CEQ} = V_{CC} - I_{CQ} \times R_C = V_{CC} - \beta I_{BQ} R_C \uparrow$；

由于 V_{CC}，β 不变，所以 $I_{BQ}(R_B \uparrow) \downarrow$ 或 $R_C \downarrow$。

(3) ① $U_{CEQ} = 10 - I_{CQ} R_C = 10 - 3 \times R_C = 5$（V），$R_C = 1.7 k\Omega$（$R_B$ 不变）。

$U_{CEQ} = 10 - \beta I_B \times 10 = 5$（V）

② $I_{CQ} = \beta I_{BQ} = \beta \times \dfrac{V_{CC} - U_{BEQ}}{R_B}$，由图 (b) 可知：$\beta \approx \dfrac{1mA}{20\mu A} = 50$；

所以 $I_{CQ} = \beta \dfrac{V_{CC} - U_{BEQ}}{R_B} = 50 \times \dfrac{10V - 0.7V}{R_B} \geqslant 3mA$，$R_B \geqslant 155 k\Omega$。

3. 解：(1) $I_{BQ} = (6.7-0.7)/300 = 20\mu A$，$I_{CQ} = 2mA$；

$r_{be} = 300 + 101 \times 26/2 \approx 1.6$（$k\Omega$），$R_L' = 2.5k /\!\!/ 10k = 2k\Omega$；

$A_u = -\beta \times R_L'/r_{be} = -100 \times 2/1.6 = -125$。

(2) $U_{CEQ} = V_{CC} - I_{CQ} \times R_C = 6.7 - 2 \times 2 = 2.7$（V）$< 0.5 \times 6.7$（V）。

首先出现的是饱和失真，通过增大 R_B 来减少失真。

(3) 电压有效值为 2V，因为动态时交流最大峰值 $\leqslant 0.5 V_{CC} = 3.35$，有效系数 $\sqrt{2}$。

4. 解：$V_{CC} = (I_{BQ} + I_{CQ}) R_C + I_{BQ} R_B + U_{BEQ}$，$I_{CQ} = \beta \times I_{BQ}$，$(1+\beta) I_{BQ} \times 1 + 100 \times I_{BQ} + 0.7 = 12$；

$101 \times I_{BQ} + 100 \times I_{BQ} + 0.7 = 12$，$201 \times I_{BQ} = 11.3$，$I_{BQ} = 56\mu A$，$I_{CQ} = 5.6mA$；

$U_{CEQ} = 12 - (I_{CQ} + I_{BQ}) \times R_C = 6.4$（V）。

5. 解：(说明：主教材书上本习题中 $U_{BEQ}=0.2V$；图 2.42 中电源符号为 $+V_{CC}$。)

(1) $I_{BQ}=(10-0.2)/250=40$ （μA），$I_{CQ}=\beta\times I_{BQ}=2$mA，$U_{CEQ}\approx(10-I_{CQ}\times R_C)=$ 6V，$r_{be}=200+51\times26/2\approx0.86$ （kΩ），$R'_L=1$k，$A_u=-\beta\times R'_L/r_{be}=-58$。

(2) 截止失真，减小 R_B 或增大 R_C。

6. 解：$U_B=R_{B2}\times V_{CC}/(R_{B1}+R_{B2})=20\times3/(12+3)=4$ （V）；

$I_{EQ}=(4-0.7)/2=1.65$ （mA）$=I_{CQ}$，$I_{BQ}=1.65/30=55$ （μA）；

$U_{CEQ}=V_{CC}-I_{CQ}(R_C+R_E)=20-1.65(3+2)=11.75$ （V）；

$R'_L=R_C/\!/R_L=1.5$kΩ，$r_{be}=300+31\times26/1.65=0.8$ （kΩ）；

$A_u=-\beta\times R'_L/r_{be}=-30\times1.5/0.8=-56$；

$R_i=R_{B1}/\!/R_{B2}/\!/r_{be}=12/\!/3/\!/0.8=0.6$ （kΩ），$R_o=R_C=3$kΩ。

7. 解：$U_B=R_{B2}\times V_{CC}/(R_{B1}+R_{B2})=12\times3/(15+3)=2$ （V）；

$I_{EQ}=(2-0.7)/1.3=1$ （mA）$=I_{CQ}$，$I_{BQ}=1/30=33$ （μA）；

$U_{CEQ}=V_{CC}-I_{CQ}(R_C+R_E)=12-1(3+1.3)=7.7$ （V）；

$R'_L=R_C/\!/R_L=1.5$kΩ，$r_{be}=300+31\times26/1=1$ （kΩ）；

$A_u=-\beta\times R'_L/[r_{be}+(1+\beta)R_{E1}]=-30\times1.5/10.3=-4.5$；

$R_i=R_{B1}/\!/R_{B2}/\!/[r_{be}+(1+\beta)R_{E1}]=15/\!/3/\!/10.3=2k\Omega$，$R_o=R_C=3k\Omega$。

8. 解：$A_{u1}=U_{o1}/U_i=-\beta\times R_C/[r_{be}+(1+\beta)R_E]$；$A_{u2}=U_{o2}/U_i=(1+\beta)\times R_E/[r_{be}+(1+\beta)R_E]$；

A_{u1} 和 A_{u2} 的大小相等：$(1+\beta)\approx\beta$；

U_{o1} 与 U_{o2} 的幅值近似相等，U_{o1} 与 U_i 相位相反，U_{o2} 与 U_i 相位相同，波形图略。

9. 解：$I_{BQ}=(V_{CC}-U_{BEQ})/[R_B+(1+\beta)R_E]=(12-0.7)/(270+101\times2)=24$ （μA）；

$I_{CQ}=\beta I_{BQ}=2.4$mA，$U_{CEQ}=V_{CC}-I_{CQ}R_E=12-2.4\times2=7.2$ （V）；

$A_u=(1+\beta)R'_L/[r_{be}+(1+\beta)R'_L]=101\times1/[102+101\times1]=0.988$；

$R_i=[r_{be}+(1+\beta)R'_L]/\!/R_B=(1.2+101)/\!/270=74$ （kΩ）；

$R_o=[(r_{be}+R'_S)/(1+\beta)]/\!/R_E=[(1.2+186)/101]/\!/2=0.196/\!/2=178$ （Ω）。

10. 解：(1) $I_{BQ}=(V_{CC}-U_{BEQ})/[R_B+(1+\beta)R_E]=(12-0.7)/(270+101\times5.6)=13.5$ （μA）；

$I_{CQ}=1.35$mA，$U_{CEQ}=V_{CC}-I_{CQ}\times R_E=12-1.35\times5.6=4.4$ （V）。

(2) $R_L=\infty$，$A_u=(1+\beta)R_E/[r_{be}+(1+\beta)R_E]=101\times5.6/(1.6+101\times5.6)=0.997$；

$R_i=[r_{be}+(1+\beta)R_E]/\!/R_B=567.2/\!/270=183$ （kΩ），$R_o=[(1.6+2)/(1+\beta)]/\!/R_E=35\Omega$；

$R_L=1$kΩ，$R'_L=5.6/\!/1=0.85$ （kΩ）；

$A_u=(1+\beta)R'_L/[r_{be}+(1+\beta)R'_L]=101\times0.85/(1.6+101\times0.85)=0.982$；

$R_i=[r_{be}+(1+\beta)R'_L]/\!/R_B=66k\Omega$，$R_o=35\Omega$。

11. 解：(1) $R_i=r_{be1}+(1+\beta_1)R'_{E1}$，$R'_{E1}=R_{E1}/\!/R_{B21}/\!/R_{B22}/\!/r_{be2}=7.5/\!/91/\!/30/\!/2=1.5$ （kΩ）；

所以 $R_i=2+101\times1.5=153.5$ （kΩ），$R'_i=R_{B1}/\!/R'_i=139$kΩ，$R_o=R_{C2}=2$kΩ；

(2) $R_S=0$，$A_{u1}=(1+\beta)R'_{E1}/[r_{be1}+(1+\beta)R'_{E1}]=101\times1.5/(2+101\times1.5)=0.987$；

$A_{u2}=-\beta\times R_{C2}/r_{be2}=-100\times2/2=-100$，$A_u=A_{u1}\times A_{u2}=-98.7$；

$R_S=20$kΩ，$A_{uS}=A_u\times R_i/(R_S+R_i)=-98.7\times139/(20+139)=-86.3$。

结论：信号源内阻较大时，采用发射极输出器作为输入级，可避免源电压放大倍数衰减过多。

12. 解：(1) $R_i = R_{B11} /\!/ R_{B12} /\!/ r_{bel} = 91 /\!/ 30 /\!/ 2 = 1.8 \ (\text{k}\Omega)$；

$R_o = R_{E2} /\!/ [(r_{be2} + R_{C1} /\!/ R_{B2})/(1+\beta)] = 3.6 /\!/ (2 + 10 /\!/ 180)/51 = 212 \ (\Omega)$。

(2) $A_{u1} = -(\beta \times R_{C1/} /\!/ R_{i2})/r_{bel} = -50 \times 9/2 = -225$；

$A_{u2} = (1+\beta)R_{E2}/[r_{be2} + (1+\beta)R_{E2}] = 51 \times 3.6/[51 \times 3.6 + 2] = 0.989$；

$R_{i2} = R_{B2}/[r_{be2} + (1+\beta)R_{E2}] = 180 /\!/ [51 \times 3.6 + 2] = 91.4 \ (\text{k}\Omega)$；

$A_u = A_{u1} \times A_{u2} = -223$；

$R_L = 3.6 \text{k}\Omega$，$R_{i2} = R_{BL} /\!/ [r_{be2} + (1+\beta)R_{E2} /\!/ R_L] = 180 /\!/ 93.8 = 61.7 \ (\text{k}\Omega)$；

$A_{u1} = -50 \times 10 /\!/ 61.7/2 = -50 \times 8.6/2 = -215$；

$A_{u2} = 51 \times 1.8/(2 + 51 \times 1.8) = 0.979$；

$A_u = A_{u1} \times A_{u2} = -215 \times 0.979 = -210$。

结论：负载电阻较小时，采用发射极输出器作为输出级，可避免电压放大倍数衰减过多。

【实验与实训分析提示】

一、单管放大电路

1. 提示：熟悉用指针万用表或数字万用表判断三极管的好坏及三个极的方法。

2. 注意：测试三极管放大电路时，应合理选择电路参数，参考主教材：《电子技术基础（模电部分）》书中 48 页图 2.24 所示电路图，电路参数可设置为：$R_{B1} = 10\text{k}\Omega$，$R_{B2} = 3\text{k}\Omega$，$R_C = 2\text{k}\Omega$，$R_E = 2\text{k}\Omega$，$R_L = 4.7\text{k}\Omega$，$C_1 = C_2 = 10\mu\text{F}$，$C_E = 47\mu\text{F}$，$V_{CC} = 12\text{V}$），并在实验中调整电路参数，观测对静态工作点和放大电路指标的影响。

二、射极跟随器

1. 提示：熟悉射极跟随器，参考主教材：《电子技术基础（模电部分）》书中 50 页图 2.26 所示电路图，电路参数可设置为：$R_B = 430\text{k}\Omega$，$R_E = 7.5\text{k}\Omega$，$R_L = 1.5\text{k}\Omega$，$C_1 = C_2 = 10\mu\text{F}$，$V_{CC} = 12\text{V}$，了解跟随特性和输出电压峰-峰值测试方法。

2. 注意：测试射极跟随器输入电阻时，用"半电压"法测试，应自拟测试方法。

三、综合实训

1. 设计一个三极管特性及参数的检测电路。

提示：请参考主教材：《电子技术基础（模电部分）》书中 28 页图 2.6 所示测试电路图。

2. 设计一个放大电路中的故障分析与判断电路。

提示：请在正常的放大电路中合理地加一些开关并进行设置。

第3章

场效应管及基本放大电路

【基本要求、重点及难点】

本章介绍了场效应管及其放大电路。应熟练掌握场效应管的伏安特性及主要参数、场效应管的微变等效电路、结型场效应管放大电路静态分析、场效应管放大电路动态分析和场效应管三种基本放大电路；正确理解场效应管工作原理；一般了解场效应管的结构和类型。

【基本概念的分析】

场效应管是单极性的器件。场效应管分为结型（N沟道、P沟道）和绝缘栅型（N沟道增强型、P沟道增强型、N沟道耗尽型、P沟道耗尽型）两大类共六种类型。场效应管是具有放大作用的半导体器件，场效应管通过栅源电压控制漏极电流，以实现电流放大，是电压控制器件。场效应晶体管的高输入阻抗是因为栅极源极PN结反向偏压，反向偏压在沟道内产生耗尽区，也因此增加沟道的电阻值。场效应管作为放大器件应用时，应使其工作在恒流区，利用栅-源电压产生的电场，改变漏-源间导电沟道电阻大小来控制漏极电流。

场效应管和三极管都是非线性器件，场效应管的G、D、S可以和三极管的B、C、E相对应，所以场效应管放大电路的三种组态与三极管放大电路的三种组态相对应。三极管受温度影响较大，场效应管受温度影响较小。场效应管放大电路的放大倍数比三极管放大电路要更低些。场效应管放大电路具有高输入阻抗、低噪声的特点，得到广泛应用，特别是作为高输入阻抗电子设备的输入级，具有晶体三极管难以达到的独特优势。与晶体三极管放大电路相对应，场效应管放大电路也有图解法和估算法两种分析方法。

【思考题分析解答】

3.1 思考题

1. 为什么说场效应管属于单极型器件？

[答案] 场效应管中只有多数载流子参与导电。

提示：场效应管中少数载流子不参与导电，所以是单极型器件。

2. 指出MOSFET的两种类型。

[答案] MOSFET有增强型与耗尽型两种类型。

3. 如果一个耗尽型MOSFET的栅极到源极的电压为零，则从漏极到源极的电流称为什么电流？

[答案] 称为零偏漏极电流 I_{DSS}（$u_{GS}=0$ 时，对应的 i_D 值）。

3.2 思考题

1. 结型场效应管的导电原理是什么？

[答案] JFET 是利用 PN 结上，外加电压 u_{GS} 所产生的电场效应来改变耗尽层的宽窄，以达到控制漏极电流 i_D 的目的，这就是结型场效应管名称的由来。

2. 场效应管的放大能力由什么参数决定？

[答案] 场效应管的放大能力由跨导 g_m 决定。

3. 应如何保存和焊接 MOS 场效应管？

[答案] 结型场效应管可以在开路的状态下保存，而 MOS 场效应管无论在存放还是在工作中，都不应使栅极悬空，并且应在栅极和源极之间提供直流通路或加双向稳压管保护。

焊接场效应管时，电烙铁必须有外接地线，以屏蔽交流电场，特别是焊接 MOS 场效应管时，应采用等电位焊接方法或利用烙铁余热焊接。

3.3 思考题

1. 决定场效应管共源放大电路电压放大倍数的参数是什么？

[答案] 决定共源放大电路放大倍数的参数是跨导、漏极电阻和负载。

2. 场效应管三种基本组态放大电路各有什么特点？

[答案] 场效应管三种基本组态放大电路与双极型三极管的三种基本组态放大电路有对应的关系。共源极电路的电压放大倍数较大，因而应用比较广泛，宜作为多级放大电路的中间级；但在高频或宽频带情况下，用共栅极电路比较适合，因为它的频率特性比较好；共漏极电路常被用作多级放大电路的输入级、输出级以及作为中间缓冲级，主要利用它的输入电阻大、输出电阻小的特点。

3. 某个共源放大电路的 $R_D=10k\Omega$，当将一个 $10k\Omega$ 的负载电阻通过电容耦合到漏极时，放大倍数改变多少？

[答案] 放大倍数将减小一半。

【自我测试题分析解答】

一、选择题（请将下列题目中的正确答案填入括号内）

1. b；2. a；3. b；4. a；5. a。

二、判断题（正确的在括号内打√，错误的在括号内打×）

1. √；2. √；3. ×；4. √；5. ×。

三、分析计算题

1. 解：由于增强型 MOS 场效应管在 $U_{GS}=0$ 时，$I_D=0$，只有当栅极与源极之间电压达到开启电压 $U_{GS(th)}$ 时，才有漏极电流，而漏极电流在 R_S 上产生的电压极性又刚好与管子的 $U_{GS(th)}$ 极性（即"正"、"负"）相反，故自给偏压电路的偏置方式不适用于增强型场效应管（FET）组成的放大电路。

2. 解：因为 I_{DSS} 与 R_D 电阻无关，所以 I_{DSS} 仍为 15mA。

3. 解：$A_u = -g_m R_L' = -4.5 \times 1 = -4.5$。

4. 解：$A_u = \dfrac{g_m R_L'}{1 + g_m R_L'} = 0.86$。

5. 解：共栅极放大电路输入和输出同相。

【习题分析解答】

一、选择题（请将下列题目中的正确答案填入括号内）

1. b；2. c；3. b；4. c；5. c；6. a；7. b；8. a；9. b；10. a。

二、判断题（正确的在括号内打√，错误的在括号内打×）

1. ×；2. ×；3. √；4. √；5. √。

三、分析计算题

1. 解：
$$\begin{cases} I_{DQ} = I_{DS}\left(1 - \dfrac{U_{GSQ}}{U_{GS(off)}}\right)^2 \rightarrow I_{DQ} = 8\left(1 + \dfrac{U_{GSQ}}{4}\right)^2 = 8\left(1 - \dfrac{I_D}{4}\right)^2; \\ U_{GSQ} = -I_{DQ}R_S \rightarrow U_{GSQ} = -I_{DQ} \times 1,\ I_{DQ} = 2\text{mA}; \\ U_{DSQ} = V_{DD} - I_{DQ}(R_S + R_D)。 \end{cases}$$

$U_{GSQ} = -2 \times 1 = -2$（V），$U_{DSQ} = 12 - 2 \times (1 + 2) = 6$（V），$g_m = -\dfrac{2}{U_{GS(off)}}\sqrt{I_{DS} \times I_{DQ}} = 2$（mS）。

2. 解：$A_u = -g_m R_L' = -1.38 \times R_D /\!/ R_L = -1.38 \times 5 /\!/ 5 = -3.45$；

$R_i = R_G + (R_1 /\!/ R_2) = 10 + 200 /\!/ 300 = 10.12$（MΩ），$R_o = R_D = 5\text{k}\Omega$。

3. 解：(1) $A_u = -g_m R_L' = -1.5 \times (15 /\!/ 10) = -9$；

$R_i = R_G + R_1 /\!/ R_2 = 2\text{M}\Omega$，$R_o = R_D = 15\text{k}\Omega$。

(2) $A_u = \dfrac{-g_m R_L'}{1 + g_m R_S} = -\dfrac{9}{1 + 1.5} = -3.6$。

4. 解：$A_u = \dfrac{g_m R_L'}{1 + g_m R_L'} = \dfrac{1.8 \times 5}{1 + 1.8 \times 5} = 0.9$；

$R_i = R_G + R_1 /\!/ R_2 = R_G = 100\text{M}\Omega$；

$R_o = \dfrac{1}{g_m} /\!/ R_S = 556\Omega /\!/ 10\text{k}\Omega = 556\Omega$。

5. 解：由图 2.3.1，并根据输出电阻的定义，可画出求 R_o 的等效电路。

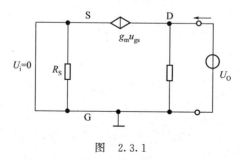

图　2.3.1

$U_i = 0 \rightarrow U_{gs} = 0 \rightarrow g_m u_{gs} = 0$；

即受控源开路，所以 $R_o = \dfrac{U_o}{I_o} = R_D$。

【实验与实训分析提示】

场效应管放大电路

1. 提示：熟悉用指针万用表或数字万用表检测场效应管的好坏。

2. 注意：测试场效应管放大电路时，应合理选择电路参数，参考主教材：《电子技术基础（模电部分）》书中 76 页图 3.9 所示电路图，电路参数可设置为：$R_D = 10\text{k}\Omega$，$R_S = 10\text{k}\Omega$，$R_G = 1\text{M}\Omega$，$R_1 = 51\text{k}\Omega$，$R_2 = 200\text{k}\Omega$，$R_L = 10\text{k}\Omega$，$C_1 = 0.1\mu\text{F}$，$C_2 = 10\mu\text{F}$，$C_S = 47\mu\text{F}$，$V_{DD} = 20\text{V}$，并在实验中调整电路参数，观测对静态工作点和放大电路指标的影响。

第4章

放大电路的频率响应

【基本要求、重点及难点】

本章介绍了放大电路的频率响应。应熟练掌握放大电路的频率响应分析计算方法；正确理解放大电路频率响应的基本概念；一般了解多级放大电路的频率响应分析计算方法。

【基本概念的分析】

频率响应描述放大电路对不同频率信号的适应能力。高通电路的结构特征是输入信号作用于 RC 串联电路的两端，输出信号取自于电阻 R 两端，其特点是信号频率越高越易通过；低通电路的结构特征是输入信号作用于 RC 串联电路的两端，输出信号取自于电容 C 两端，其特点是信号频率越低越易通过。放大电路的耦合电容所在回路为高通电路，在低频段使放大倍数的数值下降，且产生超前相移。三极管内部的结电容（极间电容）所在回路为低通电路，在高频段使放大倍数的数值下降，且产生滞后相移。

增益频宽乘积是一个三极管的常数参数，它等于单位增益频率。放大器的增益带宽积（指定为 GBWP、GBW、GBP 或 GB）是放大器带宽和带宽的增益的乘积，是用来简单衡量放大器的性能的一个参数。在频率足够大的时候，增益带宽积是一个常数。对于晶体管而言，电流增益带宽积被称为 f_T 特征频率或过渡频率。

频率响应反映了放大电路对不同频率信号的放大能力，对放大电路频率特性的分析最终归结到求电路的中频放大倍数、上限和下限截止频率。放大电路随着级数的增加，总通频带将变窄。

【思考题分析解答】

4.1 思考题

1. 什么是频率失真？它与非线性失真有何不同？

[答案] 放大电路对不同频率的信号在幅度上和相位上放大的效果不完全一样，输出信号不能重现输入信号的波形，这就产生了幅度失真和相位失真，统称频率失真。

频率失真与非线性失真相比，虽然从现象来看，都表现为输出波形出现失真，不能如实反映输入信号的波形，但是这两种失真产生的原因完全不同。前者是由于放大电路的通频带不够宽，因而对不同频率的输入信号产生不同的响应；而后者则是由于放大元件的非线性特性产生的。

　　2. 频率特性为什么要用波特图来描述？

　　[答案] 由于输入信号的频率范围通常在几赫兹到几百赫兹，甚至更宽；而放大电路的放大倍数可以从几倍到几百倍。为了在同一个图上能表示出如此宽的变化范围，在实际工作中，通常采用对数坐标来画频率特性曲线。这种对数频率特性称为波特图。

　　提示：对数坐标一个单位代表频率和增益是 10 倍关系，所以画频率特性曲线变化范围变小了。

　　3. 解释高通和低通的含义？

　　[答案] 高通即高频信号能够顺利通过的电路；低通即低频信号能够顺利通过的电路。

4.2 思考题

　　1. 解释三极管的 f_α、f_β、f_T 的含义，并讨论它们之间的相互关系？

　　[答案] 通常将 $|\alpha|$ 值下降到 α_0 的 0.707 倍时的频率定义为共基截止频率，用符号 f_α 表示；一般将 $|\beta|$ 值下降至 $0.707\beta_0$ 时的频率定义为三极管的共射截止频率，用符号 f_β 表示；一般以 $|\beta|$ 值降为 1 时的频率定义为三极管的特征频率，用符号 f_T 表示。

　　2. 如何根据三极管的频率参数来选用三极管？

　　[答案] 三极管的频率参数也是选用三极管的重要依据之一。通常，在要求通频带比较宽的放大电路中，应该选用高频管，即频率参数值较高的三极管。如果对通频带没有特殊要求，则可选用低频管。一般低频小功率三极管的 f_T 值约为几十至几百千赫，高频小功率三极管的 f_T 约为几十至几百兆赫。一般可从半导体器件手册上查到三极管的 f_T、f_α 或 f_β 值。

4.3 思考题

　　1. 在什么情况下，可以不计耦合电容和三极管结电容对放大电路的影响？

　　[答案] 工作在放大电路的通频带范围内。

　　提示：工作在通频带范围内时，耦合电容视为短路，三极管结电容视为开路。

　　2. 分析放大电路在高频信号作用时电压放大倍数下降的原因。

　　[答案] 三极管的结电容影响，此时结电容有分流作用，导致放大倍数下降。

　　3. 要改善放大电路低频段的频率响应，应采何种耦合方式的放大电路？

　　[答案] 直接耦合，低频频率响应好。

　　提示：直接耦合的下限频率为零（$f_L = 0$）。

4.4 思考题

　　1. 多级放大电路的上限频率和下限频率，与单管放大电路比较会发生什么变化？

　　[答案] 多级放大电路的上限频率比单管放大电路低；多级放大电路的下限频率比单管放大电路高。

　　提示：组成多级放大电路后，电路的放大倍数变大，而通频带将变窄。

　　2. 多级放大电路的相位移对放大电路会产生什么影响？

　　[答案] 引起放大电路的自激。

　　提示：多级放大电路的附加相移达到 $\pm(2n+1)\times180°$ 时（即 $180°$ 的奇数倍）会自激。

【自我测试题分析解答】

一、选择题（请将下列题目中的正确答案填入括号内）

1. c；2. b；3. c；4. c；5. b。

二、判断题（正确的在括号内打√，错误的在括号内打×）

1. √；2. √；3. ×；4. √；5. √。

三、分析计算题

1. 解：（1）在空载情况下，当 R_B 减小时下限频率变大；

（2）在空载情况下，当 R_S 为零时上限频率升高。

2. 解：（1）该电路的耦合方式为直接耦合；

（2）该电路由 3 级放大电路组成；

（3）当 $f = 10^6$ Hz 时，附加相移为 $-225°$。

3. 解：（1）画出放大电路的波特图，参考主教材：《电子技术基础（模电部分）》95 页图 4.15；

（2）当 $f = f_L$ 和 $f = f_H$ 时，电压放大倍数的模为 33dB，相角分别是 $-135°$、$-225°$。

【习题分析解答】

一、选择题（请将下列题目中的正确答案填入括号内）

1. b；2. a；3. a；4. b；5. b；6. b。

二、判断题（正确的在括号内打√，错误的在括号内打×）

1. √；2. ×；3. √。

三、分析计算题

1. 解：（1）A_{um} 不变，f_L 减小，f_H 不变；

（2）A_u 减小；f_L 减小和 f_H 增大；

（3）A_u 增大（不失真）f_L 基本不变，f_H 减小；

（4）A_u 增大，f_L 基本不变，f_H 减小（τ_H 变大）；

（5）A_u 不变，f_L 不变，f_L 减小。

2. 解：（1）f_L：$\tau_L = (r_{be} /\!/ R_B)C_1 \approx r_{be}C_1 = 1.6k \times 10 \times 10^{-6} = 1.6 \times 10^{-2}$（s），$f_L = 9.95$Hz；

（2）f_H：$g_m = \beta/r'_{be} = 50/1.3$（ms）$= 38.5$（ms）；

$C'_{be} = g_m/2\pi f_T = (38.5/2100106)$F $= 6.13 \times 10^{-11}$F $= 66.3$pF；

$C' = C'_{be} + (1 + g_m R'_L)C'_{bc} = [61.3 + (1 + 38.55.1)4]$pF $= 847$pF；

$R' = r'_{be} /\!/ (r'_{bb} + Rs /\!/ R_B) = r'_{be} /\!/ r'_{bb} = 244$，$\tau_H = R'C' = 244 \times 851 \times 10^{-12}$（s）$= 2.07 \times 10^{-7}$（s）；

$f_H/2 = 1/2\pi \times 2.08 \times 10^{-7} = 7.69 \times 10^5 = 765$（kHz）。

3. 解：（1）当 $f = f_L$ 时，$|\beta| \approx 0.707\beta_0$，故 $f = f_L = f_T/\beta_0 = 80/100 = 0.8$（MHz），$|\beta| = 70$；

(2) $g_m = \beta I_{EQ}/26 = 200/26 = 4$ （ms）；

(3) $C'_{be} \approx g_m/2\pi f_T = (76.9 \times 10^{-3}/2\pi \times 80 \times 106)F = 153pF$。

4. 解：（1）画出放大电路的波特图，参考主教材：《电子技术基础（模电部分）》书中 95 页图 4.15；

（2）当 $f_o = f_L$ 时，$|A_u| = 0.707 \| A_{um} \| = 141$，$\phi = -135°$；

当 $f_o = f_H$ 时，$|A_u| = 0.707 \| A_{um} \| = 141$，$\phi = -225°$。

5. 解：（1）$20\lg|A_u| = 20\lg|A_{u1}| + 20\lg|A_{u2}| = 20\lg100 + 20\lg20 = 66$（dB）；

（2）$f_L = 1.1\sqrt{f_{L1}^2 + f_{L2}^2} = 1.1\sqrt{10^2 + 108^2} = 110.5$（Hz）（取整 110Hz）；

（3）$\dfrac{1}{f_H} = 1.1\sqrt{\dfrac{1}{f_{H1}^2} + \dfrac{1}{f_{H2}^2}} = 1.1\sqrt{\dfrac{1}{20^2} + \dfrac{1}{150^2}}$（ms）$= 0.0555$（ms）；

$$f_H = \frac{1}{0.0555}kHz \approx 18kHz。$$

6. 解：（1）图（a）$20\lg|A_{u1}| = 40dB$，$f_{L1} = 20Hz$，$f_{H1} = 5 \times 10^5 Hz = 500kHz$，$A_{u1} = 100$；

（2）图（b）$20\lg|A_{u2}| = 30dB$，$f_{L1} = 0$，$f_{H2} = 1.5MHz$，$A_{u2} = 31.6$。

【实验与实训分析提示】

放大电路的频率响应

1. 提示：熟悉波特图仪的工作原理和使用方法；设计完成实验电路并拟定电路设计方案和调试步骤。

2. 注意：在测试放大电路的频率特性时，当采用不同方法测试时，应合理选择好仪器仪表。

第5章

集成运算放大器

【基本要求、重点及难点】

本章介绍了集成运算放大器的电路组成、工作原理、特点和主要参数等内容。应熟练掌握差动放大电路的分析计算方法；正确理解电流源电路的组成及特点、差动放大电路的类型与特点和复合管电路结构及特性；一般了解集成运算放大器电路及工作原理、有源负载。

【基本概念的分析】

集成电路（集成运算放大器）是一个输入电阻高、输出电阻低、高增益的直接耦合的多级放大电路，由输入级、中间级、输出级和偏置电路四个部分组成。输入级采用温度稳定性好的差动放大电路；中间级一般采用放大能力很强的复合管共射放大电路；输出级采用输出电阻低的互补对称共集电路。

集成电路中各级放大电路的偏置电路普遍采用电流源，对电流源电路分析由参考电流入手，很方便求解各偏置电流。电流源有时还可作为有源负载。差动放大电路利用电路的对称性，保证电路静态工作点的稳定，能很好地抑制零点漂移。根据输入输出连接方式的不同，有四种形式。这四种形式又分为长尾式差动放大电路和恒流源式差动放大电路，这两种电路的差模等效电路相同，故差模电压放大倍数、输入电阻和输出电阻的计算方法相同。无论双端或单端输入，差模输入电阻相同；而单端输出时，其差模电压放大倍数和输出电阻是双端输出时的一半。

双端输入（差动输入）出现在差动放大电路两个输入端之间；单端输入电压在差动放大电路的输入与地（另一个输入端接地）之间。双端输出（差动输出）出现在差动放大电路两个输出端之间；单端输出电压在差动放大电路的输出与地之间。差模发生于两个输入端施加大小相同且反相电压时；共模发生于两个输入端施加大小相同且同相电压时。

大部分集成电路（集成运算放大器）都需要正和负直流电源供电。正确理解集成运算放大器的参数指标及两种工作状态下的特点。实际集成运算放大器应用时，都可以认为是理想集成运算放大器，利用理想运算放大器的特点对电路进行分析讨论。

【思考题分析解答】

5.1 思考题

1. 集成运算放大器的特点是什么？

[答案] 有以下特点：

（1）相邻元器件的特性一致性好；（2）用有源器件代替无源器件；（3）二极管大多由三极管构成；（4）只能制作小容量的电容；（5）采用复合管。

2．集成运算放大器有哪几部分组成？对各部分电路形式有什么要求？

[答案] 通常由输入级、中间级、输出级和偏置电路 4 部分组成。

输入级通常要求其输入电阻高，能减少零漂和抑制干扰信号；中间级通常要求增益高，同时向输出级提供较大的推动电流；输出级与负载相接，通常要求其输出电阻低，带负载能力强；偏置电路由各种电（恒）流源组成。

5.2 思考题

1．三种电流源的特点是什么？

[答案] 镜像电流源的优点是结构简单，而且具有一定的温度补偿作用；

需要两个或两个以上电流值相差较大，但又有一定的比例关系时用比例电流源；

为了得到微安级的输出（偏置）电流，同时又希望电阻值不太大时用微电流源。

提示：镜像电流源和比例电流源只适用于直流电源值变化小的集成运放。

2．镜像电流源使用时应注意什么？

[答案] 镜像电流源电路一般只适用于输出电流 I_{C2} 较大（毫安级）的场合。

5.3 思考题

1．什么是零点漂移？产生零点漂移的主要原因是什么？

[答案] 当环境温度变化时，都将会使电路的静态工作点偏离原来的设计值，将使输出端的电压远远漂离零点。这就是零点漂移或温度漂移，简称零漂或温漂。

这种零点漂移或温度漂移主要是由温度变化引起的。

提示：放大电路中三极管的参数受温度的影响发生变化，导致零漂发生。

2．差动放大电路为什么能较好地抑制零点漂移？

[答案] 利用电路的对称性或负反馈抑制零点漂移（共模信号）。

3．差动放大电路的发射极接恒流源后有什么好处？

[答案] 更好地抑制零点漂移。

提示：基本差动放大电路中电阻 R_E 越大，负反馈作用越强，抑制共模信号的能力越强。但 R_E 增大受直流电源 V_{EE} 的限制。这是因为在负电源 V_{EE} 确定后，R_E 过大，就会使发射极电流 I_E 减小，r_{be} 增大，使差模电压放大倍数减小；另一个原因是在集成电路中不易制作较大阻值的电阻。因此，通常采用一个具有很大的交流等效电阻，而直流电阻又不大的三极管恒流源来代替 R_E，用来抑制零点漂移。

5.4 思考题

1．复合管的特点是什么？通常在什么情况下使用？

[答案] 复合管 β 值为两个（或两个以上）三极管的 β 值的乘积，有很高的电流放大倍数。

通常在要获得集成运放高电压增益时，采用多个三极管组成复合管。

2．集成运算放大器中的输出级应满足什么要求？

[答案] 输出级要求其输出电阻小，带负载能力强，输出足够大的电压和电流。

5.5 思考题

　　1. 集成运算放大器有哪些参数？近似分析时，是如何理想化处理的？

　　[答案] 直流参数有：输入偏置电流 I_{IB}、输入失调电压 U_{IO}、失调电压温漂 dU_{IO}/dT、输入失调电流 I_{IO}、失调电流温漂 dI_{IO}/dT。

　　交流参数有：开环差模电压增益 A_{ud}、差模输入电阻 R_{id}、共模抑制比 K_{CMR}、输出电阻 R_o、最大差模输入电压 U_{IDM}、最大共模输入电压 U_{ICM}、开环带宽（$-3dB$ 带宽）f_H。

　　理想化处理：就是将集成运放的各项主要技术指标理想化，即开环差模电压增益等于无穷大、差模输入电阻等于无穷大、输出电阻等于零、共模抑制比等于无穷大、输入失调电压 U_{IO} 及失调电压温漂 dU_{IO}/dT 等于零、输入失调电流 I_{IO} 及失调电流温漂 dI_{IO}/dT 等于零、输入偏置电流 I_{IB} 等于零、开环带宽等于无穷大等。

　　2. 什么是理想运算放大器？

　　[答案] 把所有参数都理想化的运算放大器。

　　3. 什么是运算放大器"虚短"和"虚断"？它们是由运放什么参数决定的？

　　[答案] 运算放大器同相输入端与反相输入端两点的电压相等，$u_+ = u_-$，两点如同短路一样，但并未真正短路，称"虚短"，是由开环差模电压增益 A_{ud} 等于无穷大决定；运算放大器同相输入端与反相输入端的电流都等于零，如同该两点被断开一样，这种现象称为"虚断"，是由运放差模输入电阻 R_{id} 等于无穷大来决定。

　　提示："虚短"并不是真正短路，所以不能用导线将同相端与反相端两点连接起来。

【自我测试题分析解答】

一、**选择题**（请将下列题目中的正确答案填入括号内）

1. a；2. b；3. c；4. c；5. c。

二、**判断题**（正确的在括号内打√，错误的在括号内打×）

1. √；2. ×；3. ×；4. ×；5. √。

三、**分析计算题**

1. 解：差动放大电路输出电压为 $U_o = \Delta I R_C = 3V$。

2. 解：电路的差模输入电压 $u_{id} = u_{i1} - u_{i2} = 10mV$；共模输入电压 $u_{ic} = (u_{i1} + u_{i2})/2 = 15mV$；$A_{ud1} = \dfrac{1}{2}\dfrac{-\beta R_C}{r_{be}} = -66.7$，则输出的动态电压为 $U_o = A_{ud1} u_{id} = 0.667V$。

3. 解：(1) $I_{BQ} = \dfrac{V_{EE} - U_{BE}}{R_B + 2(\beta+1)R_E} = 0.014mA$，$I_{CQ} = \beta I_{BQ} = 0.7mA$；

$U_{C1Q} = V_{CC} - I_{CQ} R_C = 1V$，$U_{C2Q} = V_{CC}$。

(2) $A_{ud} = \dfrac{1}{2}\dfrac{-\beta R_C // R_L}{R_B + r_{be}} = -55.6$，$U_o = A_{ud1} u_{id}$，$u_{id} = \Delta U_o / A_{ud1} = (1-2)/55.5 = 18$（mV）。

在直流输入电压的作用下，用直流电压表测得输出电压为 2V，则输入电压为 18mV。

4. 解：(1) 单端输入和单端输出。

(2) $I_{C3} = \dfrac{V_{EE}}{R_{C2}} = \dfrac{12}{10} = 1.2mA$，$I_{B3} = 24\mu A$；$I_{C2} = \dfrac{1}{2}I = 0.1mA$；

$$R_{C1}=\frac{U_{BE3}+I_{C3}\times R_{E2}}{I_{C2}-I_{B3}}=\frac{0.7+1.2\times0.22}{0.1-0.024}=12.7\ (k\Omega)。$$

（3）$A_{u1}=\frac{\beta R_{C1}//R_{i2}}{2(R+r_{be})}=\frac{50\times6.5}{2\times3}=54.2$，$R_{i2}=r_{be}+(\beta+1)R_{E3}=13.2k\Omega$；

$$A_{u2}=\frac{-\beta R_{C2}}{r_{be}+(1+\beta)R_{E2}}=-37.9，A_u=A_{u1}\times A_{u2}=-2054.2。$$

5. 解：差模输入电压为 $10\mu V$ 时的输出电压为 1V；$100\mu V$ 时的输出电压为 10V；1mV 时的输出电压为 13V。

【习题分析解答】

一、选择题（请将下列题目中的正确答案填入括号内）

1. c；2. b；3. b、c；4. c；5. c；6. c。

二、判断题（正确的在括号内打√，错误的在括号内打×）

1. ×；2. √；3. ×；4. ×；5. √。

三、分析计算题

1. 解：因为阻容耦合放大电路中，有隔直电容，所以各级的直流（零点漂移）是独立的，而直接耦合放大电路中存在零点漂移是直通的，相互影响，因而必须考虑。

2. 解：$I_{REF}=\frac{V_{CC}+V_{CE}-U_{BE1}}{R+R_{E1}}=\frac{15+15-0.7}{100+1}=290\ (\mu A)$；

VT_1 与 VT_2、VT_3、VT_4 分别组成三组比例电流源：

$I_{C2}=I_{C3}=I_{REF}=290mA(R_{E1}=R_{E2}=R_{E3}=1k\Omega)$，$I_{C4}=\frac{R_{E1}}{R_{E4}}\times I_{REF}=0.5\times I_{REF}=145\mu A$。

3. 解：$I_{C11}=I_{C1}+I_{C2}=37\mu A$，由主教材书中式 5.6 可知：$R_{11}=\frac{V_I}{I_{C11}}\ln\frac{I_{C10}}{I_{C11}}$；

$24=\frac{26}{37}\ln\frac{I_{C10}}{37}$，$3.4=\ln\frac{I_{C10}}{37}\rightarrow I_{C10}=1.16mA$。

4. 解：（1）$I_{BQ}=\frac{V_{EE}-U_{BEQ}}{R_B+2(1+\beta)R_E}=\frac{15-0.7}{2+2(1+100)\times12}=6\ (\mu A)$；

$I_{CQ}=\beta I_{BQ}=0.6mA$，$U_{CQ}=V_{CC}-I_{CQ}(R_C+0.5R_w)=15-0.6(10+1.1)=8.4\ (V)$；
$U_{BQ}=-I_{BQ}\times R_B=-6\mu A\times2k\Omega=-12mV$，$U_{CEQ}=U_{CQ}-U_{EQ}=9.1V$。

（2）$R'_L=(R_C+0.5R_w)//0.5R_L=11//5=3.4\ (k\Omega)$，$A_{ud}=-\beta\times\frac{R_L}{R_B+r_{be}}=$

$-\frac{100\times3.4}{2+6}=-43$。

（3）$R_{id}=2(R_B+r_{be})=16k\Omega$。

5. 解：（1）$I_{BQ}=\frac{V_{EE}-V_{BEQ}}{R_B+(1+\beta)(2R_E+0.5R_w)}=\frac{15-0.7}{1+(1+50)(40+0.1)}=7\ (\mu A)$；

$I_{CQ}=\beta I_{BQ}=0.35mA$，$U_{CQ}=V_{CC}-I_{CQ}\times R_C=15-0.35\times20=8\ (V)$；
$U_{BQ}=-I_{BQ}\times R_B=-7\times1=-7\ (mV)$。

（2）$R'_L=R_C /\!/ 0.5R_L=20 /\!/ 15=8.6$（kΩ）；

$$A_{ud}=-\beta \frac{R_L}{R_B+r_{be}+(1+\beta)0.5R_W}=-\frac{50\times 8.6}{1+2+51\times 0.1}=-53。$$

（3）$R_i=2[R_B+r_{be}+0.5R_W(1+\beta)]=16.2\text{kΩ}。$

6．解：（1）$U_{B3Q}=\dfrac{R_{B32}}{R_{B31}+R_{B32}}[9-(-9)]=\dfrac{3.6}{16+3.6}\times 18=3.3$（V）；

$I_{E3Q}=\dfrac{U_{B3Q}-0.7}{R_{E3}}=\dfrac{3.3-0.7}{13}=0.2$（mA）$\approx I_{C3Q}$，$I_{C1Q}=I_{C2Q}=0.5I_{E3Q}=0.1\text{mA}$；

$I_{BQ}=I_{CQ}/\beta=2\mu\text{A}$，$U_{C1Q}=U_{C2Q}=V_{CC}-I_{CQ}-R_C=9-0.1\times 20=7$（V）；

$U_{B1Q}=U_{B2Q}=-I_{B1Q}R_B=-2\mu\text{A}\times 10\text{kΩ}=-20$（mV）。

（2）$A_{ud}=-\beta\dfrac{R'_L}{R_B+r_{be}}=\dfrac{-50\times 20 /\!/ 10}{10+13.6}=\dfrac{-50\times 6.7}{23.6}=-14.2$；

$r_{be1}=300+(1+\beta)\dfrac{26}{I_{E1Q}}=\dfrac{51\times 26}{0.1}+300=13.6$（kΩ）。

7．解：（1）$I_{E3}=\dfrac{U_2-U_{BQ}}{R_{E3}}=\dfrac{4-0.7}{11}=0.3$（mA），$I_{C1}=I_{C2}=0.5I_{E3}=0.15\text{mA}$；

（2）$A_{ud}=\dfrac{1}{2}\times\dfrac{-\beta R'_L}{R_B+r_{be}}=\dfrac{1}{2}\times\dfrac{-50\times(20 /\!/ 20)}{2+2}=-62.5$；

（3）I_{C1}、I_{C2}不变，由稳压管决定 I_{E3}，与电源电压无关。

8．解：（1）单端输入单端输出。

（2）$I_{C1}=\dfrac{1}{2}I=0.1\text{mA}$，$I_{RC1}=\dfrac{U_{BE3}}{R_{C1}}=\dfrac{0.7}{10}=0.07\text{mA}$；

$I_{B3}=I_{C1}-I_{RC1}=0.1-0.07=0.03$（mA），$I_{C3}=\beta I_{B3}=1.5\text{mA}$；

当 $u_i=0$ 时，$u_o=0$，则 R_{C3} 上的压降应等于 V_{EE}；$R_{C3}=\dfrac{V_{EE}}{I_{C3}}=10\text{kΩ}。$

（3）$R'_{L1}=R_{C1} /\!/ r_{be3}=10\text{kΩ} /\!/ 10\text{kΩ}=5\text{kΩ}$；

$A_{u1}=-\dfrac{1}{2}\dfrac{\beta R'_{L1}}{R_B+r_{be3}}=-\dfrac{1}{2}\times\dfrac{50\times 5}{1+2}=-41.7$，$A_{u2}=-\dfrac{\beta R_{C3}}{r_{be3}}=-\dfrac{50\times 10}{10}=-50$；

所以 $A_u=A_{u1}\times A_{u2}=2085。$

9．解：（1）$I_{REF}=\dfrac{V_{CC}+V_{EE}-U_{BE4}}{R+R_{E4}}=\dfrac{30-0.6}{27+0.75}=1.06$（mA）$=I_{E4}$；

$I_{E3}=I_{E4}\times\dfrac{R_{E4}}{R_{E3}}=0.106\text{mA}$，$I_{C1}=I_{C2}=\dfrac{1}{2}I_{E3}=53\mu\text{A}$；

$U_{C1}=U_{C2}=V_{CC}-I_{C1}R_{C1}=15-53\times 20=13.9$（V）。

（2）$r_{be}=10\text{kΩ}$，$R_B=30\text{kΩ}$；

$A_u=-\dfrac{\beta R_C}{R_B+r_{be}}=-40$，$R_{id}=2(R_B+r_{be})=80\text{Ω}$，$R_0=2R_C=40\text{kΩ}。$

（3）因为 $U_{CQ}=12\text{V}$，所以 $I_{CQ}=\dfrac{V_{CC}-U_{CQ}}{R_C}=\dfrac{15-12}{20}=0.15$（mA）；

$I_{C3Q}=2I_{CQ}=0.3\text{mA}$，$I_{REF}=\dfrac{R_{E3}}{R_{E4}}\times I_{C3Q}=\dfrac{7.5}{0.75}\times 0.3=3$（mA）；

所以 $R = \dfrac{V_{CC} + V_{EE} - U_{BEQ} - I_{E4Q}R_{E4}}{I_{REF}} \approx 9\text{k}\Omega$。

10. 解： (1) $I_{BQ} = \dfrac{V_{CC} - U_{BEQ}}{R_B + 2(-1+\beta)R_E} = \dfrac{6-0.2}{10+2\times51\times5.1} = 10$ （μA）， $I_{CQ} = \beta I_{BQ} = 0.5\text{mA}$。

(2) $r_{be} = 300 + 51\dfrac{26}{0.5} = 2.9$ （kΩ）， $R_L' = R_C \ // \ \dfrac{1}{2}R_M = 5.1 \ // \ 1 = 0.836$ （kΩ）；

$A_{ud} = -\dfrac{\beta R_L}{R_B + r_{be}} = -\dfrac{50\times0.836}{10+2.9} = -3.24$；

满偏 $u_o = i_m R_m = 0.2\text{V}$，所以 $|u_i| = |u_o| / |A_{ud}| = 0.2/3.24 = 62$ （mV）。

(3) $A_{ud} = -\dfrac{\beta R_C}{R_B + r_{be}} = -\dfrac{50\times5.1}{10+2.9} = -19.8$。

【实验与实训分析提示】

差动放大电路

1. 提示：理解差模电压放大倍数与共模电压放大倍数不同的测试方法。实验时每次输入信号之前必须调零。

2. 注意：应合理选择电路参数，注意参数的对称性，并在实验中调整电路参数，观测对静态工作点和放大电路指标的影响。

差动放大电路的实验测试电路参考图如图 2.5.1 所示。

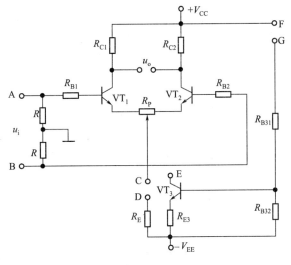

图 2.5.1

差动放大电路参数可设置为：$R_{B1} = R_{B2} = 10\text{k}\Omega$，$R = 510\Omega$，$R_{C1} = R_{C2} = 11\text{k}\Omega$，$R_P = 200\Omega$，$R_{E3} = 5.1\text{k}\Omega$，$R_{B31} = 15\text{k}\Omega$，$R_{B32} = 47\text{k}\Omega$，$+V_{CC} = 12\text{V}$，$-V_{EE} = -12\text{V}$。

图 2.5.1 所示电路可进行基本差动放大电路和恒流源差动放大电路的测试。

第6章

模拟信号运算与处理电路

【基本要求、重点及难点】

本章介绍了集成运算放大器组成的基本运算电路、模拟乘法器、有源滤波器、电压比较器、检测放大器等内容。应熟练掌握基本运算电路的结构、工作原理及分析方法、有源滤波器的分析方法、电压比较器的分析方法和实际应用；正确理解对数和指数运算电路工作原理，模拟乘法器基本应用电路及分析方法；一般了解测量放大器、电荷放大器和隔离放大器电路组成及工作原理。

【基本概念的分析】

运算电路的输入、输出信号均为模拟量，运算电路中的集成运算放大器应工作在线性区，所以，运算电路中必须引入深度的负反馈。关于三种比例电路的特点及实际应用，反相比例电路的输入阻抗几乎等于反相端的输入电阻，同相比例电路有较高的输入电阻，两种电路均有较低的输出电阻。

集成运算放大器通过不同反馈网络引入负反馈，可以实现模拟信号的比例、加、减、乘、除、积分、微分、对数、指数等基本运算。运算电路的分析是建立在"虚短"和"虚断"两个概念的基础上，基本分析方法有两种：节点电流法和叠加原理。

有源滤波电路是由无源 RC 滤波电路和集成电路组成的一种信号处理电路，电路工作在线性区，其分析方法与运算电路基本相同，其主要有低通、高通、带通和带阻四种类型。

电压比较器是一种工作在开环或正反馈非线性状态下的高增益放大电路，其输出电压只有高、低电平两种取值。其主要功能是将输入信号电压电平与某一基准电压（参加电压）电平比较，比较结果决定电路输出电压高、低电平两种取值。它在非正弦波发生电路、自动检测、自动控制等领域获得广泛应用。

【思考题分析解答】

6.1 思考题

1. 什么是"虚地"现象？哪种运算电路中存在该现象？

[答案]反相输入端和同相输入端两点的电位不仅相等，而且都等于零，反相输入端如接地一样，这种现象称为"虚地"。在反相比例、反相求和、积分运算电路中都存在虚地

现象。

提示："虚地"并不是真正接地，所以不能用导线将反相端接地。

2．和运算放大器自身的输入电阻相比，同相比例运算电路的输入电阻如何？

[答案]同相比例运算电路的输入电阻更高。

提示：同相比例运算电路从反馈来分析是一个电压串联负反馈，所以输入电阻增大。

3．运算放大器连接成电压跟随器，并无电压放大作用，它还有实用价值吗？

[答案]有实用价值，电压跟随器带负载能力更强。

6.2 思考题

1．如何提高对数运算电路运算精度？

[答案]为了提高对数运算电路运算精度，可采用 3 个运算放大器组成的对数运算电路。

提示：可参考主教材：《电子技术基础（模电部分）》书中 137 页图 6.19。

2．如何对对数和指数运算电路进行温度补偿？

[答案]进行温度补偿一般采用对称的三极管来消除 I_S 的影响，用热敏电阻来补偿 U_T 的温度影响。

3．用对数、指数和加法运算电路如何实现乘法运算？

[答案]将两个对数电路的输出送至加法电路，再将加法电路输出送至指数电路，指数电路的输出即为乘法运算。

6.3 思考题

1．请画出除法运算电路原理框图。

[答案]将两个对数电路的输出送至减法电路，再将减法电路输出送至指数电路，指数电路的输出即为除法运算，电路原理框图略。

2．开平方运算电路正常工作时，对输入信号极性有何要求？

[答案]只有 u_i 小于零，该电路才能正常工作。

6.4 思考题

1．二阶低通滤波器电路中第一级的电容 C 不接地而改接到输出端，其作用如何？

[答案]电路中第一级的电容 C 不接地而改接到输出端，这种接法相当于在二阶有源滤波中引入一个反馈，其目的是为了使输出电压在高频段迅速下降，但在接近于通带截止频率的范围内又不会下降太多，从而有利于改善滤波特性。

2．滤波器滤波特性要接近于理想情况，应采用什么措施？

[答案]提高滤波器滤波阶数。

提示：一阶低通滤波器的对数幅频特性，只是以 $-20\mathrm{dB}/$十倍频的缓慢速率下降，二阶以 $-40\mathrm{dB}/$十倍频的速率下降，阶数越高下限速率越快，越接近理想滤波器。

3．如何利用低通滤波器和高通滤波器组成带通（或带阻）滤波器？其低通滤波器和高通滤波器截止频率如何确定？

[答案]组成带通滤波器时将低通滤波器和高通滤波器串联起来，并且要求低通滤波器截止频率应大于高通滤波器截止频率；而组成带通阻滤波器时，将低通滤波器和高通滤波器并联起来，并且要求低通滤波器截止频率应小于高通滤波器截止频率。

6.5 思考题

1. 两种单限比较器各有什么特点？应用在什么场合？

[答案] 求和型单限比较器它的门限（翻转）电平与电阻比值成比例关系。可应用于门限电平要调节（电阻中串接电位器）的场合。

另一种反相输入单限比较器。它的门限（翻转）电平在参考电压 U_{REF} 处，改变参考电平 U_{REF} 的大小，便可改变比较器的翻转时刻。可应用于参考电平的大小和极性随时改变的场合。

2. 电压比较器中的运放改为单电源供电，请画出对应的输出波形。

[答案] 输出波形由方波变成脉冲波，输出波形图略。

提示：没有限幅时输出脉冲波形的幅值为 U_{OPP}。

3. 滞回比较器有什么特点？如何确定门限电压和回差电压？

[答案] 其特点是在翻转点处单向灵敏，即只有输入信号沿某一方向越过翻转点变化时，输出发生翻转，而输入沿另一方向越过该翻转点时，输出不发生翻转，输出的回翻发生在另一个单向翻转点上，这样就能提高电路的抗干扰能力。

门限电压值取决于稳压管的稳定电压 U_Z、参考电压 U_{REF}、电阻 R_1、R_2 和 R_F 的值；

回差电压值取决于稳压管的稳定电压 U_Z 以及电阻 R_2 和 R_F 的值。

6.6 思考题

1. 测量放大器有什么特点？应用在什么场合？

[答案] 测量放大器又称为数据放大器或仪表放大器，它具有高输入抗阻、高共模抑制比等特点，常用于热电偶、应变电桥、流量计、生物电测量，以及其他有较大共模干扰的直流缓变微弱信号的检测。

2. 电荷放大器和隔离放大器各有什么特点？分别应用在什么场合？

[答案] 在信号检测系统中，某些传感器是电容性传感器，如压力传感器、压电式加速传感器等。这类传感器输入阻抗极高，呈容性，输出电压很弱，工作时，输出的电荷量与输入物理量成比例，并且具有较好的线性度。电荷放大器由积分运算电路构成，积分运算可以将电荷量转换为电压量。应用在压力传感器、压电式加速传感器进行测试的场合。

隔离放大器是一种特殊的测量放大电路，其输入回路与输出回路之间是电绝缘的，没有直接的电耦合，即信号在传输过程中没有公共的接地端。应用在输入回路与输出回路没有公共的接地端的场合。

6.7 思考题

1. 如果在增加运算放大器的输入信号时，发现输出信号开始钳位于峰值上，则应首先检查什么元件？

[答案] 反馈电阻 R_F。

2. 运算放大器的输入端上确实有一个输入信号却没有输出信号，请分析原因。

[答案] 检查运算放大器输入端是否有短路现象。

【自我测试题分析解答】

一、选择题（请将下列题目中的正确答案填入括号内）

1. c；2. a；3. c；4. c；5. b；6. b。

二、判断题（正确的在括号内打√，错误的在括号内打×）

1. ×；2. ×；3. ×；4. ×；5. √；6. √；7. √；8. ×；9. ×；10. √。

三、分析计算题

1. 解：加权值较低的输入电阻是 $10\text{k}\Omega$，则另一个的输入电阻是 $5\text{k}\Omega$。

2. 解：三个输入端的电阻值为 $100\text{k}\Omega$、$50\text{k}\Omega$、$25\text{k}\Omega$。

3. 解：参考主教材：《电子技术基础（模电部分）》书中 132 页图 6.11(c)。

4. 解：比较器相应的输出电压的波形幅度为 $\pm6\text{V}$ 的方波，波形图略。

5. 解：$U_{\text{T}+}=\dfrac{R_{\text{F}}}{R_2+R_{\text{F}}}\times U_{\text{REF}}+\dfrac{R_2}{R_2+R_{\text{F}}}\times U_2=\dfrac{200}{100+200}\times6+\dfrac{100}{100+200}\times5=5.7\ （\text{V}）$；

$U_{\text{T}-}=\dfrac{R_{\text{F}}}{R_2+R_{\text{F}}}\times U_{\text{REF}}-\dfrac{R_2}{R_2+R_{\text{F}}}\times U_2=4-1.7=2.3\ （\text{V}）$；

$\Delta U_{\text{T}}=U_{\text{T}+}-U_{\text{T}-}=\dfrac{2R_2}{R_2+R_{\text{F}}}\times U_2=3.4\text{V}。$

输出电压的波形如图 2.6.1 所示。

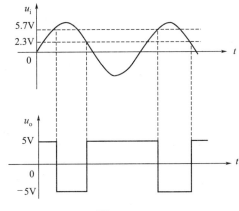

图　2.6.1

【习题分析解答】

一、选择题（请将下列题目中的正确答案填入括号内）

1. c、b；2. c；3. b；4. b；5. a；6. b、c；7. c；8. c；9. c；10. b。

二、判断题（正确的在括号内打√，错误的在括号内打×）

1. ×；2. √；3. √；4. √；5. ×。

三、分析计算题

1. 解：可利用反相比例电路（$R_1=20\text{k}\Omega$，$R_{\text{F}}=2\text{M}\Omega$）。

2. 解：（a）$u_{\text{o}1}=-\dfrac{R_{\text{F}1}}{R_1}u_{\text{i}1}$，$u_{\text{o}}=-\left(\dfrac{R_{\text{F}}}{R_5}u_{\text{o}1}+\dfrac{R_{\text{F}2}}{R_2}u_{\text{i}2}+\dfrac{R_{\text{F}2}}{R_3}u_{\text{i}3}\right)=\dfrac{R_{\text{F}1}}{R_1}u_{\text{i}1}-\dfrac{R_{\text{F}2}}{R_2}u_{\text{i}2}-$

$\dfrac{R_{\text{F}3}}{R_3}u_{\text{i}3}$。

（b）利用 $u_+=u_-$ 来计算。

$$\left.\begin{aligned} u_- &= \frac{R_F}{R_F+R_1}u_{i1}+\frac{R_1}{R_1+R_F}u_o \\ u_+ &= \frac{R_2}{R_2+R_3}u_{i3}+\frac{R_3}{R_2+R_3}u_{i2} \end{aligned}\right\} \Rightarrow u_o = \frac{R_F}{R_1}(u_{i2}-u_{i1})+u_{i3}。$$

3. 解：运算关系式为 $u_o=-10u_{i1}+5u_{i2}+2u_{i3}$，参考主教材：《电子技术基础（模电部分）》书中 107 页 [例题 6.3]：$\dfrac{R_{F1}}{R_2}=5$，$\dfrac{R_{F1}}{R_3}=2$，$\dfrac{R_{F2}}{R_4}=1$，$\dfrac{R_{F2}}{R_1}=10$；

设 $R_{F1}=100\mathrm{k\Omega}$，则 $R_2=20\mathrm{k\Omega}$，$R_3=50\mathrm{k\Omega}$，$R_1'=R_2 /\!/ R_3 /\!/ R_{F1}=12.5\mathrm{k\Omega}$；

设 $R_{F2}=100\mathrm{k\Omega}$，则 $R_4=100\mathrm{k\Omega}$，$R_1=10\mathrm{k\Omega}$，$R_2'=R_1 /\!/ R_4 /\!/ R_{F2}=8.3\mathrm{k\Omega}$。

4. 解：（1）$u_o=\left(1+\dfrac{R_F}{R_1}\right)u_{i1}=\left(1+\dfrac{20}{10}\right)\times 1=3\mathrm{V}$；（2）$u_{i2}=-3\mathrm{V}$；

（3）$u_o=-\dfrac{1}{R_4C}\displaystyle\int_0^t U_{o1}\mathrm{d}t=-\dfrac{1}{200\times 10^3\times 50\times 10^{-6}}\displaystyle\int_0^{10}3\mathrm{d}t=-3\ (\mathrm{V})$。

5. 解：当 $0\sim 10\mathrm{ms}$ 时 $u_i=4\mathrm{V}$，则 $u_o=-\dfrac{1}{RC}\displaystyle\int_0^t U_2\mathrm{d}t=-\dfrac{1}{10\times 10^3\times 1\times 10^{-6}}\displaystyle\int_0^{10}4\mathrm{d}t=$

$-4(\mathrm{V})+0=-4\ (\mathrm{V})$；当 $10\sim 20\mathrm{ms}$ 时 $u_i=-4\mathrm{V}$，则 $u_o=-\dfrac{1}{RC}\displaystyle\int_{t0}^t U_2\mathrm{d}t=$

$-\dfrac{1}{10\times 10^3\times 1\times 10^{-6}}\displaystyle\int_{10}^{20}4\mathrm{d}t+U_C(10)=4-4=0$。

其波形图如图 2.6.2 所示。

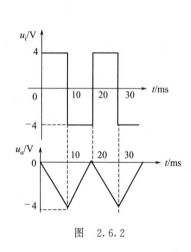

图　2.6.2

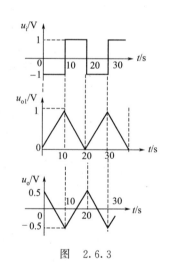

图　2.6.3

6. 解：（1）$t=0$ 时，$u_{o1}=0\mathrm{V}$，$u_o=-\dfrac{R_F}{R_3}\times u_{i2}=\dfrac{1}{2}\mathrm{V}$；当 $t=0\sim 10\mathrm{s}$ 时，$u_{i1}=-1\mathrm{V}$。

（2）$t=10\mathrm{s}$ 时，$u_{o1}=-\dfrac{1}{RC}\displaystyle\int_1^{10}-1\mathrm{d}t+U_C(0)=-\dfrac{1}{1\times 10^6\times 10\times 10^{-6}}\displaystyle\int_1^{10}-1\mathrm{d}t+0=1\mathrm{V}$；

$$u_o=-\left(\frac{R_F}{R_3}u_{i2}+\frac{R_F}{R_4}u_{o1}\right)=-\left(-\frac{1}{2}+1\right)=-\frac{1}{2}\ (\mathrm{V})。$$

（3）$t=20\mathrm{s}$，$u_{o1}=-\dfrac{1}{RC}\displaystyle\int_{10}^{20}1\mathrm{d}t+U_C(10)=-\dfrac{1}{1\times 10^6\times 10\times 10^{-6}}\displaystyle\int_{10}^{20}1\mathrm{d}t+1=0\ (\mathrm{V})$；

$$u_{\text{o}} = -\frac{R_{\text{F}}}{R_1}u_{\text{i2}} = 0.5\text{V}_{\circ}$$

（4）其波形图如图 2.6.3 所示。

7.解：（1）$u_{\text{o1}} = -\dfrac{R_{\text{F}}}{R_1}u_{\text{i1}}$，$u_{\text{o}} = -\dfrac{1}{R_4 C}\displaystyle\int u_{\text{o1}}\,\mathrm{d}t - \dfrac{1}{R_3 C}\displaystyle\int u_{\text{i2}}\,\mathrm{d}t = \dfrac{R_{\text{F}}}{R_1 R_4 C}\displaystyle\int u_{\text{i1}}\,\mathrm{d}t -$

$\dfrac{1}{R_3 C}\displaystyle\int u_{\text{i2}}\,\mathrm{d}t_{\circ}$

（2）$t = 1\text{s}$ 时，$u_{\text{o}} = \dfrac{R_{\text{F}}}{R_1 R_4 C}\displaystyle\int u_{\text{i}}\,\mathrm{d}t = \dfrac{100\times 10^3}{100\times 10^3 \times 1\times 10^6 \times 1\times 10^{-6}}\displaystyle\int_0^1 1\mathrm{d}t = 1$（V）。

$t = 2\text{s}$ 时，$u_{\text{o}} = \dfrac{R_{\text{F}}}{R_4 C}\displaystyle\int_1^2 u_{\text{i}}\,\mathrm{d}t - \dfrac{1}{R_3 C}\displaystyle\int u_{\text{i2}}\,\mathrm{d}t = \dfrac{1}{1\times 10^6 \times 1\times 10^{-6}}\displaystyle\int_1^2 1\mathrm{d}t - \dfrac{1}{500\times 10^3 + 1\times 10^{-6}}\displaystyle\int_1^2$

$2\mathrm{d}t + U_{\text{C}}$（1）$= 1 - 4 + 1 = -2$（V）。

（输出电压的波形图略）

8.解：方法 1：

（1）u_{i1} 与 u_{i3} 采用反相求和形式得到 $u_{\text{o1}} = -(u_{\text{i1}} + 3u_{\text{i3}})$，然后 u_{o1} 与 u_{i2} 再进行反相求和积分电路实现 $u_{\text{o1}} = -5\displaystyle\int(u_{\text{o1}} + 0.2u_{\text{i2}})\,\mathrm{d}t$，将 u_{o1} 代入后得 $u_{\text{o}} = 5\displaystyle\int(u_{\text{i1}} - 0.2u_{\text{i2}} + 3u_{\text{i3}})\,\mathrm{d}t_{\circ}$

（2）$u_{\text{o1}} = -\left(\dfrac{R_{\text{F}}}{R_1}u_{\text{i1}} + \dfrac{R_{\text{F}}}{R_3}u_{\text{i3}}\right)$；$u_{\text{o}} = -\left(\dfrac{1}{R_4 C}\displaystyle\int u_{\text{o1}}\,\mathrm{d}t + \dfrac{1}{R_2 C}\displaystyle\int u_{\text{i2}}\,\mathrm{d}t\right)$；

$\dfrac{R_{\text{F}}}{R_1} = 1$，$\dfrac{R_{\text{F}}}{R_3} = 3$，$\dfrac{1}{R_4 C} = 5$，$\dfrac{1}{R_2 C} = 1$，可选 $R_3 = 100\text{k}\Omega$，$R_{\text{F}} = 300\text{k}\Omega$，$R_1 = R_{\text{F}} = 300\text{k}\Omega$；再选 $R_4 = 100\text{k}\Omega$，$C = \dfrac{1}{5R_4} = 2\mu\text{F}$，$R_2 = \dfrac{1}{C} = 500\text{k}\Omega$，$R_1' = R_1 // R_{\text{F}} // R_3$，解 $R_1' = 51\text{k}\Omega$；$R_2' = R_1 // R_4$，解 $R_1' = 82\text{k}\Omega$，电路图略。

方法 2：用反相比例和反相求和积分电路组成，反相比例电路中，$R_1 = 100\text{k}\Omega$，$R_2 = 47\text{k}\Omega$，$R_{\text{F1}} = 100\text{k}\Omega$，输入信号为 u_{i2}；反相求和积分电路中，$C = 10\mu\text{F}$，$R_3 = 100\text{k}\Omega(u_{\text{i2}})$，$R_4 = 20\text{k}\Omega(u_{\text{i1}})$，$R_5 = 6.7\text{k}\Omega(u_{\text{i3}})$，$R_6 = 4.7\text{k}\Omega$(同相端)，电路图略。

9.解：（1）A_1—同相比例，A_2—反相比例，A_3—差动比例（减法），A_4—积分电路。

（2）$u_{\text{o1}} = \left(1 + \dfrac{R_{\text{F1}}}{R_1}\right)u_{\text{i1}}$，$u_{\text{o2}} = -\left(\dfrac{R_{\text{F2}}}{R_3}u_{\text{i2}} + \dfrac{R_{\text{F2}}}{R_4}u_{\text{i3}}\right)$，$u_{\text{o3}} = \dfrac{R_8}{R_7}u_{\text{o2}} - \dfrac{R_{\text{F2}}}{R_6}u_{\text{o1}}$，$u_{\text{o}} = -\dfrac{1}{R_9 C}\displaystyle\int u_{\text{o3}}\,\mathrm{d}t_{\circ}$

10.解：（1）低通；（2）带通；（3）高通；（4）带阻。

11.解：（1）$U_{\text{T}} = -\dfrac{R_1}{R_2}U_{\text{REF}} = -\dfrac{20}{30}\times(-3) = 2$（V）；

（2）传输特性曲线和输出波形如图 2.6.4 所示。

12.解：A_1 为比较器，可以输出 u_{o1} 为矩形波，幅度为 $\pm 4\text{V}$；A_2 为积分电路，输入为矩形波→则输出为三角波；u_{o1} 在 $0\sim 1\text{ms}$ 时为 -4V，$1\sim 2\text{ms}$ 时为 $+4\text{V}$，所以 u_{o} 在 $0\sim 1\text{ms}$ 时，由从 0 开始增大，$u_{\text{o}} = \dfrac{1}{R_2 C}\displaystyle\int_0^1 4\mathrm{d}t = 2\text{V}$，在 $0\sim 1\text{ms}$ 期间从 2 开始下降，$t = 2\text{ms}$

时，$u_0=0$V。输入与输出波形图如图 2.6.5 所示。

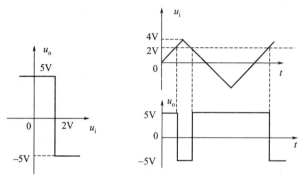

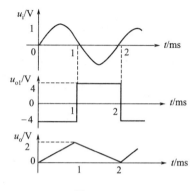

图　2.6.4　　　　　　　　　　　图　2.6.5

13. 解：（1）$U_{T+}=\dfrac{R_F}{R_2+R_F}\times U_{REF}+\dfrac{R_2}{R_2+R_F}\times U_Z=\dfrac{200}{100+200}\times 9+\dfrac{100}{100+200}\times 6=8$（V）；

$$U_{T-}=\dfrac{R_F}{R_2+R_F}\times U_{REF}-\dfrac{R_2}{R_2+R_F}\times U_Z=6-2=4\text{（V）；}$$

$$\Delta U_T=U_{T+}-U_{T-}=\dfrac{2R_2}{R_2+R_F}\times U_Z=4\text{（V）。}$$

滞回比较器的传输特性图略。

（2）u_i 和 u_o 的波形如图 2.6.6 所示。

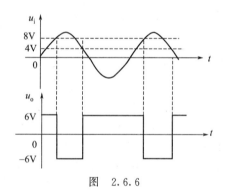

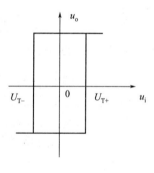

图　2.6.6　　　　　　　　　　　图　2.6.7

14. 解：$U_+=\dfrac{R_F}{R_2+R_F}u_i+\dfrac{R_2}{R_2+R_F}u_o$，$U_-=U_{REF}$；

设 $u_0=-u_2$，$u_i\uparrow\rightarrow U_{T+}$，$\dfrac{R_F}{R_2+R_F}U_{T+}+\dfrac{R_2}{R_2+R_2}U_2=U_{REF}$，$U_{T+}=\left(1+\dfrac{R_2}{R_F}\right)U_{REF}+$

$\dfrac{R_2}{R_F}U_2$，$U_{T-}=\left(1+\dfrac{R_2}{R_F}\right)U_{REF}-\dfrac{R_2}{R_F}U_2$，$\Delta U_T=\dfrac{2R_2}{R_F}U_2$。

同相滞回比较器的传输特性如图 2.6.7 所示。

15. 解：（1）$u_0=12$V 时，A_2：$u_{2+}=2$V，由 $+12$V 跳变为 -12V，应使 $u_{2-}=u_{o1}=2$V，即

$$u_{o1}-\dfrac{1}{R_1C}u_{i1}t=-\dfrac{1}{100\times 10^3\times 1\times 10^{-6}}(-10)t=2\text{（V）；}$$

$t_1=0.02\text{s}=20$ms。

（2）$u_0=-12\mathrm{V}$ 时，A_2：$u_{2+}=-2\mathrm{V}$，跳变条件 $u_{01}=-2\mathrm{V}$，代入公式后得：$t_2=$ 0.1s＝100ms。

波形如图 2.6.8 所示。

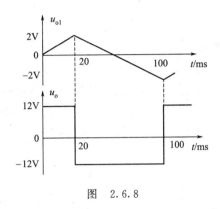

图　2.6.8

【实验与实训分析提示】

一、基本运算电路

1. 提示：理解集成运放基本运算电路的工作原理及运算关系。掌握判断集成运算放大器好坏的测试方法。

2. 注意：实验前画出所有测试电路图，应合理选择电路参数，并在实验中调整电路参数，观测对运算关系的影响。

反相和同相比例运算放大电路参数可设置为：$R_1=R_2=10\mathrm{k}\Omega$，$R_\mathrm{F}=100\mathrm{k}\Omega$；差动比例运算放大电路参数可设置为：$R_1=R_2=10\mathrm{k}\Omega$，$R_\mathrm{F}=R_3=100\mathrm{k}\Omega$；反相加法运算电路参数可设置为：$R_1=R_2=10\mathrm{k}\Omega$，$R_3=4.7\mathrm{k}\Omega$，$R_\mathrm{F}=100\mathrm{k}\Omega$；积分电路参数可设置为：$R_1=R_2=10\mathrm{k}\Omega$，$R'=1\mathrm{M}\Omega$，$C=0.1\mu\mathrm{F}$。

二、有源滤波器

1. 提示：熟悉有源滤波器电路的幅频特性的测试方法。

2. 注意：实验前画出所有测试电路图，应合理选择电路参数，并在实验中调整电路参数，观测对滤波效果的影响。

一阶低通有源滤波器和一阶高通有源滤波器，参考主教材《电子技术基础（模电部分）》书中 140 页图 6.29 和 141 页图 6.31，电路参数可设置为：$R_1=R_\mathrm{F}=2\mathrm{k}\Omega$，$R=10\mathrm{k}\Omega$，$C=0.1\mu\mathrm{F}$。

二阶低通有源滤波器参考主教材：《电子技术基础（模电部分）》书中 141 页图 6.30，电路参数可设置为：$R_1=R_\mathrm{F}=2\mathrm{k}\Omega$，$R=10\mathrm{k}\Omega$，$C=0.1\mu\mathrm{F}$。

三、电压比较器

1. 提示：理解集成运放非线性应用电路的特点，熟悉电压比较器限幅的不同方法。

2. 注意：实验前画出所有测试电路图，应合理选择电路参数，自拟实验测试方法，并在实验中调整电路参数，观测对输出波形的影响。

过零比较器、反相滞回比较器、同相滞回比较器和窗口比较器实验电路图可参考主教材：《电子技术基础（模电部分）》书中 144 页图 6.35、145 页图 6.37、159 页图 6.58 和 147 页图 6.38。

四、综合实训

1. 设计一个闭环温控系统。

提示：系统的温度自动控制在设定的温度内（$T \pm \Delta T$）。（1）恒定温度的设定在一定范围内可调，可用灯泡模拟加热系统，当温度低于下限设定温度时灯泡自动亮（加热），当温度高于上限设定温度时灯泡自动灭（停止加热）。（2）用电桥电路测量温度，感温元件为热敏电阻。（3）用运放组成测量放大器，用滞回比较器的电压设置温度范围，并控制电路是否需要加热。

2. 设计一个三极管电流放大系数 β 的测试电路。

提示：测量 NPN 型晶体三极管的直流电流放大系数 β（设 β 小于 200），测试条件为：$I_B = 10 \mu A$，允许误差 $\pm 2\%$；$12V < U_{CE} < 16V$，且对不同 β 值的晶体三极管，U_{CE} 的值基本不变。

3. 设计一个三极管电流放大系数 β 值分选电路。

提示：三极管工作在放大区时，集电极电流为基极电流的 β 倍，通过集成运放将电流转换成电压，根据事先设定的 β 值分段范围确定比较器（选用窗口比较器）的门限电压值。

设计一个晶体三极管 β 值三挡分选电路，β 值界限分别为 100 和 200，分选范围为：$\beta < 100$、$100 < \beta < 200$ 及 $\beta \leqslant 200$。根据电路中被测三极管的基极限流电阻值，可求得基极电流 I_B，于是集电极电流为 βI_B，而运算放大器的输出电压与集电极电流成正比。当 β 为 100、200 时，输出电压分别为不同的值，把这两个值分别作为两个比较器的基准电压。当 $\beta < 100$、$100 < \beta < 200$、$\beta > 200$ 时，两个比较器的输出为三种不同工作状态，从而达到分挡的目的。同时要求该电路通过发光二极管的亮或灭来指示被测三极管 β 值的范围，并利用数字逻辑电路转换，用一个 LED 数码管显示 β 值的区间段落号。如：$\beta < 100$ 时显示 "1"；$100 < \beta < 200$ 时显示 "2"；$\beta > 200$ 时显示 "3"。

第7章

反馈放大电路

【基本要求、重点及难点】

本章介绍了反馈的基本概念、负反馈放大电路的四种基本类型及判断方法、负反馈对放大电路性能的影响、深度负反馈放大电路的分析计算、负反馈放大电路自激振荡及消除等内容。应熟练掌握负反馈放大电路的一般表达式，负反馈放大电路的基本类型及判断方法，深度负反馈放大电路的分析计算；正确理解反馈的基本概念，负反馈对放大电路性能的影响，负反馈放大电路自激振荡的条件；一般了解负反馈放大电路消除自激振荡的方法。

【基本概念的分析】

反馈的基本概念，反馈的性质及组态。

正负反馈类型的判断方法：判断正负反馈采用瞬时极性法，如反馈结果使净输入变小的为负反馈，而反馈结果使净输入变大的为正反馈。判断电压还是电流反馈采用短路法，如输出端短路后反馈不再存在的则为电压反馈，而输出端短路后反馈还存在的则为电流反馈。判断串联还是并联反馈采用回路法，输入信号与反馈信号在输入回路中，以电压形式出现的为串联反馈；而输入信号与反馈信号在输入回路中，以电流形式出现的为并联反馈。

负反馈对放大电路性能指标的影响，提高放大电路的稳定性、改善非线性失真、抑制干扰、拓宽频带和改变输入电阻与输出电阻；深度负反馈下反馈放大电路的分析和计算；负反馈放大电路的自激振荡的判断及消除方法。

【思考题分析解答】

7.1 思考题

1. 什么是反馈？什么是开环和闭环？

[答案] 在某系统中，输出回路的某一量，通过某种方式，对输入回路进行反作用，这样的连接方式称为反馈。

开环：没有加反馈时的系统（输入与输出之间无连接）。

闭环：加入反馈后的系统（输入与输出之间有连接）。

2. 放大电路为何要加负反馈？

[答案] 放大电路中加负反馈是为了稳定和改善放大电路的性能指标。

3. 反馈分类有哪几种？其判断方法是什么？

[答案] 从反馈的极性来分，可分为正反馈和负反馈，判断方法用瞬时极性法；从反馈信号采样方式来分，可分为电压反馈和电流反馈，判断方法用短路法；从反馈连接方式来分，可分为串联反馈和并联反馈，判断方法用支路法；从反馈信号性质来分，可分为直流反馈和交流反馈，判断方法用通路法。还可分为局部反馈和级联反馈、差模反馈和共模反馈等。

7.2 思考题

1. 负反馈基本组态有几种？其特点是什么？

[答案] 负反馈放大电路中有 4 种基本的组态：电压串联、电压并联、电流串联和电流并联。电压负反馈的特点是：电压负反馈能稳定输出电压和减小输出电阻；电流负反馈的特点是：电流负反馈有稳定输出电流和增大输出电阻的作用；串联负反馈的特点是：串联负反馈能提高输入电阻；并联负反馈的特点是：并联负反馈能降低输入电阻。

提示：在实际应用中根据要求选择合适的反馈组态。

2. 如何在放大电路中确定反馈回路和反馈信号？

[答案] 反馈回路：将输出信号引入到输入回路的电路；反馈信号：在输入端与输入信号共同作用的信号。

提示：反馈回路上一般不产生反馈信号。

7.3 思考题

1. 负反馈如何影响放大电路性能指标的？什么是反馈深度？

[答案] 放大电路中加入负反馈后，将减小放大倍数、提高放大倍数的稳定性、改变输入阻抗和输出阻抗、拓宽频带等。$1+AF$ 称为反馈深度。

提示：放大电路工作在中频段时反馈深度用实数表示。

2. 引入负反馈的基本原则是什么？

[答案] 在设计负反馈放大电路时，应根据实际应用对放大电路性能的要求，引入合适的负反馈，一般遵循以下几点原则。

（1）如果要稳定放大电路的静态工作点，应该引入直流负反馈；如果要改善放大电路的动态性能，应该引入交流负反馈。

（2）根据信号源的性质决定是引入串联反馈，还是引入并联反馈。当信号源是恒压源或内阻较小的电压源时，应引入串联反馈；当信号源是恒流源或内阻较大的电流源时，应引入并联反馈。

（3）根据对放大电路输出信号的要求，选择是引入电压负反馈，还是引入电流负反馈。当要求放大电路输出稳定的电压信号时，应选择电压负反馈；当要求放大电路输出稳定的电流信号时，应选择电流负反馈。

3. 各种反馈组态适用于什么场合？

答：如果输入的是电压信号，输出也需要电压信号，则采用电压串联负反馈；如果输入的是电流信号，输出也需要电流信号，则采用电流并联负反馈；如果输入的是电压信号，输出需要电流信号，则采用电流串联负反馈；如果输入的是电流信号，输出需要电压信号，则应选择电压并联负反馈电路。

提示：想要提高带负载能力，则一定要引入电压反馈；想要提高信号源的利用率，可以根据信号源的性质决定引入串联还是并联负反馈（电压源引入串联，电流源引入并联）。

7.4 思考题

1. 什么是深度负反馈？

[答案] 当 $1+AF$ 远大于 1 时为深度负反馈。

2. 在深度负反馈条件下，如何计算放大电路性能指标？

[答案] 电压串联负反馈时，用 $A_{uf} \approx \dfrac{1}{F_{uu}}$ 计算；其他三种类型者用 $X_i \approx X_f$ 计算。

7.5 思考题

1. 负反馈放大电路为什么会产生自激振荡？产生自激振荡的条件是什么？

[答案] 负反馈放大电路会产生附加相移。

产生自激振荡的条件：附加相移达到 $\pm 180°$ 或 $180°$ 的奇数倍时，会产生自激振荡。

2. 负反馈放大电路中如何消除自激振荡？

[答案] 消除自激振荡的基本方法是采用相位补偿网络。

【自我测试题分析解答】

一、选择题（请将下列题目中的正确答案填入括号内）

1. b；2. b；3. c；4. c；5. a；6. d。

二、判断题（正确的在括号内打√，错误的在括号内打×）

1. ×；2. √；3. ×；4. √；5. ×。

（书中第 2 题应为电压负反馈。）

三、分析计算题

1. 解：根据 $\dfrac{dA_f}{A_f}=\dfrac{1}{1+AF} \times \dfrac{dA}{A}$ 和 $A_f=\dfrac{A}{1+AF}$ 公式来计算：

基本放大电路的电压放大倍数 A_u 为 2000，反馈系数 F 为 0.05。

2. 解：电路中引入负反馈，其反馈类型为电压串联负反馈。

3. 解：（1）引入电流串联负反馈，通过电阻 R_F 将三极管的发射极与 VT_2 管的栅极连接起来，如图 2.7.1 所示。

（2）由于电路为电流串联负反馈放大电路，所以闭环电压放大倍数用串联负反馈即 $U_i \approx U_f$ 来算，由图可得：$U_f=I_f R_1 \approx U_i$，$U_o=I_L R_M$（R_M 为电流表的内阻），$I_f=\dfrac{R_6}{R_1+R_6+R_F} \times I_L$；

则闭环电压放大倍数为 $A_{uf}=\dfrac{U_o}{U_i}=\dfrac{R_M \times (R_1+R_6+R_F)}{R_1 \times R_6}$；

设电流表的内阻 $R_M=10k\Omega$，当 $u_i=5V$ 时，$i_L=10mA$，$u_o=i_L R_M$，$A_{uf}=u_o/u_i=20$，代入数据得：$R_F=18.5k\Omega$。

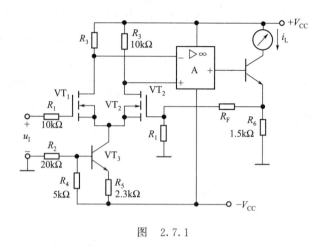

图　2.7.1

【习题分析解答】

一、选择题（请将下列题目中的正确答案填入括号内）

1. b、d；2. a、a；3. b；4. d；5. b；6. b；7. a；8. d；9. d；10. b。

二、判断题（正确的在括号内打√，错误的在括号内打×）

1. √；2. ×；3. ×；4. √；5. √。

三、分析计算题

1. 解：提高输入电阻时采用串联反馈，信号源为电压源时更合适；降低输入电阻时采用并联反馈，信号源为电流源时更合适。

提高输出电阻时采用电流反馈，要求稳定输出电流时更合适；降低输出电阻时采用电压反馈，要求稳定输出电压时更合适。

2. 解：串联反馈时，信号源内阻要小；并联反馈时，信号源内阻要大。

3. 解：图（a）：R_{E3}，负，直流和交流，电流串联；R_F 和 R，负，直流和交流，电压串联；

图（b）：R_{E1}，负，直流和交流，电流串联；R_F，负，交流，电压并联；

图（c）：R_5，负，直流和交流，电压并联；R_6、R_2，负，直流和交流，电压串联；

图（d）：R_3 和 R_2，正，直流和交流。

4. 解：能稳定输出电压的有：图（a）：R_F 和 R，图（b）：R_F，图（c）：R_5、R_6、R_2；

能提高输入电阻的有：图（a）：R_E、R_F 和 R，图（b）：R_{E1}，图（c）：R_6、R_2；

能降低输出电阻的有：图（a）：R_F 和 R，图（b）：R_F，图（c）：R_5、R_6、R_2。

5. 解：（1）R_{E1}、R_{E2} 为局部反馈，电流串联负反馈；R_{F1} 级联，电压串联负反馈；R_{F2} 级联，电流并联负反馈。

（2）R_{F1} 只引交流，R_{F1} 接到 C_2 的右边；R_{F2} 只引直流，R_{E2} 并联电容 C_{E2}。

（3）R_{F2} 稳定静态工作点，R_{F1} 稳定输出电压，输入电阻上升，输出电阻下降。

（4）$F_{uu} = \dfrac{R_{E1}}{R_{E1} + R_F}$，$A_{uf} = \dfrac{1}{F_{uu}} = 1 + \dfrac{R_F}{R_{E1}} = 21$。

6. 解：（1）级间反馈由 R_F 连接，其组态为电压并联负反馈。

（2）放大倍数减小，输入电阻减小，输出电阻减小。

（3）$I_i = I_f$，$I_i = \dfrac{U_S}{R}$，$I_f = -\dfrac{U_o}{R_F}$，$A_{usf} = \dfrac{U_o}{U_S} = -\dfrac{R_F}{R}$。

7. 解：（1）$I_{c1} = I_{c2} = \dfrac{1}{2} \times 0.5 = 0.25$（mA），$I_{B1} = I_{B2} = 2.5\mu A$；

$U_{CQ} = V_{CC} - I_{C1}R_{C1} = 12 - 0.25 \times 3 = 11.25$（V），$U_{B1Q} = -I_{B1Q} \cdot R_B = -2.5 \times 1 = -2.5$（mV）；

$U_{EQ} = U_{BQ} - U_{BEQ} \approx -0.7 \text{V}$。

（2）$A_{ud} = \dfrac{-\beta R_C}{R_B + V_{be}} = \dfrac{-100 \times 3}{1 + 10.8} = -25.4$；

$U_{C1} = 11.25 + 0.5 \times 5 \times 10^3 \times (-25.4) = 11.19$（V），$U_{C2} = 11.25 - 0.5 \times 5 \times 10^3 \times (-25.4) = 11.31$（V）。

（3）B_3 与 C_1 相连。

（4）$A_{uf} = \dfrac{R_F}{R_1}$，$R_F = (10-1) \times R_1 = 9\text{k}\Omega$。

8. 解：（a）电压串联负反馈：电压负反馈能稳定输出电压，串联负反馈能提高输入电阻；满足深度负反馈时，可利用 $A_{uf} \approx \dfrac{1}{F_{uu}}$ 来计算，$F_{uu} = \dfrac{R_1}{R_1 + R_F}$，$A_{uf} = 1 + \dfrac{R_F}{R_1} = 11$。

（b）电压并联负反馈：电压负反馈能稳定输出电压，并联负反馈能降低输入电阻；满足深度负反馈时，可利用 $X_i \approx X_f$ 来计算，$I_i = \dfrac{U_i}{R_1}$，$I_f = -\dfrac{U_o}{R_F}$，由于 $I_i \approx I_f$，所以有 $\dfrac{U_i}{R_1} \approx -\dfrac{U_o}{R_F}$，则闭环源电压放大倍数为 $A_{uf} = -\dfrac{R_F}{R_1} = -10$。

9. 解：$1 + AF = 1 + 100 \times 0.1 = 11$，$A_{uf} = -\dfrac{A_u}{1 + AF} = \dfrac{-100}{11} = -9.1$；

$f_{Lf} = \dfrac{f_L}{1 + AF} = \dfrac{80}{11} = 7.3$（Hz），$f_{Hf} = \dfrac{f_H}{1+AF} = 20 \times 11 = 220$（kHz）。

10. 解：自激条件：负反馈时产生了 180°奇数倍的附加相移。用仪器可以直接看电路输出波形。

【实验与实训分析提示】

一、反馈放大器

1. 提示：了解电流串联负反馈电路的特点，熟悉基本放大电路和电流串联负反馈电路的测试方法。

2. 注意：实验前画出所有测试电路图，应合理选择电路参数，并在实验中比较反馈前后电路指标的变化。

电流串联负反馈电路的实验参考图如图 2.7.2 所示。电路参数可设置为：$R_{B1} = 10\text{k}\Omega$，$R_{B2} = 3\text{k}\Omega$，$R_C = 2\text{k}\Omega$，$R_E = 2\text{k}\Omega$，$R_F = 100\Omega$，$C_1 = C_2 = 10\mu F$，$C_E = 47\mu F$，$V_{CC} = 12\text{V}$。

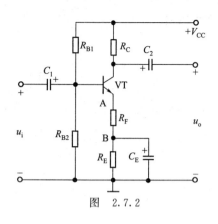

图 2.7.2

电容 C_E 上端接到 A 时，测试基本放大电路性能指标；电容 C_E 上端接到 B 时，测试负反馈放大电路性能指标。

二、集成运放负反馈放大电路

1. 提示：理解"虚短"和"虚断"现象，了解集成运算放大器中负反馈的应用，熟悉集成运放组成电压负反馈放大电路各项性能的测试方法。

2. 注意：实验前画出所有测试电路图，应合理选择电路参数，自拟实验测试方法，并在实验中调整电路参数，观测对输出波形的影响。

集成运放组成电压串联和电压并联负反馈放大电路，可参考主教材：《电子技术基础（模电部分）》书中 128 页图 6.2 和 127 页图 6.1，电路参数可设置为：$R_1 = R_2 = 10\text{k}\Omega$，$R_F = 100\text{k}\Omega$。

三、综合实训

请用运算放大器设计一个放大倍数为 -1000 的负反馈放大电路，组件尽量用得少，电路输入电阻大于 $100\text{k}\Omega$，输出电阻小于 50Ω。

提示：应考虑多级组成负反馈放大电路（选用多级运算放大器的器件）。

第8章

信号发生电路

【基本要求、重点及难点】

本章介绍了正弦波自激振荡的基本原理，正弦波振荡电路、方波和三角波发生电路、压控振荡器的工作原理及相关计算。应熟练掌握正弦波自激振荡的基本原理、正弦波信号发生器和非正弦波（方波和三角波）信号发生器的分析及计算；正确理解 LC 型正弦波信号发生器、矩形波和锯齿波发生器的分析及计算；一般了解石英晶体振荡器和压控振荡器。

【基本概念的分析】

正弦波发生（振荡）电路由放大电路、选频网络、正反馈网络和稳（限）幅电路四部分组成。正弦波发生电路必须满足振荡的幅度和相位平衡条件（即满足起振条件）后才能产生正弦信号。

根据选频网络的不同，正弦波发生电路可分为 RC、LC 和石英晶体三种类型。本章主要讨论 RC 串并联选频网络（组成正反馈网络）和同相放大电路组成的桥式振荡电路，RC 正弦波振荡电路的振荡频率一般为几十赫～几百千赫。LC 正弦波振荡电路的振荡频率一般为几百千赫以上，最高达上百兆赫。LC 正弦波振荡电路分为变压器反馈式、电感三点式和电容三点式三种类型。石英晶体振荡电路振荡频率非常稳定，振荡电路分为并联型和串联型。并联型电路中，石英晶体等效为一个电感；而在串联型电路中，石英晶体兼作选频网络和正反馈网络。

非正弦波发生（振荡）电路在振荡频率不很高的情形下，非正弦波振荡电路通常由滞回比较器和 RC 延时电路（或集成运放组成的积分电路）与它组成反馈环时，就使得电路输出电压按一定的时间间隔，在高、低电平之间发生跳变，于是电路产生自激振荡。非正弦波振荡电路分析的主要参数是电路输出信号幅值和振荡频率（或周期）。非正弦波振荡电路分为矩形波、方波、三角波和锯齿波等。

【思考题分析解答】

8.1 思考题

1. 什么是自激振荡？产生自激振荡有什么条件？

[答案] 自激振荡是指放大电路的输入端不加信号时，在输出端也会出现一定幅度和一定频率电压信号的现象。自激振荡条件必须满足幅度和相位平衡条件。

提示：放大电路要消除自激振荡，确保放大电路稳定工作。

2. 电路产生正弦波振荡的条件是什么？正弦波振荡电路由哪几部分组成？

[答案] 电路产生正弦波振荡的条件应同时满足幅度和相位平衡条件。

正弦波振荡电路由放大电路、反馈网络、选频网络、稳幅电路四个部分组成。

提示：正弦波振荡电路的四个部分功能相互独立，所以缺一不可。

3. RC 正弦波振荡电路是如何实现起振和稳幅的？稳幅方法有几种？

[答案] RC 正弦波振荡电路是利用非线性元器件来起振和稳幅的；稳幅方法有两种。

提示：RC 正弦振荡器常采用外稳幅：利用热敏电阻和二极管的非线性的特性来稳幅。

4. 在文氏电桥振荡器中有两个反馈回路，每一个反馈回路的作用是什么？

[答案] 一个为正反馈（RC 网络）满足相位平衡条件；另一个为负反馈满足幅度平衡条件。

8.2 思考题

1. LC 并联网络有什么特性？LC 正弦波振荡电路是如何实现起振和稳幅的？

[答案] LC 并联网络特性：

①LC 并联电路具有选频特性，在谐振频率 ω_0 处，电路为纯电阻性；②谐振频率 ω_0 的数值与电路参数 LC 有关；③电路的品质因数越大，则选频特性越好。

LC 正弦波振荡电路是用三极管的非线性来实现起振和稳幅的。

2. 反馈式振荡器使用什么类型的反馈？反馈电路的作用是什么？

[答案] 利用 LC 并联网络反馈，满足相位平衡条件。

提示：反馈式振荡器有变压器反馈式、电感三点式和电容三点式三种。

3. 分析电感三点式振荡器的特点，其振荡频率范围为多少？

[答案] 电感三点式振荡器的特点是易起振，调节频率方便。其缺点是波形差，对高次谐波不能很好地消除和频率稳定度不高。一般用于产生几十兆赫以下的振荡频率。

4. 分析克莱普振荡器的特点，其振荡频率范围为多少？

[答案] 频率的稳定性高，其振荡频率高，一般可以到 100MHz 以上。

8.3 思考题

1. 方波发生器中有两个反馈回路，每一个反馈回路的作用是什么？

[答案] 滞回比较器起开关作用，RC 网络除了反馈作用以外，还起延迟作用。

2. 矩形波发生器中输出幅值和振荡频率由什么来决定？占空比如何调节？

[答案] 输出电压的幅值与稳压管的稳压值有关。振荡频率与电路的时间常数 RC，以及滞回比较器的电阻 R_1、R_2 有关。调节 R_{W1} 和 R_{W2} 的比例，可改变占空比大小。

3. 三角波发生器中输出幅值由什么来决定？其频率由什么来决定？

[答案] 三角波的幅度与滞回比较器中的电阻值之比 R_1/R_2，以及稳压管的稳压值 U_Z 成正比；而三角波的振荡周期则不仅与滞回比较器的电阻值之比 R_1/R_2 成正比，而且还与积分电路的时间常数 R_4C 成正比。

4. 如何从矩形波发生电路演变成三角波发生电路？

[答案] 在矩形波发生电路后面加一个积分电路即可。

提示：如果对三角波的线性度要求不高，则可直接用延迟电路中充放电波形来代用。

5. 什么是压控振荡器？它有什么特点？

[答案] 压控振荡器（voltage-controlled oscillator，VCO），就是能产生方波和三角波（或矩形波和锯齿波）的振荡器，其输出电压的频率可由外加电压来控制。

【自我测试题分析解答】

一、选择题（请将下列题目中的正确答案填入括号内）

1. b；2. c；3. b；4. b；5. b。

二、判断题（正确的在括号内打√，错误的在括号内打×）

1. ×；2. √；3. ×；4. √；5. ×；6. ×。

三、分析计算题

1. 解：（1）若电路中 R_1 短路，则电路输出近似方波。

（2）若电路中 R_1 开路，则电路不振荡。

（3）若电路中 R_F 短路，则电路不振荡。

（4）若电路中 R_F 开路，则电路输出为运算放大器的饱和压降。

2. 解：电路能振荡，相关电路参数应满足 $R_F \geq 2R_{E1}$。

【习题分析解答】

一、选择题（请将下列题目中的正确答案填入括号内）

1. b；2. a；3. c；4. c；5. c；6. a；7. c；8. a。

二、判断题（正确的在括号内打√，错误的在括号内打×）

1. ×；2. √；3. ×；4. √；5. ×。

三、分析计算题

1. 解：（a）不能振荡，不满足幅度平衡条件；（b）能振荡，只要适当选取 R_1 和 R_2 电阻。

2. 解：（1）A 接 D，B 接 C；

（2）$f_0 = \dfrac{1}{2\pi RC} = \dfrac{1}{6.28 \times 10 \times 10^3 \times 0.1 \times 10^{-6}} = 160$（Hz）；

（3）$A_{uf} = 1 + \dfrac{R_2}{R_1} \geq 3$，$\dfrac{R_2}{R_1} \geq 2$，$R_1 \leq R_2/2$，$R_1 \leq 10\text{k}\Omega$；

（4）R_1 选正温度系数的热敏电阻。

3. 解：$f_0 = \dfrac{1}{2\pi RC}$。

低频挡：$C = 1\mu\text{F}$，$f_0 = 10\text{Hz}$ 时，$R = 15.9\text{k}\Omega$；$f_0 = 100\text{Hz}$ 时，$R = 1.59\text{k}\Omega$，取电阻 $R = 1.5\text{k}\Omega$ 和电位器 $R_W = 15\text{k}\Omega$ 组成。

校验：在 $C = 1\mu\text{F}$，当 $R = 1.5\text{k}\Omega$ 时，$f_0 = 106\text{Hz}$；当 $R = (15+1.5)\text{k}\Omega$ 时，$f_0 = 9.7\text{Hz}$，满足要求。

4. 解：图（a）满足相位平衡条件，电路可能振荡，反馈电压由 N_2 提供；

（b）满足相位平衡条件，电路可能振荡，反馈电压由 C_1 提供。

5. 解：图（a）、（b）的同名端 N_1、N_2 应左右对应，即同名端均为下端。

6. 解：图（a）j—k、m—n。

$$f_0 = \frac{1}{2\pi\sqrt{(L_1+L_2+2M)\,C}} = \frac{1}{2\pi\sqrt{(2+3+2\times0.5)\times10^{-3}\times300\times10^{-2}}} = 1.19\times10^5$$

（Hz）＝119（kHz）。

图（b）k 接 n、j 接 m。

$$f_0 = \frac{1}{2\pi}\sqrt{L\frac{C_1C_2}{C_1+C_2}} = \frac{1}{2\pi}\sqrt{5\times10^{-3}\times100\times10^{-12}} = 2.25\times10^5 \text{（Hz）}=225\text{（kHz）}。$$

7. 解：（1）电路满足相位平衡条件，电路可能振荡。

（2）$f_0 \approx \dfrac{1}{2\pi\sqrt{LC_3}} = \dfrac{1}{2\pi\sqrt{0.5\times10^{-3}\times10\times10^{-12}}} = 2.25$（MHz）。

（3）$f_0 \approx \dfrac{1}{2\pi}\sqrt{L\dfrac{C_1C_2}{C_1+C_2}} = 450$（kHz）。

8. 解：（1）j 接 m；（2）串联型；（3）石英晶体工作在 f_s，此时石英晶体相当于一个小电阻。

9. 解：（1）波形如图 2.8.1 所示。

（2）$T = 2(R+0.5R_w)C\ln\left(1+\dfrac{2R_1}{R_2}\right) = 2(10+50)\times10^3\times0.01\times10^{-6}\ln\left(1+\dfrac{2\times47}{27}\right) =$

$2\times60\times10^3\times10^{-8}\times1.5 = 1.8$（ms）。

（3）其中 u_o 的幅值为 ±6V，u_c 的幅值为 $\pm\dfrac{R_1}{R_1+R_2}U_Z = \pm\dfrac{47}{47+27}\times6 = \pm3.8$（V）。

（4）最上端：$T_1 = (R+R_w)C\ln\left(1+\dfrac{2R_1}{R_2}\right)$，$q = \dfrac{T_1}{T} = \dfrac{R+R_w}{2R+R_w} = 0.917$；

最下端：$T_2 = RC\ln\left(1+\dfrac{2R_1}{R_2}\right)$，$q = \dfrac{T_2}{T} = \dfrac{R}{2R+R_w} = 0.083$。

（5）波形图略。

10. 解：（1）$U_{om} = \dfrac{R_1}{R_2}U_2$，则 $R_1 = \dfrac{R_2U_{om}}{U_2} = \dfrac{30\times5}{6} = 25$ kΩ；

$C = TR_2/4R_1R_4 = 2\times10^{-3}\times30\times10^3/4\times25\times10^3\times51\times10^3 = 60/5100 = 0.012$（μF）。

（2）u_{o1} 为 ±6V 的矩形波，u_o 为 ±5V 的三角波，波形如图 2.8.2 所示。

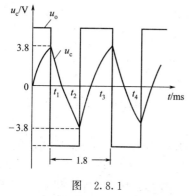

图 2.8.1

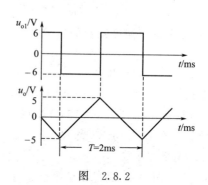

图 2.8.2

【实验与实训分析提示】

一、RC 正弦波振荡电路

1. 提示：了解正弦波振荡电路的特点，熟悉正弦波振荡电路指标的测试方法。

2. 注意：实验前画出测试电路图，应合理选择电路参数，并在实验中调节反馈深度，观察输出波形的变化。

正弦波振荡电路的实验参考图如图 2.8.3 所示。电路参数可设置为：$R = 1.5\text{k}\Omega$，$C = 0.1\mu\text{F}$，$R_1 = R_2 = 10\text{k}\Omega$，$R_P = 51\text{k}\Omega$，二极管为 1N4004GP。

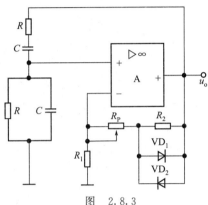

图　2.8.3

二、方波和三角波发生器

1. 提示：了解方波和三角波发生器的特点，熟悉方波和三角波发生器的测试方法。

2. 注意：实验前画出测试电路图，应合理选择电路参数，自拟实验测试方法，并在实验中调整电路参数，观测对输出波形的影响。

方波和三角波发生器的实验图，可参考主教材：《电子技术基础（模电部分）》书中 198 页图 8.14 和 200 页图 8.16，方波电路参数可设置为：$R = 10\text{k}\Omega$，$C = 0.1\mu\text{F}$，$R_1 = 86\text{k}\Omega$，$R_2 = 100\text{k}\Omega$，$R_3 = 2\text{k}\Omega$，稳压二极管为 1N5758；三角波电路参数可设置为：$R_1 = R_2 = 100\text{k}\Omega$，$R_3 = 2\text{k}\Omega$，$R_4 = R_5 = 1\text{k}\Omega$，$C = 1\mu\text{F}$，稳压二极管为 1N5758。

三、综合实训

1. 设计一个简易数字电压表（压-频转换器）。

提示：压-频转换电路采用集成电路 LM331。集成电路 LM331 外接电路简单，转换精度高，最大非线性误差为 0.01%，双电源或单电源工作，电源电压范围宽，满度频率范围 1Hz～100kHz，可实现电压-频率和频率-电压的双重转换。电压-频率转换电路将输入电压转换为频率后，再用测频电路，然后将测出的频率按照对应的关系显示出相应的电压值。

2. 函数信号发生器。

提示：函数发生器一般是指能自动产生正弦波、方波（矩形波）、三角波（锯齿波）和阶梯波等电压波形的电路或仪器，电路形式可以采用运算放大器及分立元件，也可以采用单片集成函数发生器。产生方波、三角波和正弦波的方案有多种，如首先产生正弦波，然后通过比较器电路变换成方波，再通过积分电路变换成三角波；也可以首先产生方波、三角波，然后再将方波变换成正弦波或将三角波变换成正弦波；或采用一片能同时产生上述三种波形的专用集成电路芯片（ICL8038）。

（1）用运算放大器设计电路，输出信号电压可调，输出信号频率可调，矩形波和锯齿波占空比可调，调节范围可自定。用波段开关进一步扩大电压与频率的调节范围。

（2）用集成电路（ICL8038）组成函数发生器。

第9章

功率放大电路

【基本要求、重点及难点】

本章介绍了功率放大电路的特点和分类，互补推挽功率放大电路和集成功率放大器等内容。应熟练掌握乙类和甲乙类互补推挽功率放大电路的工作原理及主要性能指标计算，以及集成功率放大器；正确理解单电源功率放大电路的工作原理；一般了解功率放大电路的特点和分类，前置级为运放的功率放大电路。

【基本概念的分析】

功率放大电路工作在大信号状态下，输出电压和输出电流动态范围都很大。要求在允许失真的条件下，尽可能提高输出功率和效率。常用的互补型功放电路有 OTL 和 OCL 电路。

甲类放大器的工作范围完全在三极管特性曲线的线性（放大）区域。输入信号的整个周期内三极管都能导通。乙类放大器工作模式的静态工作点位置在截止点，在输入信号的半个周期内三极管能导通，另外半个周期内三极管截止。为了在功率放大电路输出端能取得线性放大的输入信号波形，乙类放大器通常以推挽方式工作。甲乙类放大器的静态工作点偏压稍高于截止点，所以会有稍大于输入信号半个周期的时间工作在线性区，可消除交越失真。

OTL 互补对称电路输出端需要接一个大电容；OCL 互补对称电路省去了输出端的大电容，改善了电路的低频响应，且有利于实现集成化。OTL 和 OCL 电路均可工作在甲乙类状态和乙类状态。

集成功放具有温度稳定性好、电源利用率高、功耗较低和非线性失真小等优点。

【思考题分析解答】

9.1 思考题

1. 功率放大电路的特点是什么？与电压放大电路有何区别？

[答案] 功率放大器是对经过电压放大后的大信号进行放大，要求它在允许的失真度条件下，为负载提供足够大的功率和尽可能高的效率，放大器件几乎工作在极限值状态。

功率放大电路的构成（功放用 2 个三极管构成推挽形式）、工作状态（功放中三极管工作在大信号状态）、分析方法（功放只能用图解法）及电路的性能指标（功放只分析输出功率和效率）都与小信号电压放大电路有所不同。

2. 根据功率管导通角的不同，功率放大电路可以分为哪几种？

[答案] 可以分为甲类、甲乙类和乙类 3 种。

提示：功率放大电路有时还分为丙类、丁类等。

3. 为什么乙类功率放大电路有较高的效率？

[答案] 因为乙类状态的静态功耗即电源提供的静态功率为零。

4. 功率放大电路中在电源电压和负载不变的情况下，如何提高输出功率？

[答案] 改变三极管的工作状态。

5. 设计功率放大电路时该从哪几个方面选择功率管？

[答案] 三极管的极限参数有 P_{CM}、I_{CM}、$U_{(BR)CEO}$，应满足下列关系式：

三极管集电极的最大允许功耗 $P_{CM} \geqslant P_{Tmax}$；

三极管的最大耐压 $U_{(BR)CEO} \geqslant 2V_{CC}$；

三极管集电极的最大电流 $I_{CM} \geqslant \dfrac{V_{CC}}{R_L}$。

9.2 思考题

1. 产生交越失真的原因是什么？怎样消除交越失真？

[答案] 产生交越失真的原因是三极管有导通电压；

消除交越失真的方法应增大三极管的导通角。

2. OCL 和 OTL 电路有什么相同点和不同点？各有什么优缺点？

[答案] 相同点：OCL 和 OTL 都用两个三极管构成推挽形式、三极管工作在大信号状态；不同点：OCL 是双电源供电，而 OTL 是单电源供电。OCL 输出功率大，但需要双电源供电，便于集成，而 OTL 单电源供电，但输出功率小，且需要大电容，体积大，不便于集成。

3. 推导 OTL 功率放大器指标计算公式。

[答案] 将 OCL 功率放大器指标计算公式中的 V_{CC} 用 $V_{CC}/2$ 替代即可。

9.3 思考题

1. 集成功率放大器 LM386 适用于什么场合？

[答案] LM386 最基本的应用是小功率放大，也可以构成可控的电压放大电路（电压增益在 20～200 倍之间）；当 LM386 作为一个运算放大器时，可以构成具有一定功率输出能力的正弦波振荡器或方波发生器。

2. 如何控制 LM386 的增益？

[答案] 通过 R、C 来调节电路的增益（利用引脚 1 和 8 可设定电压增益在 20～200 倍之间）。

【自我测试题分析解答】

一、选择题（请将下列题目中的正确答案填入括号内）

1. b；2. c；3. (1) c，(2) c，(3) a，(4) c，(5) b；4. c；5. c。

二、判断题（正确的在括号内打√，错误的在括号内打×）

1. ×；2. ×；3. √；4. √；5. ×。

三、分析计算题

1. 解：（1）OTL 功率放大电路最大输出功率：

$$P_{om}=\frac{1}{2}\times\frac{\left(\frac{V_{CC}}{2}-U_{CES}\right)^2}{R_L}=\frac{(9-2)^2}{2\times16}=1.53\ (W)；$$

电源提供的功率：$P_V=\frac{2}{\pi}\times\dfrac{\frac{V_{CC}}{2}-U_{CES}}{R_L}\times\frac{V_{CC}}{2}=\frac{2}{\pi}\times\frac{7}{16}\times9=2.5\ (W)；$

OCL 功率放大电路最大输出功率：$P_{om}=\frac{1}{2}\times\frac{(V_{CC}-U_{CES})^2}{R_L}=\frac{(18-2)^2}{2\times16}=8\ (W)；$

电源提供的功率：$P_V=\frac{2}{\pi}\times\dfrac{V_{CC}-U_{CES}}{R_L}\times V_{CC}=11.5\ (W)。$

（2）OTL 功率放大电路：三极管最大功耗：$P_T=0.2P_{om}=0.31\ (W)；$

三极管集电极的最大电流：$I_{CM}\geqslant\dfrac{\frac{V_{CC}}{2}-U_{CES}}{R_L}=\frac{7}{16}=0.44\ (A)；$

三极管的最大耐压 $U_{(BR)CEO}\geqslant V_{CC}=18V；$

OCL 功率放大电路：三极管最大功耗：$P_T=0.2P_{om}=1.6\ (W)；$

三极管集电极的最大电流：$I_{CM}\geqslant\dfrac{V_{CC}-U_{CES}}{R_L}=\frac{16}{16}=1\ (A)；$

三极管的最大耐压 $U_{(BR)CEO}\geqslant 2V_{CC}=36V。$

2. 解：（1）$U_{CES}=2V；$

OTL：$P_{om}=\frac{1}{2}\times\dfrac{\left(\frac{V_{CC}}{2}-U_{CES}\right)^2}{R_L}=\dfrac{\left(\frac{V_{CC}}{2}-2\right)^2}{2\times8}=5\ (W)，V_{CC}=22V；$

OCL：$P_{om}=\frac{1}{2}\times\dfrac{(V_{CC}-U_{CES})^2}{R_L}=\dfrac{(V_{CC}-2)^2}{2\times8}=5\ (W)，V_{CC}=11V。$

（2）$U_{CES}=0V；$

OTL：$P_{om}=\dfrac{V_{CC}^2}{8R_L}=5\ (W)，V_{CC}=18V；$　OCL：$P_{om}=\dfrac{V_{CC}^2}{2R_L}=5\ (W)，V_{CC}=9V。$

3. 解：静态时两个三极管的发射极电位应为电源电压值的一半；若不合适，则一般调节输入电路中偏置电阻元件（已知电源 V_{CC} 为 18V，负载为 8Ω）。

电路的最大输出功率：$P_{om}=\frac{1}{2}\times\dfrac{\left(\frac{V_{CC}}{2}-U_{CES}\right)^2}{R_L}=\dfrac{(9-3)^2}{2\times8}=2.25\ (W)；$

效率为：$\eta=\dfrac{\pi}{4}\times\dfrac{\frac{V_{CC}}{2}-U_{CES}}{\frac{V_{CC}}{2}}=\dfrac{\pi}{4}\times\dfrac{9-3}{9}=0.523；$

三极管的最大功耗 $P_T=0.45W$；最大集电极电流 $I_{CM}=1.25A$；最大耐压为 18V。

4. 解：（1）R_1 短路电路不对称，导致 VT_1 烧坏；（2）VD_1 短路会产生交越失真；

（3）R_2 开路导致 VT_1 烧坏；（4）VT_1 集电极开路半个周期工作。

5. 解：（1）最大输出功率：$P_{om} = \frac{1}{2} \times \frac{(V_{CC} - U_{CES})^2}{R_L} = \frac{(16-2)^2}{2 \times 8} = 12.25$（W）;

效率为：$\eta = \frac{\pi}{4} \times \frac{V_{CC} - U_{CES}}{V_{CC}} = \frac{\pi}{4} \times \frac{16-2}{16} = 0.69$;

（2）每只三极管的最大功耗 $P_T = 0.2 P_{om} = 2.45$ W;

（3）为了使输出功率达到最大，输入电压的有效值约为 10V（$14/\sqrt{2}$）。

【习题分析解答】

一、选择题（请将下列题目中的正确答案填入括号内）

1. c; 2. b; 3. a; 4. b; 5. b; 6. a。

二、判断题（正确的在括号内打√，错误的在括号内打×）

1. ×; 2. √; 3. ×; 4. √; 5. ×。

三、分析计算题

1. 解：应给两个功放管子提供合适的静态偏置电压，即没有加信号时各管子应处于微导通状态。

2. 解：（1）OTL：$P_{om} = \frac{V_{CC}^2}{8R_L} = \frac{144}{8 \times 8} = 2.25$（W），$P_V = \frac{V_{CC}^2}{2\pi R_L} = 2.85$（W）;

OCL：$P_{om} = \frac{V_{CC}^2}{2R_L} = 9$ W，$P_V = \frac{2V_{CC}^2}{\pi R_L} = \frac{144 \times 2}{3.14 \times 8} = 11.5$（W）。

（2）OTL：$P_T = 0.2 P_{om} = 0.45$ W，$I_{CM} = \frac{\frac{1}{2}V_{CC}}{R_L} = 0.75$ A，$U_{(BR)CEO} = V_{CC} = 12$ V;

OCL：$P_T = 0.2 P_{om} = 1.8$ W，$I_{CM} = \frac{V_{CC}}{R_L} = 1.5$ A，$U_{(BR)CEO} \geqslant V_{CC} = 24$ V。

3. 解：（1）$U_{CES} = 1$ V OTL：$P_{om} = \frac{1}{2} \times \frac{(V_{CC}/2 - U_{CES})^2}{R_L} = \frac{\left(\frac{V_{CC}}{2} - 1\right)}{2 \times 8} = 4$ W，$V_{CC} = 18$ V;

OCL：$P_{om} = \frac{1}{2} \times \frac{(V_{CC}/2 - U_{CES})^2}{R_L} = \frac{\left(\frac{V_{CC}}{2} - 1\right)}{2 \times 8} = 4$ W，$V_{CC} = 9$ V。

（2）$U_{CES} = 0$ V OTL：$P_{om} = \frac{V_{CC}^2}{8R_L} = 4$ W，$V_{CC} = 16$ V;

OCL：$P_{om} = \frac{V_{CC}^2}{2R_L} = 4$ W，$V_{CC} = 8$ V。

4. 解：OTL：$P_{om} = \frac{V_{CC}^2}{8R_L} = 8$ W，$V_{CC} = 32$ V；OCL：$P_{om} = \frac{V_{CC}^2}{2R_L} = 8$ W，$V_{CC} = 16$ V。

5. 解：（1）C_2 两端电压为 $0.5V_{CC} = 5$ V，调整 R_1。

（2）若 R_W 开路，则 $I_{B1} = I_{B2} = \frac{V_{CC} - 2U_{BE}}{R_1 + R_2} = \frac{10 - 1.4}{1.2 + 1.2} = 3.6$（mA）;

$I_{C1} = I_{C2} = \beta I_{B1} = 50 \times 3.6 = 180$（mA）；

$P_T = I_{C1} U_{CE1} = 180 \times 5 = 900$（mW）$> 500$（mW），所以三极管不安全。

6. 解：（1）静态时，负载 R_L 中的电流为零；

（2）应调 R_W，R_W 增大；

（3）VD_1 或 VD_2 的极性接反，会导致三极管的电流急剧增大，可能烧坏三极管。

7. 解：（1）VT_1 为 NPN，VT_2 为 PNP；

（2）$P_{om} = \dfrac{(V_{CC} - U_{CES})^2}{2R_L} = 4W$，达不到 8W 要求。

（3）功率放大管的最大输出电流 $I_{CM} = \dfrac{V_{CC} - U_{CES}}{R_L} = 1A$；

VT_1、VT_2 的 β 应为 $\beta > \dfrac{1000}{20} = 50$，应选用 $I_{CM} > 1A$ 的功放管。

（4）应引入电压串联负反馈，可从输出端经反馈电阻 R_F 引到运放的反相输入端，同时反相输入端的 1kΩ 电阻接地，输出信号 u_s 经 1kΩ 电阻接到运放的同向输入端。

（5）$A_{uf} = 1 + \dfrac{R_F}{R_1} = \dfrac{U_o}{U_S} = 100$，$R_F = 99kΩ$。

8. 解：（1）$P_{om} = \dfrac{(V_{CC} - U_{CES})^2}{2R_L} \geqslant 2W$，$V_{CC} \geqslant 9V$；

（2）电压并联负反馈；

（3）$I_i = \dfrac{u_i}{R_1}$，$I_f = -\dfrac{u_o}{R_F}$，$I_i = I_f$，$A_{uf} = \dfrac{u_o}{u_i} = -\dfrac{R_F}{R_1} = -33$。

【实验与实训分析提示】

一、功率放大电路

1. 提示：了解集成功率放大电路的基本性能及应用，掌握失真度仪的使用方法，熟悉集成功率放大电路主要性能的测试方法。

2. 注意：实验前画出由 LM386 集成功放芯片接成的 OTL 电路的测试电路图，应合理选择电路参数，并在实验中调节反馈参数，观察对集成功率放大电路电压增益的影响。

功率放大电路的实验图可参考主教材：《电子技术基础（模电部分）》书中 221 页图 9.9～图 9.11。

二、综合实训

1. 设计一个低频功率放大器。

提示：选择合适的集成功率放大器的器件，用 OCL 电路的来实现。

2. 设计一个简易电子琴。

提示：简易电子琴由 RC 选频网络、集成运算放大器电路、功率放大器和扬声器组成。其核心是集成运算放大器构成的 RC 正弦波振荡器，提供了实验要求的电阻和电容（固定值），构成 RC 串、并联选频网络，分别取不同的电阻值，使振荡器产生不同的音阶信号，经功率放大器后推动扬声器发出音乐。需要有节拍时，应加上节拍发生器。节拍发生器一般由 555 定时器组成，节拍快慢由其频率来决定。

　　要求利用 RC 文氏电桥正弦波振荡电路和功率放大电路组成，设计 14 个音节，高音节 4个，中音节 7 个，低音节 3 个，电容的容量为 0.1 μF，合理选择各音节的电阻值。要求功放电路能不失真地听到应有音节的声响。

第10章

直流稳压电源

【基本要求、重点及难点】

本章介绍了直流稳压电源的组成、滤波电路、稳压电路、集成稳压电路和开关型稳压电源等内容。应熟练掌握单相桥式整流滤波电路的工作原理及主要指标计算，串联型稳压电路的工作原理及主要指标计算，三端集成稳压器的应用；正确理解直流稳压电源的组成和稳压电路的主要性能指标；一般了解开关型稳压电路。

【基本概念的分析】

整流电路利用二极管的单向导电性将交流电压变成单向脉动的直流电压，本章主要分析输出直流（平均）电压、输出直流（平均）电流、流过二极管的最大整流电流（平均电流）及二极管承受的最高反向电压。

整流滤波电路是利用电容和电感的储能作用，使电路整流后单向脉动的直流电压变得更为平滑，应弄清电容、电感的储能作用及电容两端电压不能突变、电感中电流不能突变的特点。负载电流较小时，采用电容滤波；负载电流较大时，采用电感滤波；希望滤波效果更好，采用 RC 或 LC 复式滤波。

分立元件组成的串联型线性稳压电路，由调整管、取样电路、基准电压电路和比较放大电路四个部分组成。串联型稳压电路中由于调整管的电流放大作用，输出电流可达几百毫安至几安培；电路中引入了深度电压负反馈使输出电压很稳定，其输出电压在一定范围内连续调节。串联型稳压电路由于调整管工作在线性放大区，其管耗大，效率较低。

为保证串联型稳压电路安全工作，电路中需要加过流保护措施，有两种过流电路。其中限流型适用于负载电流较小（几百毫安以下）的稳压电路，而截流型适用于负载电流较大（几百毫安以上）的稳压电路。

三端集成稳压器因使用简便、性能稳定、价格低廉而得到广泛应用，要熟练掌握其使用技术。三端集成稳压器分为固定式输出和可调式输出两种。固定式输出有 7800 系列（输出正电压）和 7900 系列（输出负电压）；可调式输出分为 W117 系列（输出正电压）和 W137 系列（输出负电压）。

从应用的角度，讨论集成稳压器如何将固定输出电压稳压电路变成为输出电压连续可调的稳压电路及输出电流和输出电压扩展等方面的问题。

开关稳压电源因调整管工作在开关状态，故电源的管耗小，效率高，又因其体积小、重量轻而应用广泛。开关稳压电路按开关调整管的激励方式可划分为它激式开关稳压电源、自激式开关稳压电源；按连接方式可分为串联型和并联型两种类型。

【思考题分析解答】

10.1 思考题

1. 简述直流稳压电源各部分电路工作原理，并画出各部分电路的输出波形。

[答案] 直流稳压电源由变压器、整流电路、滤波电路和稳压电路组成。变压器的作用是把电网电压降到需要的电压值；整流电路的作用是把交流电变换成单向脉动电压；滤波电路的作用是利用储能元件，把单向脉动电压变换成较平坦的直流电压；稳压电路的作用是当电网电压变化时，或负载发生变化时，确保输出电压稳定。各部分电路的输出波形图略。

2. 稳压电路是波形变换电路吗？

[答案] 不是波形变换电路，是将交流电转换为直流电的电路。

10.2 思考题

1. 在电容滤波器的输出电压上产生纹波的原因是什么？

[答案] 电容有充放电过程。

2. 桥式整流电容滤波电路的负载电阻变小，对纹波电压有什么影响？

[答案] 纹波电压变大。

3. 如果整流电路中的滤波电容器漏电非常厉害，输出电压会怎么样？

[答案] 输出电压会变小。

4. 整流电容滤波的直流电压小于其应该具有的值，可能的问题是什么？

[答案] 电容器漏电，负载电阻变小。

10.3 思考题

1. 并联型稳压电路中的控制元件与串联型稳压电路中的控制元件有何不同？

[答案] 并联型稳压电路中的控制元件为限流电阻。

串联型稳压电路中的控制元件是调整管。

2. 与串联型稳压电路相比较，指出并联稳压电路的一个优点和一个缺点。

[答案] 一个优点：电路简单；一个缺点：电压不可调（或输出电流小）。

3. 串联型稳压电路由哪几部分组成？它是通过什么环节实现稳压的？

[答案] 由采样电路、放大电路、基准电路和调整电路组成。

通过调节调整管（CE 间）两端电压来实现稳压。

10.4 思考题

1. 三端集成稳压器有什么优点？

[答案] 具有体积小、可靠性高，以及温度特性好等优点，而且使用灵活、价格低廉。

2. 在三端集成稳压器组成的稳压电路中，电容器所起的作用是什么？

[答案] 输入电容 C_1 一般情况下可以不接，以消除因输入引线感抗引起的自激。

输出电容器 C_O 可改善负载的瞬态响应。

3. 说明三端集成稳压器型号中字母和数字的含义。

[答案] 字母的含义代表厂家；数字的含义：前两位数分别表示正负，而后两位数表示输出电压的标称值，78 系列是正输出，79 系列是负输出，型号后两位表示输出电压的绝对值。

10.5 思考题

1. 开关型稳压电路的特点是什么？

[答案] ①稳压范围宽；②效率高、功耗小；③整流滤波电容较小、体积小、重量轻、机内升温低，对于高压开关型稳压电源，还可以不用电源变压器；④开关电源能同时提供多路的稳定直流电压，并设有灵敏的过压、过流保护电路，且不影响电路正常工作，全面提高了电路的稳定性与可靠性；⑤开关电源的缺点是纹波系数较一般串联稳压电源大。

2. 开关型稳压电路三极管是如何工作的？与线性型稳压电路中三极管有何不同？

[答案] 在开关型稳压电路中三极管工作在开关状态，而线性型稳压电路中三极管工作在放大状态。

【自我测试题分析解答】

一、选择题（请将下列题目中的正确答案填入括号内）

1. c；2. a；3. b；4. c；5. a。

二、判断题（正确的在括号内打√，错误的在括号内打×）

1. √；2. ×；3. √；4. √；5. √；6. √。

三、分析计算题

1. 解：$U_O = 1.2 U_2$，$24 = 1.2 U_2$，$U_2 = 20V$，$I_O = \dfrac{U_O}{R_L} = \dfrac{24}{100} = 0.24$（A）；

$I_D = 0.5 I_O = 0.12A$，$U_{DRM} = \sqrt{2} U_2 = 28.3V$，$C = 2.5T/R_L = 500\mu F$。

2. 解：各元器件的作用：R 和 VD_Z 是基准电路，提供基准电压；R_1、R_2 和 R_W 组成采样电路，提供采样电压；R_C 和 VT_2 是比较放大电路，放大采样电压和基准电压的差值；VT_1 是调整放大电路，确保输出电压稳定；R_S 和 VT_S 是保护电路。

（1）输出电压的调节范围：

$$U_{O\,min} = \frac{R_1 + R_W + R_2}{R_2 + R_W} U_Z = 9V,\quad U_{O\,max} = \frac{R_1 + R_W + R_2}{R_2} U_Z = 18V;$$

（2）调整管发射极允许的最大电流为 I_{CM}（$I_{E\,max}$）；

（3）调整管的最大功耗：$P_{CM} = (1.1 \times U_I - U_{O\,min}) \times I_{E\,max}$。

3. 解：（1）$U_O \approx 30V$（VT_1 短路）；（2）$U_O \approx 29.3V$（R_C 短路）；（3）$U_O \approx 12V$（R_W 短路）；（4）$U_O \approx 6V$ 且不可调（R_1 和 R_W 短路）；（5）U_O 可调范围变为 $6 \sim 12V$（R_1 短路）。

4. 解：参考主教材：《电子技术基础（模电部分）》书中 242 页图 10.16。

5. 解：参考主教材：《电子技术基础（模电部分）》书中 243 页图 10.20。

【习题分析解答】

一、选择题（请将下列题目中的正确答案填入括号内）

1. a；2. c；3. b；4. a；5. c。

二、判断题（正确的在括号内打√，错误的在括号内打×）

1．×；2．×；3．√；4．×；5．×。

三、分析计算题

1．解：$U_O=1.2U_2$，$36=1.2U_2$，$U_2=30\text{V}$，$I_O=\dfrac{U_O}{R_L}=\dfrac{36}{120}=0.3\text{A}$；

$I_D=0.5I_O=0.15\text{A}$，$U_{DRM}=\sqrt{2}U_2=51\text{V}$，$C=2.5T/R_L=417\mu\text{F}$。

选择变压器的次级电压为 $U_2=30\text{V}$；选择二极管的 $I_D=0.15\text{A}$，$U_{DRM}=\sqrt{2}U_2=51\text{V}$。

2．解：（1）$U_O=1.2U_2=12\text{V}$；（2）理论上为一半，实际上比一半略大（一个二极管开路，则成为半波整流电容滤波电路）；（3）改为①$U_O=9\text{V}$，$U_O=9\text{V}=0.9U_2$，说明电容开路，无滤波作用；②$U_O=14\text{V}$，$U_O=14\text{V}=1.4U_2$，说明负载电阻 R_L 开路；③$U_O=4.5\text{V}$，$U_O=4.5\text{V}=0.45U_2$，说明为半波整流，且无虑波作用，此时电容开路，且至少有一个二极管开路。

3．解：（1）上（＋）为同相端，下（－）为反相端；

（2）$U_O=\dfrac{R_2+R_3}{R_3}U_2=\dfrac{2+3}{2}\times6=15$（V）；

（3）$U_{2\,min}=U_O+U_{CES}=15+1=16$（V）；

（4）$U_O\uparrow\rightarrow U_-\uparrow\rightarrow U_+-U_-\downarrow\rightarrow U_B\downarrow\rightarrow U_{CE}\uparrow\rightarrow U_O\downarrow$。

4．解：（1）$U_{O\,min}=\dfrac{R_1+R_W+R_2}{R_2+R_W}U_Z=\dfrac{100+100+200}{100+200}\times6=8$（V）；

$U_{O\,max}=\dfrac{R_1+R_W+R_2}{R_2}U_Z=\dfrac{100+100+200}{200}\times6=12$（V）。

（2）当输出最大时，$U_{CE}=U_I-U_{O\,max}=16-12=4$（V）$>U_{CES}$，所以调整管符合要求。

（3）R_W 滑动端处于上边时，P_{TCM} 最大，$P_{TCM}=I_E(U_I-U_{O\,min})=50\times8=400$（mW）。

（4）$U_I=1.2U_2$，$U_Z=U_I/1.2=16/1.2=13.3$（V）。

5．解：（1）最上端时，输出为最小：

$U_{O\,min}=\dfrac{R_1+R_W+R_2}{R_2+R_W}U_Z=\dfrac{200+R_W+200}{R_W+200}\times6=10$（V），$R_W=100\Omega$；

（2）$U_{O\,max}=\dfrac{R_1+R_W+R_2}{R_2}U_Z=\dfrac{200+100+200}{200}\times6=15$（V）；

（3）当输出最大时，调整管上承受的电压降最小，所以 $U_I\geqslant U_{CE\,min}+U_{O\,max}\geqslant3+15=18$（V）。

6．解：$U_+=\dfrac{R_2}{R_1+R_2}U_O$，$U_-=U_O-U_{R3}=U_O-\dfrac{R_3}{R_3+R_4}\times U_{××}$；

因为运放工作在线性区，所以

$U_+=U_-$，$\dfrac{R_2}{R_1+R_2}U_O=U_O-\dfrac{R_3}{R_3+R_4}U_{××}$；

$U_O=U_{××}\dfrac{R_3}{R_3+R_4}\left(1+\dfrac{R_2}{R_1}\right)=6\times\dfrac{R_3}{R_3+R_4}\times\left(1+\dfrac{R_2}{R_1}\right)$。

7．解：电路可以利用主教材：《电子技术基础（模电部分）》书中 242 页图 10.18。

图（a）利用稳压管升压，其输出 $U_O=U_{××}+U_2$，所以应该选择稳压管的稳压值 $U_Z=7\text{V}$。

图（b）利用电阻来提升输出电压：输出电压 $U_O = \left(1 + \dfrac{R_2}{R_1}\right) U_{××} = \left(1 + \dfrac{R_2}{R_1}\right) \times 5 = 12$ （V）；

$\left(1 + \dfrac{R_2}{R_1}\right) = 2.4$，$\dfrac{R_2}{R_1} = 1.4$，$R_2 = 1.4R_1$。

8. 解：（1）$U_O = \left(1 + \dfrac{R_L}{R_2}\right) U_Z = \dfrac{R_2 + R_L}{R_2} U_Z$；$I_- = 0$，$I_L = \dfrac{U_O}{R_2 + R_L} = \dfrac{U_Z}{R_2}$，与 R_L 无关。

（2）因为当 R_L 变化时，输出电压也随之变化，R_L 与 R_2 的电压也跟着改变，即负载上电压的变化可能导致 I_L 的变化，所以应由 R_L 电阻来承担，确保 I_L 不变化，即 I_L 与 R_L 无关，完成恒流功能。

9. 解：（1）$I_O = \dfrac{U_{××}}{R} + I_Q = \dfrac{5\text{V}}{5.1\Omega} + 2\text{mA} \approx 1\text{A}$；

（2）$U_O = U_{××}\left(1 + \dfrac{R_w}{R_o}\right) = 5 \times \left(1 + \dfrac{510}{510}\right) = 10$ （V）（忽略 $I_Q R_w$）；

（3）图（a）为恒流源电路，图（b）为电压可调的恒压源电路。

10. 解：开关型稳压电源分类：按储能电感与负载的连接方式，可分为串联型开关稳压电源、并联型开关稳压电源；按开关调整管的激励方式，可分为它激式开关稳压电源、自激式开关稳压电源；按不同的控制方式，可分为调宽式开关稳压电源、调频式开关稳压电源。

开关型稳压电源组成：主要由整流滤波电路、开关调整管、换能器、取样比较放大电路、基准电压和调宽（调频）控制电路等部分组成。

【实验与实训分析提示】

一、串联型直流稳压电源

1. 提示：了解串联型稳压电路的主要特性，熟悉串联型稳压电路性能指标的测试方法。

2. 注意：实验前画出由分立元件组成的串联型稳压电路的测试电路图，应合理选择电路参数，并在实验中调节相关参数，观察对输出电压的影响。

串联型稳压电路的实验参考图如图 2.10.1 所示。电路参数可设置为：$R_1 = R_2 = 100\Omega$，$R_3 = 180\Omega$，$R_C = 4.7\text{k}\Omega$，$R = 1\Omega$，$R_P = 220\Omega$，稳压管 $U_Z = 6.5\text{V}$，变压器次级电压为 17V，二极管为 1N4004，三极管 VT_1 为 3DD 型，$VT_2 \sim VT_4$ 为 3DG6 型。

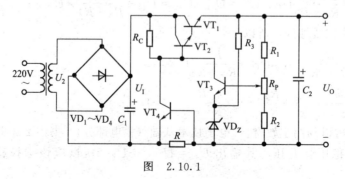

图　2.10.1

二、集成直流稳压电源

1. 提示：了解集成稳压器的特点和主要技术指标的测试方法，熟悉集成稳压器扩展功能的方法。

2. 注意：实验前画出正负双电源输出电路、输出电流扩展电路、输出电压扩展电路和可调式三端式稳压器的测试电路图，可参考主教材：《电子技术基础（模电部分）》书中 242 页图 10.16～图 10.18 和 244 页图 10.21，应合理选择电路参数。

三、综合实训

1. 用三端式集成稳压器设计一个直流电源。

提示：请参考主教材：《电子技术基础（模电部分）》书中 243 页图 10.20 和 244 页图 10.21 所示电路图。

2. 设计一个可以通过数字量输入来控制输出直流电压大小的直流稳压电源。

提示：电源要求通过数字量的输入控制直流电源输出电压大小，因此输出电压是步进增减的。从 0～10V，每步 1V，共计 11 步。十一进制计数器的状态应与输出电压的大小相对应。其状态可以通过预置设定，也可以通过步进的增减来进行调整。

数控直流稳压电源由可控放大器（其放大倍数受计数器的状态控制）、基准电源、十一进制计数器和步进控制器等组成。

第3部分
电子技术实验指导

第1章

电子技术实验基础知识

通过实验，了解一般实验程序，掌握测量误差及测量数据的一般处理方法，常用电子仪器的基本原理、使用方法及电信号主要参数的测试方法，初步掌握电子工艺知识与制作等有关实验的必备知识与技能，有助于提高实验效果和动手能力。

1.1 概述

充分的实验准备工作、正确的实验操作方法和撰写合格的实验报告，是工科学生应掌握的一种基本技能。实验数据必然存在误差，应了解产生系统误差、偶然误差和过失误差的主要原因，掌握尽量减小上述误差的一般方法。实验数据是分析实验结果、反映实验效果的主要依据，应掌握读取、记录和处理实验数据的一般方法。

1.1.1 电子技术实验的意义、目的与要求

1. 意义

电子技术实验，就是根据教学、生产和科研的具体要求，进行设计、安装与调试电子电路的过程。显然，它是将技术理论转化为实用电路或产品的过程。在上述过程中，既能验证理论的正确性和实用性，又能从中发现理论的近似性和局限性。由于认识的进一步深化，往往可以发现新问题，产生新的设计思想，促使电子电路理论和应用技术进一步向前发展。

目前，电子技术的发展日新月异，新器件、新电路（主要指集成电路）相继诞生，并迅速转化为生产力。要认识和应用门类繁多的新器件和新电路，最为有效的途径就是进行实验。通过实验，可以分析器件和电路的工作原理，完成性能指标的检测；可以验证和扩展器件、电路的性能或功能，扩大使用范围；可以设计并制作出各种实用电路和设备。总之，可以断言，不进行实验，就不可能制造出适应时代建设需要的各种电子设备。可见，熟练掌握电子技术电路实验技术，对从事电子技术的人员是至关重要的。

2. 目的

就教学而言，电子技术实验是培养电子、电气类专业应用型人才的基本内容之一和重要

手段，所以，"应用"是它直接的、唯一的目的。具体地讲，通过它可以巩固和深化应用技术的基础理论和基本概念，并付诸实践。在实验这一过程中，培养理论联系实际的学风、严谨求实的科学态度和基本工程素质（其中应特别注重动手能力的培养），以适应实际工作的需要。

3. 要求

（1）能读懂基本电子技术电路图，具有分析电路作用或功能的能力。

（2）具有设计、组装和调试基本电子技术电路的能力。

（3）会查阅和利用技术资料，具有合理选用元器件（含中规模集成电路 MSI），并构成小系统电路的能力。

（4）具有分析和排除基本电子技术电路一般故障的能力。

（5）掌握常用电子测量仪器的选择与使用方法，以及各类电子技术电路性能（或功能）的基本测试方法。

（6）能够独立拟定基本电路的实验步骤，写出严谨的、有理论分析的、实事求是的、文字通顺和字迹端正的实验报告。

1.1.2 电子技术实验的类别和特点

按照实验电路传输信号的性质来分，可分为模拟电子技术实验和数字电子技术实验两大类。每大类又可按实验目的与要求分成三种，即验证性、设计性和综合性。其中验证性实验为基础实验，其目的是验证电子电路的基本原理，或通过实验探索、提高电路性能（或扩展功能）的途径或措施，或检测器件及电路的性能（或功能）指标，为分析和应用准备必要的技术数据。而设计性或综合性实验，其目的是综合运用有关知识，设计、安装与调试自成系统的实用电子电路。

电子技术实验有如下特点。

（1）理论性强。主要表现在：没有正确的理论指导，就不可能设计出性能稳定，符合技术要求的实验电路，不可能拟定出正确的实验方法和步骤；另外，实验中一旦发生故障，就会陷入束手无策的境地。因此要做好实验，首先应学好模拟电子技术和数字电子技术课程。

（2）工艺性强。主要表现在：有了成熟的实验电路方案，但若装配工艺不合理，则一般不会取得满意的实验结果，甚至实验会宣告失败（高频电路实验尤为如此）。因此，需要认真掌握电子工艺技术。

（3）测试技术要求高。主要表现在：实验电路类型多，不同的电路有不同的功能或性能指标，不同的性能指标有不同的测试方法，采用不同的测试仪器。因此，应熟练掌握基本电子测量技术和各种测量仪器的使用方法。

总之，进行电子技术实验，需要具备本专业多方面的理论知识和实践技能，否则，实验效果将受到不同程度的影响。

1.1.3 实验安全

实验安全包括人身安全和设备安全。

1. 人身安全

（1）实验时不得赤脚，实验室的地面应有绝缘良好的地板（或垫）；各种仪器设备应有良好的地线。

（2）仪器设备、实验装置中通过强电的连接导线，应有良好的绝缘外套，芯线不得外露。

（3）实验电路接好后，检查无误方可接入电源。应养成先接实验电路后接通电源，实验完毕先断开电源后拆实验电路的操作习惯。另外，在接通交流 220V 电源前，应通知实验合作者。

（4）在进行强电或具有一定危险性的实验时，应有两人以上合作。测量高压时，通常采用单手操作并站在绝缘垫上。

（5）万一发生触电事故时应迅速切断电源，如距电源开关较远，可用绝缘器具将电源线切断，使触电者立即脱离电源，并采取必要的急救措施。

2. 仪器安全

（1）使用仪器前，应认真阅读使用说明书，掌握仪器的使用方法和注意事项。

（2）使用仪器时应按要求正确地接线。

（3）实验中要有目的地旋动仪器面板上的开关（或旋钮），旋动时切忌用力过猛。

（4）实验过程中，精神必须集中。当嗅到焦臭味，见到冒烟和火花，听到噼啪声，感到设备过烫及出现熔丝熔断等异常现象时，应立即切断电源，在故障未排除前不准再次开机接通电源。

（5）搬动仪器设备时，必须轻拿轻放。未经允许不准随意调换仪器，更不准擅自拆卸仪器设备。

（6）仪器使用完毕，应将面板上各旋钮、开关置于合适的位置，如电压表量程开关应旋至最高挡位等。

1.2 实验程序

实验一般可分为三个阶段，即实验准备、实验操作和撰写实验报告。

1.2.1 实验准备

实验能否顺利地进行并取得预期的效果，很大程度上取决于实验前的准备是否充分。

1. 实验准备一

实验前，应按"实验任务书"的要求写出"实验准备报告"（或称"预习报告"）。具体要求如下。

（1）认真阅读教材中与本实验有关的内容和其他参考资料，独立完成"实验准备报告"。

（2）根据实验的目的与要求，设计或选用实验电路和测试电路。所设计的电路，估算要正确，设计步骤要清楚，画出的电路要规范，电路中图形符号和元器件数值标注要符合现行国家标准。

（3）列出本次实验所需元器件、仪器设备和器材详细清单，在实验前交实验室。

（4）拟定出详细的实验步骤，包括实验电路的调试步骤与测试方法，设计好实验数据记录表格。

2. 实验准备二

在实验前，应主动到开放实验室或相应课程实验室，或查阅校园网上多媒体课件，熟悉测试仪器的使用方法、实验原理和有关注意事项。

3.　实验准备三

实验开始，应认真检查所领到的元器件型号、规格和数量，并进行预测，检查并校准电子仪器状态，若发现故障应及时报告指导教师。

1.2.2　实验操作

正确的操作方法和操作程序是提高实验效果的可靠保障。因此，要求在每一操作步骤之前都要做到心中有数，即目的要明确，操作时，既要迅速又要认真。因此要做好以下操作。

（1）应调整好直流电源电压，使其极性和大小满足实验要求，调整好信号源电压，使其大小满足实验要求。

（2）实验中要眼观全局，先看现象，如仪表有无超量程和其他不正常现象，然后再读取数据。对于指针式仪表，读数前要认清仪表量程及刻度，读数时，身体姿势要正确，眼、指针和针影应成一线。

（3）利用无焊接实验电路板（俗称面包板）插接电路时，要求接插迅速，接触良好和电路布局合理（要为调试操作创造方便条件，避免因接入测量探头而造成短路或其他故障）。

（4）在通电的情况下，不得拔、插（或焊接）半导体器件，应在关闭电源后进行。

（5）任何电路均应首先调试静态，然后进行动态测试。测试时，手不得接触测试表笔（或探头）的金属部分，最好用高频同轴电缆（或屏蔽导线）做测试线，地线要接触良好且应尽量短些。

1.2.3　撰写实验报告

按照一定的格式和要求，表达实验过程和结果的文字材料称为实验报告。它是实验工作的全面总结和系统的概括。

1.　撰写实验报告的目的

撰写实验报告的过程，就是对电路的设计方法和实验方法加以总结，对实验数据加以处理，对所观察的现象加以分析，并从中找出客观规律和内在联系的过程。如果做了实验而未写出实验报告，就等于有始无终，半途而废。

对工科学生而言，撰写实验报告也是一种基本技能训练。通过撰写实验报告，能够深化对技术基础理论的认识，提高对技术基础理论的应用能力，掌握电子测量的基本方法和电子仪器的使用方法，提高记录、处理实验数据和分析、判断实验结果的能力，培养严谨的学风和实事求是的科学态度，锻炼科技文章写作能力等。此外，实验报告也是实验成绩考核的重要依据之一。

总之，撰写实验报告是实验工作不可缺少的一个重要环节，切不可忽视。

2.　实验报告的内容

因实验的性质和内容有别，实验报告的结构并非千篇一律，就电子技术实验而言，实验报告一般应由以下几部分组成。

（1）实验名称。每篇报告均应有其名称（或称标题），并应列在报告的最前面，使人一看便知该报告的性质和内容。实验名称应写得简练、鲜明、准确。简练，就是字数要尽量少；鲜明，就是令人一目了然；准确，就是能恰当地反映实验的性质和内容。

（2）实验目的。指明为什么要进行本次实验。要求写得简明扼要，常常是列出几条。在一般情况下，要写出三个层次的内容，即通过本次实验要掌握什么，熟悉什么，了解什么。

应当指出，有时为了突出主要目的，次要内容可以不写入报告。

（3）测试电路及仪器。测试电路除了能够表明被测电路与测试仪器的连接关系以外，还能反映出所采用的测试方法和测试仪器。一般而言，不同的测试方法有不同准确度的测试结果。所以，画出测试电路是必要的，列出实验用仪器的名称和型号，其目的是让人了解实验仪器的精度等级和先进程度，以便对实验结果可信度作出恰当的评价。

（4）设计任务与方案。按要求写入已知条件和设计要求。

（5）装配与调试步骤。若采用印制电路板装配，则应画出装配示意图；若用面包板插装，则可省略示意图。对于调试，应写出调试方法、步骤和内容等。

（6）预测量与设计方案修正。写入预测量数据与设计要求是否相符的内容，以及不符合设计要求时又是怎样修正设计方案的内容（即电路元器件参数有哪些变动）。本栏目内容可与第（5）条结合进行。

（7）数据记录。实验数据是在实验过程中从仪器、仪表上所读取的数值，可称为"原始数据"。要根据仪表的量程和精密度等级，确定实验数据的有效数字位数。一般是先记录在准备报告或实验的笔记本上，然后加以整理，写入精心设计的表格中。所设计的表格要能反映数据的变化规律及各参量间的相关性。表格的项目栏要注明被测物理量的名称（或文字符号）和量纲，说明栏中，数字小数点要上下对齐，给人以清晰的感觉。在整理实验数据时，如发现异常数据，不得随意舍掉，应进行复测加以验证。

（8）实验结果。将实验数据代入公式，求出计算结果。例如，输入电压有效值 $U_i = 0.01V$，测得输出信号电压有效值 $U_o = 0.5V$，则 $|A_u| = U_o/U_i = 0.5/0.01 = 50$。有时为了更直观地表达各变量间的相互关系，常采用作图法反映实验结果。实验数据必然存在误差，因此，应进行误差估算。估算误差的目的，一是对提出误差要求的实验，要验证实验结果是否超差；二是找出影响实验结果准确性的主要因素，对超差或异常现象作出合理的解释，提出改进措施。最后，应对实验结果作出切合实际的结论。

（9）讨论。讨论包括回答思考题及对实验方法、实验装置等提出改进建议。

（10）参考资料记录。实验前、后阅读过的有关资料（作者、资料名称、出版单位及出版日期）应进行记录，为今后查阅提供方便。

3. 撰写实验报告应注意的几个问题

（1）要撰写好实验报告，首先要做好实验。实验做得不成功，在文字上花多大工夫也是补救不了的。

（2）撰写实验报告必须有严肃认真、实事求是的科学态度。不经重复实验不得任意修改数据，更不得伪造数据。分析问题和得出结论既要从实际出发，又要有理论依据，没有理论分析的实验报告算不上好报告，但照抄书本也是不可取的。

（3）在处理实验数据时，必然遇到实验测量误差和有效数字位数问题，应按照有关要求去做。

（4）图与表是表达实验结果的有效手段，比文字叙述直观、简捷，应充分利用，实验电路符合规定画法。

（5）实验报告是一种说明文体，它不要求文艺性和形象性，而要求用简练和确切的文字、技术术语，恰当地表达实验过程和实验结果。实验报告常采用无主语句，如"按图所示连接实验电路。"因为人们关心的不是哪个人去连接电路，而是怎么去连接。

1.3 测量误差基本知识

被测量有一个真实值，简称为真值，它由理论给定或由计量标准规定。在实际测量该被测量时，由于受到测量仪器的精度、测量方法、环境条件和测量者能力等因素的限制，测量值与真值之间不可避免地存在差异，这种差异定义为测量误差。

学习有关测量误差知识的目的，就在于在实验中合理地选用测量仪器和测量方法，以便获得符合误差要求的测量结果。

有关误差分析的书籍很多。因受篇幅限制，本书不作详尽的分析，仅从尽量减小测量误差的角度介绍一些基本概念。

1.3.1 测量误差的类别

根据误差的性质及其产生的原因，测量误差一般分为三类。

1. 系统误差

在规定的测量条件下，对同一量进行多次测量时，如果误差的数值保持恒定或按某种确定的规律变化，则称这种误差为系统误差。例如，电表零点不准，温度、湿度、电源电压等因素变化所造成的误差均属于系统误差。

系统误差有一定的规律性，可以通过实验和分析，找出产生的原因，设法削弱或消除。

2. 偶然误差（又称随机误差）

在规定的测量条件下，对同一量进行多次测量时，如果误差的数值发生不规则的变化，则称这种误差为偶然误差。例如，热骚动、外界干扰和测量人员感觉器官无规律的微小变化等因素所引起的误差，便属于偶然误差。

尽管每次测量某量时，其偶然误差的变化是不规则的，但是，实践证明，如果测量的次数足够多，则偶然误差平均值的极限就会趋于零。所以，多次测量某量的结果，它的算术平均值就接近其真值。

3. 过失误差（又称粗大误差）

过失误差是指在一定的测量条件下，测量值显著地偏离真值时的误差。它的误差值一般都明显地超过在相同测量条件下的系统误差和偶然误差。例如，读错刻度、记错数字、计算错误，以及测量方法不对等引起的误差。通过反复实验或分析，确认存在过失误差的测量数据，应予以剔除。

1.3.2 误差的表示方法

通常测量误差用三种方法来表示，即绝对误差、相对误差和容许误差。

1. 绝对误差

如果用 X_0 表示被测量的真值，X 表示测量仪器的示值（即标称值），则绝对误差 $\Delta X = X - X_0$。若用高一级标准的测量仪器测得的值作为被测量的真值，则在测量前，测量仪器应由高一级标准的测量仪器进行校正，校正量常用修正值表示，即对于某被测量，用高一级标准的仪器的示值减去测量仪器的示值，所得的差值就是修正值。实际上，修正值就是绝对误差，仅符号相反而已。例如，用某电流表测量电流时，电流表的示值为 10mA，修正值为 +0.05mA，则被测电流的真值应为 10.05mA。

2. 相对误差

为了衡量测量结果的准确度，引入相对误差（γ）概念。相对误差是绝对误差与被测量真值的比值，常用百分数表示，即 $\gamma = (\Delta X/X_0) \times 100\%$。当 $\Delta X \ll X_0$ 时，$\gamma \approx (\Delta X/X) \times 100\%$。例如，用频率计测量频率，频率计的示值为 500MHz，频率计的修正值为 -500Hz，则相对误差为：

$$\gamma = (500/500 \times 10^6) \times 100\% = 0.0001\%$$

又如，用修正值为 -0.5Hz 的频率计，测得频率为 500Hz，则相对误差为：

$$\gamma = (0.5/500) \times 100\% = 0.1\%$$

从上述两个例子可以看到，尽管后者的绝对误差远小于前者，但是后者的相对误差却远大于前者。因此，前者的测量准确度实际上高于后者。

3. 容许误差（又称允许误差、最大误差、引用误差、满度相对误差）

通常测量仪器的准确度用容许误差表示。它是根据技术条件的要求，规定某一类仪器的误差不应超过的最大范围。仪器（含量具）技术说明书中所标明的误差，都是指容许误差。

在指针式仪表中，容许误差就是满度相对误差（γ_m），定义为：

$$\gamma_m = (\Delta X/X_m) \times 100\%$$

式中　X_m——表头满刻度读数。

指针式表头的误差，主要取决于它的结构和制造精度，而与被测量的大小无关。因此，用上式表示的满度相对误差，实际上是绝对误差与一个常数的比值。我国电工仪表，按 γ_m 值分为 0.1、0.2、0.5、1.0、1.5、2.5 和 5 七级。

例如，若用一只满度为 150V、1.5 级的电压表测量电压，则其最大绝对误差为 150V $\times$ ($\pm1.5\%$) $= \pm2.25$V。若表头的示值为 100V，则被测电压的真值在 (100$\pm$2.25)V $=$ 97.75~102.25V 范围内；若表头的示值为 10V，则被测电压的真值在 (10$\pm$2.25)V $=$ 7.75~12.25V 范围内。可见，用大量程的仪表测量小示值时，误差过大。

在无线电测量仪器中，容许误差由基本误差和附加误差组成。所谓基本误差，是指仪器在规定工作条件下，在测量范围内出现的最大误差。规定工作条件又称为定标条件，一般包括环境条件（温度、湿度、大气压力、机械振动及冲击等）、电源条件（电源电压、频率、稳压系数及纹波等）和预热时间、工作位置等。所谓附加误差，是指定标条件的一项或几项发生变化时，仪器附加产生的误差。附加误差又可分为两种：一种为使用条件（如温度、电源电压等）发生变化时仪器产生的误差；另一种为被测对象参数（如频率、负载等）发生变化时仪器产生的误差。例如，DA22 型高频毫伏表，其基本误差为：1mV 挡小于 $\pm1\%$，3mV 挡小于 $\pm5\%$……。频率附加误差为：在 5kHz~500MHz 范围内小于 $\pm5\%$，在 500~1000MHz 范围内小于 $\pm30\%$。温度附加误差为：每 10℃ $\pm3\%$（1mV 挡 $\pm5\%$）。

1.3.3 削弱或消除系统误差的主要措施

对于偶然误差和过失误差的消除方法，前面已作过简要介绍。下面进一步说明产生系统误差的原因，并从中找到削弱或消除它的措施。

1. 仪器误差

仪器误差是指仪器本身电气或机械等性能不完善所造成的误差。例如，仪器校准不佳，定度不准等。消除的方法是在使用前预先校准或确定它的修正值，这样，在测量结果中可引入适当的补偿值，即可消除仪器误差。

2. 装置误差

装置误差是指测量仪器和其他设备，由于放置不当，使用方法不正确及因外界环境条件改变所造成的误差。为了消除它，测量仪器的安放必须遵守使用规则，如普通万用表应水平放置，而不能垂直放置使用；电表与电表之间必须有适当距离，不宜重叠或靠得太近，并应注意避开过强的外部电磁场的影响等。

3. 人身误差（也称为个人误差或简称人差）

人身误差是测量者个人的感觉器官和运动器官不完善所引起的误差。例如，有人读指示刻度习惯于超过或欠少，无论怎样调试总是调不到真正的谐振点上等。为了消除这类误差，应提高测量技能，改变不正确的测量习惯，改进测量方法和采用先进的数字化仪器等。

4. 方法误差或理论误差

这是一种由于测量方法所依据的理论不够严格，或采用了不适当的简化和近似公式等所引起的误差。例如，用伏安法测量电阻时，若直接以电压表的示值和电流表的示值之比作为测量结果，而未考虑电表本身内阻的影响，则所测阻值往往存在不能容许的误差。

5. 削弱或消除系统误差的方法

系统误差按其表现特性还可分为固定的和变化的两类。在一定条件下，若多次重复测量所得到的误差值是固定的，称为固定误差；若得到的误差值是变化的，则称为变化误差。下面仅介绍消除固定误差的两种方法。

（1）替代法。在测量时，先对被测量进行测量，记录测量数据，然后，用一已知标准量代替被测量，通过改变标准量的数值，使测量仪器恢复到原来记取的测量数据上，这时已知标准量的数值就等于被测量的值。这种方法由于测量条件相同，因此可以消除包括测量仪器内部结构、各种外界因素和装置不完善等所引起的系统误差。例如，测量一只电阻器的准确值（除用专用仪器外），可用替代法。测量步骤如下。

首先接上被测电阻 R_X，调整电路中电位器 R_P，使指示电流表达到某个确定值（如 0.5mA）。然后换接上标准电阻箱，调整电阻箱阻值，使指示电流表仍达到原来的确定值（0.5mA），则标准电阻箱的示值等于被测电阻 R_X 的准确值。用此法可测直流电流表的内阻，被测量的误差与标准电阻箱的误差相同。

（2）正负误差抵消法。在相反的两种情况下分别进行测量，使两次测量所产生的误差等值而异号，然后取两次测量的平均值便可消除误差。例如，在有外磁场的场合测量电流值，可把电流表转动 180°再测一次，取两次测量数据的平均值，就可抵消由于外磁场影响而引入的误差。

1.3.4 一次测量时的误差估计

在许多工程测量中，通常对被测量只进行一次测量。这时，测量结果中可能出现的最大误差与测量方法有关。测量方法有直接法和间接法两类：直接法是指直接对被测量进行测量并取得数据的方法；间接法是指通过测量与被测量有一定函数关系的其他量，然后换算得到被测量的方法。当采用直读式仪器并按直接法进行测量时，其最大可能的测量误差是仪器的容许误差，如前面提到的用满度值为 150V、1.5 级指针式电压表测量电压时的情况。当采用间接法进行测量时，应先由上述直接法估计出直接测量的各量的最大可能误差，然后再根据函数关系找出被测量的最大可能误差。例如，函数关系式为 $X = A \pm B$，则 $X + \Delta X = (A + \Delta A) \pm (B + \Delta B)$，所以 $\Delta X = \Delta A + \Delta B$。等式说明：不论 X 等于 A 与 B 的和或差，X 的最大可能绝对误差都等于 A、B 最大可能误差的算术和，故相对误差 $\gamma_X = \Delta X / X = (\Delta A + \Delta B)/(A \pm B)$。必须指出：当 $X = A - B$ 时，如果 A、B 二量很接近，那么被测量的相对误差可能大到不能允许的程度。所以，在选择测量方法时，应尽量避免用两个量之差来求第三个量。

1.4 数据的一般处理方法

在记录和计算数据时，必须掌握有效数字的正确取舍。不能认为一个数据中，小数点后面位数越多，这个数据就越准确；也不能认为计算测量结果中，保留的位数越多，准确度就越高。因为测量数据都是近似值，应该用有效数字表示。

1.4.1 有效数字的处理

测量中有效数字的处理是一个很重要的环节，处理得好能带来很好的实验效果，减小误差，所以必须重视。

1. 有效数字的概念

所谓有效数字，即对一个数而言，指从左边第一个非零数字开始至右边最后一个数字为止所包含的数字。例如，测得的频率为 0.0238MHz，它是由 2、3、8 三个有效数字表示的，其左边的两个零不是有效数字，因为可通过单位变换，将这个数写成 23.8kHz。其末位数字 "8"，通常是在测量中估计出来的，因此称它为欠准确数字，其左边的各个有效数字是准确数字。准确数字和欠准确数字对测量结果都是不可少的，它们都是有效数字。

2. 有效数字的正确表示

（1）在有效数字中，只应保留一个欠准确数字。因此，在记录测量数据时，只有最后一位有效数字是 "欠准" 数字，这样记取的数据表明被测量可能在最后一位数字上变化 ±1 单位。例如，用一只刻度为 50 分度（量程为 50V）的电压表，测得的电压为 41.8V，则该电压是用三位有效数字来表示的，其中 4 和 1 两个数字是准确数字，而 8 则是欠准的，因为 8 是根据最小刻度估计出来的，它可能被估读为 7，也可能被估读为 9。所以上述测量结果可以表示为 (41.8±0.1) V。

（2）欠准数字中，要特别注意 "0" 的情况。例如，测量某电阻值为 13.600kΩ，表明前面 1、3、6、0 是准确数字，最后一位 "0" 是欠准确数字。如果改写成 13.6kΩ，则表明 1、3 是准确数字，而 6 是欠准确数字。上述两种写法，尽管表示同一数值，但实际上反映了不同的测量准确度。

如果用 "10" 的方幂表示一个数据，则 10 的方幂前面的数字都是有效数字。例如，数据 $13.60×10^3 Ω$ 有四位有效数字。

（3）π、$\sqrt{2}$ 等常数具有无限位有效数字，在运算中根据需要取适当的位数。

（4）对于计量测定或通过计算所得数据，在所规定的精度范围以外的那些数字，一般都应按 "四舍五入" 的原则处理。

如果只取 n 位有效数字，那么第 $n+1$ 位及其以后的各位数字都应该舍去。古典 "四舍五入" 法则，对于第 $n+1$ 位为 "5" 时只入不舍，这样会产生较大的累计误差。目前广泛采用的 "四舍五入" 法则对 "5" 的处理是：当被舍的数字等于 5，而 5 之后有数字时，则可舍 5 进 1；若 5 之后为 "0"，则只有在 5 之前数字为奇数时，才能舍 5 进 1，若 5 之前数字为偶数（含零），则舍 5 不进位。

下面是把有效数字保留到小数点后第二位的几个数据（括号外为原始数据，括号内为经处理的数据）：

36.8504（36.85）、5.2268（5.23）、118.245（118.24）、71.995（72.00）、5.9251（5.93）。

3. 有效数字的运算

（1）加、减法运算。由于参加加、减法运算的数据必为相同单位的同一物理量，所以其精确度最差的就是小数点后面有效数字位数最少的。因此，在进行运算前，应将各数据所保留的小数点后的位数处理成与精度最差的数据相同，然后再进行运算。

（2）乘、除法运算。运算前对各数据的处理应以有效数字位数最少的数据为标准。所得的积或商，其有效数字位数应与有效数字位数最少的那个数据相同。

1.4.2 有效数字的图解处理

在许多场合中，如模拟电子技术实验，对最终测量结果的要求并不十分严格。在这种情况下，用图解法处理测量数据比较简单易行。此外，在电子测量中，测量的目的往往不只是单纯地要求某个或几个量的值，而是在于求出某两个量 x 和 y（或更多个量）之间的函数关系，如晶体管特性曲线的测量。对于这种确定函数关系的测量，一般不对测量精度进行估计，适用于采用图解法处理。图解法处理时应按照一定的规则进行。

第2章

常用电子测量仪器的使用

2.1 电子测量仪器的分类和选用

利用电子技术对各种电量（或非电量）进行测量的设备，统称为电子测量仪器（以下简称电子仪器）。

2.1.1 分类

电子仪器品种繁多，有多种分类方法。按功能，可分为专用与通用两大类。专用电子仪器是为特定测量目的专门设计、制造的，例如，晶体管特性图示仪专用于测量晶体管等半导体的特性，而不能他用。通用电子仪器应用范围广，灵活性强，例如，电子示波器可用于测量电信号的电压、电流、周期（或频率）和相位等参量，配上相应的器件（如传感器）和电路，也可用于非电量的测量。除电磁场测量仪器以外，用于电路的电子仪器，按用途可分为下列几种。

1. 信号发生器

用来产生测试用的信号。主要有高/低频正弦信号发生器、脉冲信号发生器、函数发生器和噪声发生器等。

2. 电压表

用来测量交、直流和脉冲信号的电压。电压表的种类较多，主要有模拟式电子电压表和数字式电子电压表两大类。

3. 电子示波器

用来显示电信号波形，测量电信号参数。主要有通用示波器、多踪示波器（如双踪）、多扫描示波器、取样示波器、记忆示波器和数字存储示波器等。

4. 频率、相位计

用来测量电信号的频率和相位。主要有电子计数式频率计、数字式相位计和波长计等。

5. 模拟电路特性测试仪器

用来测量网络的频率特性、噪声特性。主要有频率特性测试仪（即扫频仪）、相位特性测试仪和噪声系数测试仪等。

6. 数字电路功能测试仪器

用来测量数字电路功能。主要有逻辑分析仪、逻辑脉冲发生器和逻辑笔等。

7. 信号分析仪器

用来分析电信号的频谱。主要有失真度测量仪、谐波分析仪和频谱分析仪等。

8. 元器件参数测量仪器

用来测量元器件参数，检测元器件工作状态（或功能）。主要有电桥、Q 表、晶体管特性图示仪、模拟（或数字）集成电路测试仪等。

除上述各种仪器外，将微处理器用于电子仪器中，出现了"智能仪器"。该类仪器具有一系列自动化测试功能，但是它还不能完全取代传统的电子仪器，因为并非在所有场合都需要自动化测试，只有需要大量重复或快速测量时，使用"智能仪器"才有实际意义。目前，在生产、科研和教学中，大量使用的仍然是传统电子仪器，所以，熟练地掌握传统电子仪器的使用技术是十分必要的。

2.1.2 电子仪器的选用原则

在进行电子技术实验时，选用仪器要从被测电路的结构，被测量的性质、范围和要求的测量精度，所采用的测量方法，现有的设备条件和使用环境等因素，综合加以考虑。若考虑不周，仪器选择不当，轻者造成测量结果误差过大，重者损坏测量仪器或损坏被测电路中的元器件。下面举几个实例。

例如，在实验中，时有用电流表去测电压，或用低量程去测高电压、大电流，或用工频电压表去测高频电压等选用上的错误，其结果不是损坏仪器，就是得出不可信赖的测量结果。又例如，用万用表 R×1 挡测试晶体三极管发射结电阻，或用 CA4810A 型或 JT-1 型晶体管图示仪（限流电阻置于过小挡位上）显示输入特性。上述测量，由于限流电阻过小（基极注入电流过大），往往使被测晶体管未经使用就在测试过程中损坏了。所以，选用仪器很重要。选用电子仪器的一般原则如下。

1. 电压表选用的一般原则

（1）为减小测量误差，宜选用输入电阻高，量程挡级略高于被测量的电压表。

（2）要注意被测量电压的基准电位。若基准电位为 0V（即地电位），则可选用不平衡输入式或平衡输入式电压表。若基准电位不为 0V（以电路中不接地点为基准），则可选用不平衡输入式或平衡输入式电压表进行间接测量。

（3）测量正弦信号时，要选用电压测量范围和频率测量范围均满足被测电压要求的电压表，测量脉冲信号应选用脉冲电压表。

（4）电流的测量，可采用电流表直接测量。但是，在电子电路中，交、直流电流的测量一般均采用测量已知电阻两端电压降，然后换算成电流的间接测量方法，所以，选用仪器的原则与电压测量相同。

2. 频率计选用的一般原则

宜选用输入电阻高，测量频率范围满足被测频率要求的数字频率计。

若所用频率计输入阻抗偏低，可在被测电路与频率计之间加阻抗变换器（射极、源极输出器和集成电路跟随器），以减小频率计对被调电路的影响，提高测量准确度。用电子示波器测量频率，一般能满足实验要求。

对于其他电子仪器的选用原则，因仪器种类、型号繁多，在此不一一介绍，留待以后在实际应用中加以解决。最后需要明确以下两个问题。

（1）仪器使用说明书是正确选用仪器的主要依据，阅读时要结合实际仪器，边读边操作，这样可以收到事半功倍的效果。

（2）测试仪器的选择与测量方法的选择是密切相关的。往往为了达到同一测量目的，因采用的测量方法不同，选用的仪器也有所不同。

2.2 电子仪器"接地"与"共地"问题

电子仪器"接地"与"共地"是抑制干扰，确保人身和设备安全的重要技术措施。

所谓"地"可以是指大地，电子仪器往往以地球的电位作为基准，即以大地作为零电位，在电路图中以符号"⏚"表示；"地"也可以是以电路系统中某一点电位为基准，即设该点为相对零电位，如电子电路中往往以设备的金属底座、机架、外壳或公共导线作为零电位，即"地"电位，在电路图中以符号"⊥"表示，这种"地"电位不一定与大地等电位。

2.2.1 接地问题

这里所说的"接地"是指电子仪器相对零电位点接大地。一台仪器或一个测试系统都存在接地问题。下面说明一台仪器"接地"的必要性。为防止雷击可能造成的设备损坏和人身危险，电子仪器的外壳通常应接大地，而且接地电阻越小越好（一般应在 100Ω 以下）。

在测量过程中，使用电子电压表和示波器等高灵敏度、高输入阻抗仪器，若仪器外壳未接地，当人手或金属物触及高电位端时，会使仪器的指示电表严重过负荷，可能损坏仪表。这种现象发生的原因是，当人手触及仪器的输入端时，就有一部分漏电流自交流电源的火线，经变压器和机壳之间的绝缘电阻和分布电容到达机壳，再通过仪器的输入电阻 R_i 到达输入端（即高电位端），而后通过人体电阻到大地而形成回路。由于 R_i 很高，则压降很大，常可达数十伏或更高，这相当于在仪器的输入端加了一个很大的输入信号。如果这时仪器（如电压表）处在高灵敏挡上（如 $1\mathrm{mV}$ 挡），必然产生过负荷现象，可能损坏仪表。同理，在仪器输入端接被测电路时，输入电阻 R_i 上既有被测信号压降又有干扰信号压降，会造成仪器工作不稳定和产生较大的误差。如果仪器外壳接大地，则漏电流自电源经变压器和机壳到大地形成回路，而不流经仪器的输入电阻，所以上述影响就消除了。

2.2.2 共地问题

所谓"共地"，即各台电子仪器及被测量装置的地端，按照信号输入、输出的顺序可靠地连接在一起（要求接线电阻和接触电阻越小越好）。

电子测量与电工测量所用仪器、仪表有所不同。从测量输入端与大地的关系看，电工测量仪表两个输入端均与大地无关，即对大地是"悬浮"的，可称为"平衡输入"式仪表，如万用表。当用万用表测量 $50\mathrm{Hz}$ 交流电压时，它的两个测试表笔可以互换测量点，而不影响测量结果。在电子测量中，由于被测电路工作频率高，线路阻抗大和功率低（或信号弱），所以抗干扰能力差。为了排除干扰提高测量精度，所以大多数电子测量仪器采用单端输入（输出）方式，即仪器的两个输入端中，总有一个与相对零电位点（如机壳）相连，两个测试输入端一般不能互换测量点，可称为"不平衡输入"式仪器。测试系统中这种"不平衡输入"式仪器，它们的接地端必须相连在一起。否则，将引入外界干扰，导致测量误差过大。特别是当各测试仪器的外壳通过电源插头接大地时，若未"共地"，会造成被测信号短路或毁坏被测电路元器件。

第3章

电子工艺知识与制作

3.1 电原理图的画法

说明电子设备中各元器件或单元间电的工作原理及连接关系的图叫电原理图。这种图的特点是以元器件的图形符号代替其实物，以实线条表示电性能的连接，按电路的原理进行绘制。它是电工和电子产品的主要技术文件之一。

3.1.1 部分元器件的图形符号和文字符号

对于电原理图中，元器件图形符号的形状和画法，国家标准局有严格规定（即国标，代号"GB"），它是技术法规之一，不得任意更改或乱画。只有严格执行国标，技术人员才有共识。GB 4728—2000《电气图用图形符号》详尽规定了电工、电子元器件的图形符号，使用时务必按其规定执行。

3.1.2 电原理图的绘制

画电原理图有两层含义，一是根据设计意图和资料，按规定画法绘制电原理图；二是在技术资料不齐全或无资料的情况下，根据设备实体绘制电原理图。在此，仅介绍第一种。

1. 绘制电原理图的一般规则

（1）元器件图形符号的布局或单元电路的布局，要疏密相间，排列均衡，保持图面紧而又清晰。

（2）整个图面上的各种排列应由左到右，由上到下，一般单元电路的输入部分应排在左端，向右依次为功能部分和输出部分。

（3）元器件图形符号的排列方向应与图纸底边平行或垂直，尽量避免斜线排列。

（4）引线折弯处要成直角。

（5）两条引线相交时，如果两线在电路上是连接的，则在两线交点处要用黑点表示；如果两线不相连，则无黑点。

（6）在产品中共同完成一定任务的一组元件，不论其在产品结构中的位置是否在一起，在图上都可以画在一起，可将该组件画上点划轮廓线。

（7）为了减少线条，在图中可将许多根单线汇成一总线（总线不加粗），汇合处用45°或90°角表示，并在每根汇合线的两端标以相同的序号。

（8）图中可动元器件的位置为：①开关在断路位置；②转换开关在断路位置或最具有代表性的位置；③继电器、接触器等电磁可动器件在无电压作用的位置；④限制器在符合产品正常工作的位置。

（9）为了图纸清晰，允许将某些元器件的图形符号（如多级开关、继电器等）分成几个部分，分别绘在图面的几个部位，但各个部分的位置代号应该相同。

（10）对于串联或并联的元件组，在图上只绘出一个图形符号，但要在元件目录表的备注栏中加以说明。

（11）各种图形符号在同一张图上要有一定比例，同一种图形符号尺寸要一致。

（12）在有必要说明波形变化时，允许在图上标出波形形状和特征数据。

（13）图形符号位置的安排，应以半导体器件为中心进行配置。通常共射或共集电路基极引线以水平放置为宜，而共基电路基极引线则以垂直为宜。

2. 绘图步骤简介

根据上述绘图规则、图形符号及尺寸和电原理图的繁简情况，估算出欲画电原理图的高度和宽度，以便选择恰当的图纸幅面或在技术文件（实验报告、研究报告、设计方案和产品说明书等）上留出合适的插图位置和范围，使所画电原理图布局合理，疏密适当，以利于读图。

（1）估算电路图尺寸。首先，应对电路图的横向宽度和纵向高度进行估算。不论电路图繁简，均应以"草图"横向元器件图形符号最多处估算宽度，以纵向元器件图形符号最多处估算高度。选定估算位置及其元器件图形符号数目以后，可依实际情况选定每个图形符号的尺寸，并计算出横向各图形符号尺寸之和，再加上每个图形符号两端引线的长度（引线长度的选定，以元器件图形符号疏密适中和易于标注元器件位置代号、标称值为原则），即为电路图的宽度。以同样估算方法，可求出电路图的高度。

（2）按上述同样方法，确定每一级的宽度，并确定半导体器件的位置（一般均居中）。然后，依次画上半导体器件周围的元件图形符号。

（3）最后，将要连接的线条交叉点涂成黑圆点，画上接地符号"⊥"，标注电源符号和电压值，标注元器件位置符号和标称值，即完成了整个电路图的绘制工作。

3. 元器件位置符号和标称值的标注方法

元器件位置符号由文字符号及角注阿拉伯数字组成，如 R_1、R_2，C_1、C_2 等。位置符号应标注在图形符号上方或左方；元器件型号或标称值应标注在位置符号之后或之下。

3.2 实验电路安装

要达到实验目的，取得满意的实验结果，不仅取决于电路原理和测试方法的正确性，而且还与电路安装的合理性紧密相关。例如，装一个高增益的放大器，由于布线（或印制电路设计）不合理，就可能产生寄生振荡，而使放大器不能正常工作。

电子元器件必须安装在实验板上才能构成实验电路。实验板有万能板、印制电路板和插件板（俗称"面包板"）三种。目前，广泛应用插件实验板，下面简单介绍其使用方法。

3.2.1 插件实验电路板的使用方法

现代的实验电路板都是无焊接的，使用时可将元器件简单地插入或拔出，可迅速地改变电路布局，元器件可长期重复使用。插孔之间的连线表示插孔之间内部电组件的连接关系。板中间部位的间隙，是为直接插入集成电路组件而设置的（一般不需要专用集成电路插座）。板上每个插孔内都装有金属簧片，以保证元器件插入后接触良好。

一些体积较大的元器件，不能直接插入电路板上，应装在板外某种形式的安装支架上，再用单股导线接到电路板上。连接导线剥头一般在 5mm 左右，不宜过长或过短。

使用插件实验电路板要注意清洁。切勿将焊锡或其他异物掉入插孔内，用完后要用防护罩盖好，以免灰尘进入插孔。

目前插件电路板有好多种规格，但不管哪一种，其结构和使用方法都大致相同，即每列五个插孔内均用一个磷铜片相连。这种结构，造成相邻两列插孔之间分布电容大，因此，插件电路板一般不宜用于高频电路实验中。

3.2.2 元器件安装方式

若采用万能实验板，在一般情况下，应以板面为基准，电容器、半导体三极管等元器件采用立式安装，而电阻器、二极管等采用卧式安装。

不能直接焊接在万能板上的元器件（如中频变压器），需将其引线加长并将加长的引线焊接在万能实验板上。

若采用印制电路实验板，则仍以板面为基准，也有立式和卧式两种安装方式。

集成电路可采用直接焊在板上或将其插座焊在板上两种安装方式，焊接或插入集成电路时，要确认定位标记，切勿焊（插）反。

当采用插件实验板时，元器件的安装方式可根据实验电路的复杂程度灵活掌握。

不论采用哪一种实验板，均应注意以下几点。

（1）通常实验板左端为输入，右端为输出。应按输入级、中间级、输出级的顺序进行安装。

（2）同一块实验板上的同类元器件应采用同一安装方式，距实验板表面的高度应大体一致。若采用立式安装，元器件型号或标称值应朝同一方向，而卧式安装的元器件型号或标称值均应朝上方，集成电路的定位标志方向应一致。

（3）凡具有屏蔽罩的磁性器件，如中频变压器等，其屏蔽罩应接到电路的公共地端。

（4）由于是进行教学实验，所以元器件的引线一般不宜剪得过短，以利于重复使用。

3.2.3 布线的一般原则

实践证明，虽然元器件完好，但由于布线不合理，也可能造成电路工作失常。这种故障不像脱焊、断线（或接触不良）或器件损坏那样明显，多以寄生干扰形式表现出来，很难排除。

元器件之间电的联系均由导线完成，所以，合理布线的基础是合理地布件（即确定各元器件在实验板上的位置，也称排件）。布件不合理，一般布线也难于合理。

一般布线原则如下。

（1）应按电原理图中元器件图形符号的排列顺序进行布件，多级实验电路要成一直线布局，不能将电路布置成"L"或"Ⅱ"字形。如因受实验板面积限制，非布成上述字形不可，则必须采取屏蔽措施。

（2）布线前，要弄清引脚或集成电路各引脚的功能和作用，尽量使电源线和地线靠近实验电路板的周边，以起到一定的屏蔽作用。

（3）信号电流强的与弱的引线要分开；输入与输出信号引线要分开，还要考虑输入、输出引线各自与相邻引线之间的相互影响，输入线应防止邻近引线对它产生干扰（可用隔离导线或同轴电缆线），而输出线应防止它对邻近引线产生干扰。一般应避免两条或多条引线互相平行；所有引线应尽可能地短并避免形成圈套状或在空间形成网状；在集成电路上方不得有导线（或元器件）跨越。

（4）所用导线的直径应和无焊接板的插孔粗细相配合，太粗会损坏插孔内的簧片，太细会导致接触不良；所用导线最好分色，以区分不同的用途，即正电源、负电源、地、输入与输出用不同颜色导线加以区分。如习惯上正电源线用红色导线，地线用黑色导线。

（5）布线应有步骤地进行，一般应先接电源线、地线等固定电平连接线，然后按信号传输方向依次接线，并尽可能使连线贴近实验面板。

3.2.4 去耦与接地知识简介

1. 去耦

去耦又称为退耦，就是消除寄生耦合。寄生耦合是经公共阻抗（互阻抗）而产生的，如由于公共电源内阻的存在而产生的寄生耦合。寄生耦合普遍地存在于各类电子电路中，其影响轻者使传输的信号质量变坏，重者导致自激，破坏电路的放大作用或逻辑功能。

消除寄生耦合的有效措施是加 RC（或 LC）去耦电路。去耦电路的作用是使各级交流信号在本级附近形成回路，从交流意义上讲，把各级互相隔离起来（除正常信号耦合外）。在实施去耦措施时，尤其要注意把强信号级（如末级）和弱信号级（如输入级）隔离起来。

滤除低频干扰通常用大容量的电解电容，滤除高频干扰用小容量电容器。若将小容量电容器并联使用，则能同时滤除低频和高频。这种情况在实际电路中是比较常见的。

2. 低频单元电路接地问题

在电原理图上，应接地的元件可随处画上接地符号，然而，在实际安装电路时，却不能把该接地的元器件接在"地线"的任意点上。单元电路接地有一点接地和多点接地两种方式。对于单元电路而言，应该只有一个接地点。这是因为"地线"不可能是理想的零阻抗，因此多点接地往往会引入地阻抗带来的干扰电压，所以单元电路正确的接地方式是单点接地。至于多级电子电路的接地方式问题，原则上与单级类似。

上述内容虽有些繁杂，但对于搞好电子电路实验具有实际意义。初学者往往忽略去耦问题，装接电路时，又常常把直流馈电线接得很长，无形中增大互阻抗，给实验带来许多麻烦。一个有经验的实验人员，实验开始应首先检查直流电源是否纯净。因为即使不存在电路内部的寄生耦合，但直流电源本身有时也会存在故障（常见的是纹波过大），一些外界干扰有时也会由交流电源串入直流电源。发现问题要采取相应的措施加以消除，如果在直流电源不纯净的情况下进行实验，效果不会好，甚至无法继续进行实验。

3.3 印制电路的设计与制作

印制电路是在一块平面绝缘敷铜板（多为玻璃布敷铜板）上印制成电路，这种板称为印制电路板。它与用普通导线接成的电路相比，具有尺寸小、简化装配工序、提高安装效率、增强电路工作可靠性等优点。

3.3.1 印制电路板图设计原则

印制电路板图设计原则如下。

（1）印制导线宽度应与传导的电流大小相适应。例如，直流电源线传导电流可达几安培，一般按每安培 3mm 左右加宽线条。小电流的电路线条主要是考虑其机械强度，一般取宽度为 1.5mm，微小型设备线条宽可取 0.5mm 或再窄一些。

（2）印制导线间距一般取 1.5mm。间距过小抗电强度下降，分布电容增大（在高频电路中其作用不可忽视），容易造成线间击穿和电路工作不稳定等现象。

（3）焊点处应加大面积，一般取焊点直径为 3mm 左右。加大焊点面积一方面可以加大焊点接触面，提高焊点质量；另一方面又可防止在焊接过程中焊点铜箔因受热而剥离。

（4）输出信号印制导线与输入信号线平行时，要防止寄生反馈。防止的办法一般是加宽线间距离，或在输出与输入线间加一根地线（直流电源线也可，因其为交流零电位），可起一定隔离作用。

（5）直流电源线和地线的宽度，要以减小分布电阻，即减小寄生耦合为依据。必要时，可采取环抱接地的方法，即将印制电路中的空位和边缘部分的铜箔全部保留作为地线的方法。这样既加大了地线面积，又增强了屏蔽隔离作用。

（6）线间电位差较高时，要注意绝缘强度，应适当增大线间距离。如果信号线与高压线平行，可在增加线间距离的基础上，在两线之间再增加一条地线，以防止高压对信号线的泄漏。

（7）同一台电子设备的各块印制电路板，其直流电源线、地线和置零线的引出脚要统一，以便于连线和测试；高压引出脚两侧应留出空脚；电流较大的引出脚可几脚并用。

（8）一般将公共地线布置在板的边缘，以便于将印制电路板安装在机壳上；电源、滤波、控制等直流、低频导线和元件，靠边缘布置；高频导线及元器件，布置在板子中间部位，以减小它们对地或机壳的分布电容。

（9）印制电路板上应标注必要的字和符号。例如，在晶体管引脚的位置焊点旁注上 e、b 和 c；在电源线上注出"＋"或"－"和电压值等。这样，便于焊接和调试。但应注意所注的字和符号不要把印制导线和元件短路。

（10）设计印制电路时，可先将元器件按电路信号流程成直线排列在纸上（即排件），并力求电路安排紧凑，元器件密集，以缩短引线。这对高频和宽带电路十分重要。然后，用铅笔画线（即排线），排件和排线要兼顾合理性和均匀性。

（11）设计印制电路的主要矛盾是解决导线交叉问题。在单面板上解决交叉线的方法，是靠元器件的空位，印制导线穿越这些空位就可避免导线交叉。当单面板不能解决导线交叉问题时，可采用双面敷铜板解决。

3.3.2 印制电路板制作

制作方法较多，其中最常用的是铜箔腐蚀法。该法是把需要印制的电路图形照相制版，用照相版直接在涂有感光液的铜箔板上感光，得到耐腐蚀的电路图形；然后，用三氯化铁溶液腐蚀，把没有保护层的铜箔腐蚀掉，留下需要的电路图形，成为印制电路板。

在学校实验室中，常用简易腐蚀法，即先把敷铜板表面的油污清除掉，用调稀的油漆在敷铜板上绘制所设计的电路图，待漆干了以后，将敷铜板浸入三氯化铁溶液中，没有漆的部分，铜箔被腐蚀掉，留下的就是涂漆的电路；然后用汽油、香蕉水等稀释液擦去油漆，用擦字橡皮擦亮电路，涂上一层松香酒精溶液即可。

铜箔腐蚀的速度与三氯化铁溶液的浓度和温度有关，在常温下，浓度高，腐蚀速度快（浓度大致为一份三氯化铁、两份水）。

焊接元件前，应对印制电路板进行仔细检查，看其是否有短路和断路现象。若存在，则必须排除，免得装配后在通电时损坏元器件和设备。

3.4 焊接工艺知识与操作

锡焊（又称软焊）可以使元器件引线与连接导线、焊点之间产生可靠的电气和机械连接。锡焊具有方便、经济和防止焊接头氧化的优点，因此被广泛应用于电子电路的装配过程中。

锡焊方法有手工焊、浸焊和波峰焊等。本节重点介绍手工焊，同时也简单介绍一些波峰焊知识。

3.4.1 手工焊接知识

1. 电烙铁及其使用

电烙铁有内热式、外热式和吸锡式等品种。按其功率分有 15W、20W、30W、45W、100W 和 300W 等几种，应根据所焊元器件的大小和导线粗细来选用。一般焊接晶体管、集成电路和小型元件时，选用 15W 或 20W 即可。

烙铁头用紫铜圆棒制成，前端加工成楔状，焊接前应将楔状部分的表面刮光，通电升温后马上蘸上松香，再涂镀上焊锡，这个过程称为"吃锡"。已用过的烙铁，在用前也一定要处理好头部再用。长时间通电而未用，烙铁头会因温度不断升高而氧化发黑，造成"烧死"现象。"烧死"后必须重新处理再用。烙铁头的温度通常用改变烙铁头伸出的长度进行调节。这样做，使烙铁头与加热部分接触面积发生变化，达到调节电烙铁温度的目的。也可以用降低电源电压的方法来降低电烙铁温度。

2. 焊料

常用的焊料是锡铅合金，俗称焊锡。其作用是把元器件与导线连接在一起。要求焊料具有良好的导电性，以及一定的机械强度和较低的熔点，一般选用熔点低于 200℃ 的焊锡丝为宜。

3. 焊剂

焊剂的配方较多，常用的焊剂是松香。它的软化温度约为 52～83℃，加热到 125℃ 时变为液态。若将 20% 的松香、78% 的酒精和 2% 的三乙醇胶配成松香酒精溶液，会比单用松香效果好。若将 30g 松香、75g 酒精、15g 溴化水杨酸和 30g 树脂 A 配成焊剂，则效果更好。酸性焊油具有腐蚀性，装配电子设备时不准使用。

焊剂的作用是提高焊料的流动性，防止焊接面氧化，起到助焊作用。

4. 手工焊操作要点

（1）能否掌握好焊接温度和时间是焊接质量优劣的关键所在。烙铁温度低，焊接时间短，焊料流动不开，容易使焊点"拉毛"或造成"虚焊"，虚焊焊点成渣状，内部没有真正渗入熔锡，好似焊点包了一层结构粗糙的锡壳。反之，若烙铁温度过高或焊接时间过长，焊接处表面被氧化，也容易造成虚焊，即使焊上了，焊点表面也无光泽。一般烙铁温度应控制在 200～240℃ 范围内，焊接时间在 3 秒左右（视温度和焊料而异）。经验表明，焊接开始时，焊锡吸附在烙铁头附近，当看到液态锡流动后焊点收缩那一瞬间，即表明熔锡已经渗入了焊点，应立刻提起烙铁。

（2）用焊锡丝焊接时，应先将烙铁头在焊点表面预热一段时间，再把焊锡丝与烙铁头接触，焊锡熔化流动后就能牢固地附着在焊点周围。良好焊点应该是锡量适当、光洁圆润。

（3）焊接前，一定要刮去元器件和导线焊接处的氧化层，处理干净后立即涂上焊剂和焊锡，这一过程称为"预焊"或"搪锡"；否则，易造成虚焊。

（4）焊接 MOS 型场效应管和集成电路时，电烙铁外壳必须接地线或将烙铁电源插头拔下后焊接，以防交流电场击穿栅极损坏器件。

（5）扁平封装集成电路引出线多，而且间距较小。焊接前，应用工具将其外引线合理整形（应一次成形，不要从根部弯曲，否则易折断），使每根引线对正所要焊的焊点，然后逐个进行焊接。

3.4.2 波峰焊接法简介

现代电子工业自动生产线上，印制电路板的焊接采用波峰焊接法。其特点是：一块印制电路板上全部焊点均一次完成焊接，效率高，质量稳定。

波峰焊接的工作过程为：将插好电子元器件的印制电路板的铜箔面朝下，并装在夹具上，夹具装在传送带上，传送带以 25mm/s 的速度运动。第一级经过泡沫喷涂器进行助焊剂喷涂；第二级是红外线预热器，使印制电路板表面逐渐加热，助焊剂气化；然后经过锡锅，锡锅中装满熔锡，锅的中心部位用机械装置搅动熔锡使熔锡，表面产生隆起的波峰（约高出熔锡表面 13～15mm），当印制板平面稍有倾角经过熔锡波峰时，锡焊就完成了；最后，印制板经冷风冷却并传送到下道工序。

波峰焊接没有锡渣的影响，所以焊接质量高而稳定。因为锡渣不能停留在熔锡的波峰上，而是漂浮在锡锅的四周。常在锡锅中加入少量的耐高温油，油和锡渣一样也是漂浮在锡锅的四周，使锡和空气隔绝，以减少锡渣。

3.5 SMT 表面安装技术

表面安装技术（Surface Mount Technology，SMT），是将表面贴装元器件贴、焊到印制电路板表面规定位置上的电路连接技术，所用的印制电路板无需钻孔。具体地说，就是首先在印制板电路焊盘上涂布焊锡膏，再将表面贴装元器件准确地放到涂有焊锡膏的焊盘上，通过加热印制电路板使焊锡膏熔化，冷却后便实现了元器件与印制板之间的互连。

3.5.1 表面安装技术的特点

1. 安装密度高

SMT 片式元器件比传统穿孔元器件所占面积和重量都大为减小。一般来说，采用 SMT 可使电子产品体积缩小 60%，重量减轻 75%。通孔安装技术元器件，按 2.54mm 网格安装，而 SMT 组装元件网格从 1.27mm 发展到目前的 0.63mm，个别达 0.5mm，密度更高。例如，一个 64 端子的 DIP 集成块，它的组装面积为 25mm×75mm，而同样端子采用引线间距为 0.63mm 的方形扁平封装集成块（QFP），它的组装面积仅为 12mm×12mm。

2. 可靠性高

由于片式元器件小而轻，抗振动能力强，自动化生产程度高，故贴装可靠性高，一般不良焊点率小于百万分之十，比通孔插装元件波峰焊接技术低一个数量级。用 SMT 组装的电子产品平均无故障时间（MTBF）为 $2.5×10^5$ h，目前几乎有 90% 的电子产品采用 SMT 工艺。

3. 高频特性好

由于片式元器件贴装牢固，器件通常为无引线或短引线，降低了寄生电容的影响，提高了电路的高频特性。采用片式元器件设计的电路最高频率达 3GHz，而采用通孔元件仅为 500MHz。采用 SMT 也可缩短传输延迟时间，可用于时钟频率为 16MHz 以上的电路。若使用多机制 MCM 技术，计算机工作站的高端时钟可达 100MHz，由寄生电抗引起的附加功耗可大幅度降低。

4. 降低成本

印制板使用面积减小，面积为采用通孔面积的 1/12，若采用 CSP 安装，则面积还可大幅度下降；印制板上钻孔数量减少，节约返修费用；频率特性提高，减少了电路调试费用；片式元器件体积小，重量轻，减少了包装、运输和储存费用；片式元器件发展快，成本迅速下降，一个片式电阻已同通孔电阻价格相当。

5．便于自动化生产

目前穿孔安装印制板要实现完全自动化，还需要扩大 40％原印制板面积，这样才能使自动插件的插装头将元件插入，若没有足够的空间间隙，则将会碰坏零件；而自动贴片机采用真空吸嘴吸放元件，真空吸嘴小于元件外形，可提高安装密度。事实上，小元件及细间距器件均采用自动贴片机进行生产，以实现全线自动化。

当然，SMT 大生产中也存在一些问题：元器件上的标称数值看不清楚，维修工作困难；维修调换器件困难，并且需要专用工具；元器件与印制板之间热膨胀系数（CTE）一致性差；初始投资大，生产设备结构复杂，涉及技术面宽，费用昂贵。

但是，随着专用拆装设备及新型的低膨胀系数印制板的出现，它们已不再成为阻碍 SMT 深入发展的障碍。

3.5.2 表面安装技术

表面安装技术通常包括表面安装元器件、表面安装电路板及图形设计、表面安装专用辅料（焊锡膏及贴片胶）、表面安装设备、表面安装焊接技术（包括双波峰焊、再流焊、气相焊、激光焊）、表面安装测试技术、清洗技术以及表面组装大生产管理等多方面内容。这些内容可以归纳为三个方面：一是设备，人们称它为 SMT 的硬件；二是装联工艺，人们称它为 SMT 的软件；三是电子元器件，它既是 SMT 的基础，又是 SMT 发展的动力，它推动着 SMT 专用设备和装联工艺不断更新和深化。

表面安装元器件俗称无端子元器件，问世于 20 世纪 60 年代，习惯上人们把表面安装无源元器件，如片式电阻、电容、电感称为 SMC（Surface Mounted Component），而将有源器件，如小外形晶体管（SOT）及四方扁平组件（QFT）称为 SMD（Surface Mounted Devices）。无论 SMC 还是 SMD，在功能上都与传统的通孔安装元器件相同，最初是为了减小体积而制造的，最早出现在电子表中，使电子表微型化成为可能。它们一经问世，就表现出强大的生命力，体积明显减小、高频特性提高、耐振动、安装紧凑等优点是传统通孔元器件所无法比拟的，从而极大地刺激了电子产品向多功能、高性能、微型化、低成本的方向发展。

SMC/SMD 贴装是 SMT 产品生产中的关键工序。SMC/SMD 贴装一般采用贴装机（称贴片机）进行，也可采用手工借助辅助工具进行。手工贴装只有在非生产线自动组装的单件研制或试验、返修过程中的元器件更换等特殊情况下采用，而且一般也只适用于元器件端子类型简单，组装密度不高，同一 PCB 上 SMC/SMD 数量较少等有限场合。

随着 SMC/SMD 的不断微型化和端子间短距化，以及栅格阵列芯片、倒装芯片等焊点不可直观芯片的发展，不借助于专用设备的 SMC/SMD 手工贴装已很困难。实际上，目前的 SMC/SMD 手工贴装也已演化为借助返修装置等专用设备和工具的半自动化贴装。

自动贴装是 SMC/SMD 贴装的主要手段，贴装机是 SMT 产品组装生产线中的核心设备，也是 SMT 的关键设备，是决定 SMT 产品组装的自动化程度、组装精度和生产效率的重要因素。

第4章

数字电子技术实验技术概要

4.1 数字集成电路概述

数字电子技术实验基本技能的绝大部分内容在本书的第一部分中作了介绍。在进行实验前，应认真阅读，努力掌握，特别是仪器的使用、布线原则、故障的分析与排除等部分。

通过这部分的学习，将了解数字集成电路的一般知识、型号及使用注意事项；研究数字电子电路的测试方法；深入学习寻找和排除数字电子电路故障的方法；还将通过技能训练，切实掌握数字电子技术实验仪器的使用。本部分的技能训练可以结合实验仪器的使用进行。

如今数字电子电路几乎已完全集成化了，因此充分掌握和正确使用数字集成电路，用以构成数字逻辑系统，就成为数字电子技术的核心内容之一。

集成电路按集成度可分为小规模、中规模、大规模和超大规模等。小规模集成电路（SSI）是在一块硅片上制成约 1～10 个门，通常为逻辑单元电路，如逻辑门、触发器等。中规模集成电路（MSI）的集成度约为 10～100 门/片，通常是逻辑功能电路，如译码器、数据选择器、计数器、寄存器等。大规模集成电路（LSI）的集成度约为 100 门/片以上。超大规模集成电路（VLSI）约为 1 000 门/片以上，通常是一个小的数字逻辑系统。现已制成规模更大的极大规模集成电路。数字集成电路还可分为双极型电路和单极型电路两种：双极型电路中有代表性的是 TTL 电路；单极型电路中有代表性的是 CMOS 电路。国产 TTL 集成电路的标准系列为 CT54/74 系列或 CT0000 系列，其功能和引脚排列图与国际 54/74 系列相同。国产 CMOS 集成电路主要为 CC（CH）4000 系列，其功能和引脚排列图与国际 CD4000 系列相对应。高速 CMOS 系列中，74HC 和 74HCT 系列与 TTL74 系列相对应，74HC4000 系列与 CC4000 系列相对应。

部分数字集成电路的逻辑符号或功能表描述了集成电路的功能，以及输出与输入之间的逻辑关系。为了正确使用集成电路，应该对它们进行认真研究、深入理解、充分掌握，还应对使能端的功能和连接方法进行认真学习。

必须正确了解集成电路参数的意义和数值，并按规定使用，特别是必须严格遵守极限参数的限定，因为这些参数值即使瞬间超出，也会使器件遭受损坏，所以应重视器件的使用。

4.1.1 TTL 电路

TTL 集成电路，因其输入级和输出级都采用半导体三极管而得名，也叫晶体管-晶体管逻辑电路，简称 TTL 电路。

TTL 电路对电源电压的稳定性要求较严格。首先，只允许在 $(5\pm10\%)\mathrm{V}$ 的范围内工作。若电源电压超过 5.5V，将使器件损坏；若电源电压低于 4.5V，将导致器件的逻辑功能不正常。其次，为防止动态尖峰电流造成的干扰，常常在电源和地之间接入滤波电容。消除高频干扰的滤波电容取 $0.01 \sim 0.1 \mu F$，消除低频干扰的取 $10 \sim 50 \mu F$。第三，千万注意，不要将 V_{CC} 和"地"颠倒相接，例如将芯片插反。此外，TTL 的工作电流相当大，例如中规模 TTL 需要几十毫安，因此应避免使用干电池长期工作，这样既不经济，也不可靠。

TTL 电路的输出端不允许直接接电源或接地，否则将使器件损坏。OC 门的输出端可以并联，但其公共输出端应通过外接负载电阻 R_L 与电源 V_{CC} 相连。三态门输出端也可以并联，但是任一时刻都只允许一个门处于工作状态，其他门应处于高阻状态。应该注意，实验时勿将连接线头互相碰到一起，避免将集成电路损坏。

应正确连接多余的输入端。TTL 电路的输入端若悬空，该输入端就相当于高电平状态。因此，正或逻辑（如或门、或非门）的输入端，不用时必须直接接地；而正与逻辑（如与门、与非门）的输入端，不用时可以悬空，但容易受干扰，而使其逻辑功能不稳定，所以最好接电源，或者将几个输入端并联使用。对使能端也应按功能表的要求作类似处理。

在时序电路中，输入信号有效的上升沿或下降沿不应超过 $1 \mu s$。否则可能产生误触发，导致逻辑错误。

当负载为电容性，且电容量大于 100pF 时，应串接数百欧姆的限流电阻，以限制电容充、放电电流。

4.1.2 CMOS 电路

CMOS 集成电路的发展非常迅速，主要因为它具有如下优点：功耗低、工作电源电压范围宽、抗干扰能力强、逻辑摆幅大、输入阻抗高、扇出能力强、封装密度高、温度稳定性好、抗辐射能力强及成本低等。

由于输入阻抗极高，在输入端很容易出现电荷积累，形成高电压，致使器件损坏。因此在集成电路内部输入端处设有二极管与电阻保护电路。加保护电路后，输入阻抗略有降低（约为 $10^8 \sim 10^{11} \Omega$），输入电容略有增加。

CMOS 电路的电源电压允许在较大的范围内变化，例如 4000 系列的 CMOS 电路，可在 $3 \sim 18V$ 的电源电压范围内工作，所以对电源的要求不像 TTL 电路那样严格。当然，不允许超过 V_{DD} 最大值，也不允许低于 V_{DD} 最小值，以取其允许范围的中间值为宜，例如 10V。CMOS 电路的噪声容限与 V_{DD} 成正比，在干扰较大的情况下，适当提高 V_{DD} 是有益的。应该指出，CMOS 电路在工作时，V_{DD} 不应下降到低于输入信号电压，否则可能使保护二极管损坏。V_{DD} 和 V_{SS} 绝不可接反，否则将产生过大的电流，因而可能使保护电路或内部电路烧坏。

输入信号电压应低于 V_{DD} 而高于 V_{SS}，以防止输入保护电路中的二极管正向导通，出现大电流而损坏。实验时要先接通电源 V_{DD} 和 V_{SS}，后加输入信号；关机时要先撤输入信号，后切断 V_{DD} 和 V_{SS}，以免损坏保护二极管。

输入端的输入电流一般以不超过 1mA 为宜，对低内阻的信号源常采取限流措施。

多余的输入端不能悬空，应按照逻辑功能的要求接 V_{DD} 或 V_{SS}。因为 CMOS 的输入阻抗极高，输入端如果悬空，则极易受外界干扰而可能破坏电路的正常逻辑关系。不用的输入端不可悬空的原则适用于各种情况（如包装、保存、运输等）。

在时序电路中，输入信号有效的上升沿或下降沿不应超过 $5 \sim 10 \mu s$。否则可能产生误触发，导致逻辑错误。

CMOS 的输出端不允许直接接 V_{DD} 或 V_{SS}，以免损坏器件。

4.2 测试和故障分析

4.2.1 测试

逻辑电路测试的目的是：检验集成电路器件的功能，验证其逻辑功能是否符合设计要求，或其状态的转换是否与状态图相符合。

1. 组合逻辑电路的测试

组合逻辑电路测试的目的是验证其逻辑功能是否符合设计要求，也就是验证其输出与输入的关系是否与真值表相符。

(1) 静态测试。静态测试是在电路静止状态下测试输出与输入的关系。将输入端分别接到逻辑开关上，用发光二极管分别显示各输入端和输出端的状态。按真值表将输入信号一组一组地依次送入被测电路，测出相应的输出状态，与真值表相比较，借以判断此组合逻辑电路静态工作是否正常。

(2) 动态测试。动态测试是测量组合逻辑电路的频率响应。在输入端加上周期性信号，用示波器观察输入、输出波形，测出最高输入脉冲频率。

2. 时序逻辑电路的测试

时序逻辑电路测试的目的是验证其状态的转换是否与状态图相符合，可用发光二极管、数码管或示波器等观察输出状态的变化。常用的测试方法有两种：一种是单拍工作方式，以单脉冲源作为时钟脉冲，逐拍进行观测；另一种是连续工作方式，以连续脉冲源作为时钟脉冲，用示波器观察波形，来判断输出状态的转换是否与状态图相符。

4.2.2 故障分析

在本节将对数字电子技术实验时的故障进行深入和具体的介绍。

1. 发现故障时采用的措施

(1) 先切断电源，检查电源和"地"有否接错，输出端有否错接电源或"地"。如错接，应立即改正，以免损坏器件。

(2) 分析故障发生的区域，以缩小查找范围。

(3) 用单拍工作方式，判断故障是出现于特定的节拍，还是普遍存在。

(4) 判断在给定的状态和给定的输入下，故障是必然的，还是偶然的。

2. 寻找和排除故障的方法

(1) 查线法。检查所有的线路，看有无错接、漏接或接触不良之处。

(2) 对比替代法。对比相同电路的工作情况，可用肯定正常的器件替代同型号的器件。

(3) 逻辑分析法。应用逻辑分析判断出现故障的可能原因和地点，判断关键点的电平，并与实测值相比较。

(4) 查器件功能法。认真观察器件的型号，研究器件的功能，以免误用。

(5) 消除干扰。例如加去耦电容以消除来自电源的干扰。

(6) 消除竞争冒险。

3. 出现竞争冒险的原因

(1) 有两个或两个以上的输入信号同时向相反方向变化（一个信号由 0 变 1；另一个由 1 变 0）。

(2) 在卡诺图中出现相邻的方框。

（3）某一逻辑反馈电路传输延迟时间过短，在输入变化的影响到达有关部分之前，反馈引起的变化就出现了；或者各反馈电路传输时间相差过大。

4．消除竞争冒险的方法

（1）加滤波电容以消除干扰脉冲（"毛刺"）。

（2）引入选通封锁脉冲。

（3）加冗余门以消除卡诺图中的相邻框可能造成的"毛刺"。

（4）增加反馈电路的传输时间。

4.3 数字电子技术实验仪

数字电子技术实验仪广泛使用于以集成电路为主要器件的数字电子技术实验中，也用于数字电子技术的设计中。数字电子技术实验仪主要有两大类型：自锁插座型和插件板型。目前大多数学校主要使用自锁插座型数字电子技术实验仪。

数字电子技术实验仪一般由下列部分组成：直流电源、连续脉冲源、单次脉冲源、逻辑电平开关、发光二极管显示器、数码管显示器、双列直插式集成电路插座区、分立元件针管座区。

1．直流电源

提供固定电源和可调电源，供实验时选用。

2．脉冲源

提供连续脉冲，其频率为 1Hz～1MHz，幅度为 5V；提供单次脉冲，输出有正脉冲和负脉冲。

3．逻辑电平开关

逻辑电平开关是机械式开关。它有两个状态，即高电平"1"和低电平"0"。为实验提供数据或控制开关。逻辑电平开关也称"01"开关。

4．发光二极管显示器

发光二极管显示器由发光二极管及其驱动电路组成，用来指示测试点的逻辑电平。接高电平时发光二极管亮，接低电平时发光二极管暗。由于有驱动电路，发光二极管可以直接与集成电路的输出端相连。这种显示器也称"01"显示器或状态显示器。

5．数码管显示器

数码管显示器由七段数码管与译码器组成，当向译码电路输入 4 位（8421 码）二进制数码时，数码管相应地显示 0，1，2，…，9。

6．插座区与管座区

供插入双列直插式集成电路、分立元件针管之用。

第5章

模拟电子技术实验技术概要

5.1 元器件选用原则

半导体三极管和集成运算放大器（简称运放），是放大电路的核心器件。放大电路的各项性能指标，在很大程度上取决于放大器件的各项性能参数，所以，必须根据所设计或选用的放大电路的各项技术指标，选择适用的放大器件。由于放大器件在多级放大电路中的地位和作用不同，选用的侧重点也不尽相同。

5.1.1 半导体三极管选用原则

若为了满足放大电路上限频率的要求，应选用 f_β 比 f_H 高几倍的半导体三极管。

若为了满足电压增益的要求，应选用 β 值高的三极管，但是，β 值越高，温度稳定性越差。为了兼顾增益与稳定性的要求，常选用 $\beta = 40 \sim 100$ 的硅三极管。

设计或选用放大微弱信号的高增益放大器的输入级时，除上述两点之外，还要注意应选择噪声系数 N_F 小的三极管。

设计或选用放大器输出级时，要保证动态范围及安全工作的技术要求。为此，应选择用符合下述条件的三极管，即 $U_{(BR)CEO} > V_{CC}$，$I_{CM} > 2I_{cm} + I_{CEO}$（$I_{cm}$ 为集电极最大信号的电流幅值），$P_{CM} > P_{Tmax}$（P_{Tmax} 为最大管耗）。

5.1.2 集成运算放大器选用原则

（1）根据上限频率高低选择运放。若放大电路上限频率较高（$f_H > 100 \text{kHz}$），同时增益较高（如单级 $A_u = 40 \sim 60 \text{dB}$），这时应选用宽带运放，否则不能满足频响要求。

（2）根据电路运算精度选择运放。若运算精度要求高，又采用直接耦合电路形式，则应选用输入失调参数小和共模抑制比高的运放，如高精度运放 F741 等型号；若电路为 R-C 耦合交流放大器，输入失调参数的大小则无关紧要。

（3）根据电路的特殊要求选择运放。一般低频放大电路对运放要求不十分严格，而某些电路则必须选用专用型运放。例如：音响电路中的高频、中频和前置放大电路均有多种型号专用运放；若要求电路输入阻抗高，可选用高输入阻抗运放，如 5G28 等；若要求电路静态功耗低，可选用低功耗运放，如 F252、F02、FC54 和 XFC75 等型号；若要求转换速率高，可选用高速运放，如 F715、F722 等型号；若要求电路输出电压高，可选用高压型运放，如 D41 型等。

总之，选择运算放大器型号，必须根据实验电路各项技术要求综合考虑。

5.1.3 阻容元件选用原则

放大器的各项技术指标是选择元件的依据。下面仅以分压偏置基本共射放大电路为例加以说明。电路如图 3.5.1 所示。

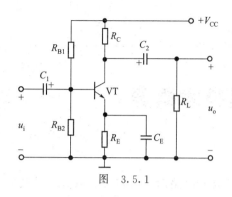

图　3.5.1

1. 集电极电阻 R_C 的选择

选择输出级 R_C 的依据，是保证具有技术指标所要求的足够宽的动态范围（即不失真的最大电压输出范围）。而对于低放输入级和中间级，选择 R_C 的依据是电压增益。由于整机分配给各级的增益是已知的，所以不难求出 R_C 的值，即 $A_u = \beta R'_L / r_{be}$，其中 $R'_L = R_C // R_L$。根据放大电路电压增益的公式，可方便地计算集电极电阻 R_C。通常，增大 R_C 可以提高增益 A_u，但 R_C 也不能过大，若 $R_C \gg$ R_L，则 A_u 不但不会明显升高，反而会造成饱和失真。除了确定 R_C 数值外，还应对 R_C 的功率消耗做出估算。

2. 偏置电阻 R_E、R_{B2} 和 R_{B1} 的选择

发射极电阻 R_E 越大，工作点稳定性越好，但 R_E 过大会使动态范围明显减小，故应两者兼顾。对于硅管，一般选取 $U_E = 3 \sim 5V$，因此，可由式 $R_E = U_E / I_{EQ}$ 确定 R_E。

下偏置电阻 R_{B2} 越小，温度稳定性越好，但 R_{B2} 小，对信号的分流作用明显，会使 A_u 下降，故应两者兼顾。对于硅管，一般选取 $R_{B2} = (5 \sim 10) R_E$ 为宜。

上偏置电阻 R_{B1}，其主要作用是保证放大器有合适的工作点。可按式 $R_{B1} = (V_{CC} - U_B) / I_1$（其中 $I_1 = U_B / R_{B2}$）来选取〔I_1 选取原则为 $I_1 \gg I_{BQ}$，硅管 $I_1 = (3 \sim 5) I_{BQ}$，锗管 $I_1 = (10 \sim 20) I_{BQ}$〕。

3. 耦合电容 C_1（或 C_2）及射极旁路电容 C_E 的选择

一般 C_1（或 C_2）、C_E 容量越大，电路的低频响应越好，但是容量过大也不利，因为容量大则体积大，分布电容和电感相应增大，会使电路高频响应变差；容量大的电解电容器漏电流大；另外，大容量电解电容器价格高，不经济，所以，应以满足放大电路下限频率为选取原则。

通常 C_1（或 C_2）选取范围为 $10 \sim 30 \mu F$，C_E 选取范围为 $50 \sim 100 \mu F$。

由运放构成的放大电路，其外电路元件选择较简单。

5.2 电压放大电路静态调试

通常所称的电路工作状态，实质上是指电路中半导体器件的工作状态。在输入信号等于零，无自激振荡的条件下，调整放大电路中各个半导体器件的偏置电路，使放大电路处于合适的直流工作状态，以便对有用信号进行不失真的放大。这种调试称为静态调试。尽管不同类型电子线路静态参数有所不同，但调试的内容和方法基本相同。

5.2.1 分立元件放大电路静态调试

实用的分立元件放大电路，一般均由多级基本放大电路组成。由于各级的地位和主要作用不同，所以，选择各级静态工作点的出发点和原则有所区别。

1. 确定各级工作点的原则

（1）输入级工作点的选择。对输入级的主要技术要求，通常是噪声系数要低。这就是选择输入级工作点的出发点。

① I_{CQ} 的选择。I_{CQ}（或 I_{EQ}）越小，散粒噪声（即载流子由发射区扩散到基区速度不

一致所引起的集电极电流的微小而又不规则的变化）越小；但是，另一方面，若 I_{CQ} 过小，r'_{bb}（基区等效电阻）将显著增大，致使热噪声（即 r'_{bb} 中载流子的不规则热骚动所引起的噪声）也增大。由此可见，为了降低噪声系数 N_F，并非 I_{CQ} 越小越好，而应兼顾两种噪声的影响。经实验证明，对于锗管，$I_{CQ}=0.5\sim1mA$ 时，N_F 最小；对于硅管，$I_{CQ}=1\sim5mA$ 时，N_F 最小。

② U_{CEQ} 的选择。U_{CEQ} 对 N_F 的影响不大，故通常选取 $U_{CEQ}=1\sim3V$ 即可。

（2）中间级工作点的选择。中间级的技术要求是获得尽可能高的稳定增益。为此，应使每个中间级晶体管具有较高的 β 值，这是选择中间级静态工作点的出发点。

① I_{CQ} 的选择。通常，小功率三极管 I_{CQ} 达 $1\sim3mA$ 时，β 值即达正常值，故 I_{CQ} 选择上述值即可；中间级的末级，即前置级，其 I_{CQ} 应视输出级的性质而定，若输出级仍为电压放大器，则 I_{CQ} 仍可选用上述值；若输出级为功率放大器，则 I_{CQ} 应选得大些，以保证输出级所要求的基极激励电流。

② U_{CEQ} 的选择。中间级所要求的动态范围不大，其峰-峰值一般在 1V 左右。当考虑到晶体管的饱和电压 $U_{CES}=0.3\sim1V$，以及避免因温度影响使工作点进入饱和区这两个因素时，通常取 $U_{CEQ}=2\sim3V$ 即可。

（3）输出级静态工作点的选择。输出级的主要技术要求是输出足够高的不失真电压（或功率）。因此，必须保证输出级符合技术要求的动态范围，这是选择输出级静态工作点的出发点。但是，动态范围不仅与工作点有关，而且还与 V_{CC} 和 R_C 密切相关。因此，输出级工作点的选择比较麻烦，以下从两方面介绍。

① 给定输出信号电压有效值 U_o 和负载电阻 R_L 时。由于集电极信号电流 I_C，既流经负载电阻 R_L，又流经集电极直流负载电阻 R_C，可以断言，集电极信号电流 I_C 必定大于负载信号电流 I_o。作为估算，可取集电极信号电流幅值为 $I_{cm}=(1.5\sim2)I_{om}$（I_{om} 为负载 R_L 电流幅值）。

然后，根据给定条件 U_{om} 和选定条件 I_{cm}，按不产生截止和饱和失真的条件选择静态工作点，即：

$$I_{CQ}\geqslant I_{cm}+I_{CEO}+\Delta I_C$$
$$U_{CEQ}\geqslant U_{om}+U_{CES}+\Delta U_{CE}$$

式中，I_{CEO} 为穿透电流，对硅管可忽略，对锗管可按 $0.1\sim0.5mA$ 选取，或进行实测；ΔI_C 是为了避免环境温度低于室温时，信号电流的负峰进入截止区所加的裕量，一般取 $\Delta I_C=1\sim2mA$；ΔU_{CE} 是为了避免环境温度高于室温时，使信号电流的正峰进入饱和区所加的裕量，一般取 $\Delta U_{CE}=1\sim3V$。

工作点确定后，再由给定条件 U_{om} 和选定条件 I_{cm} 计算交流等效负载 R'_L，即 $R'_L=U_{om}/I_{cm}$，由于 $R'_L=R_C//R_L$，故 R_C 可求。选定 U_E 之后，则 V_{CC} 可由下式确定，即：

$$V_{CC}=U_E+U_{CEQ}+I_{CQ}R_C\approx2U_{om}+U_{CES}+\Delta U_{CE}+U_E$$

综上所述，静态工作点、R_C 及 V_{CC} 均已确定，随之动态范围也就确定了。那么，在这种状态下，所选用晶体管的极限参数（主要是 I_{CM}、$U_{(BR)CEO}$ 和 P_{CM}）是否能满足已计算出来的动态范围呢？还要按下式加以检验。

$$I_{CM}>2I_{cm}+I_{CEO}\ ;U_{(BR)CEO}>V_{CC}\ ;P_{CM}>P_{Tmax}=I_{CQ}U_{CEQ}$$

如果已选用晶体管不满足上述条件，则必须重选晶体管。

② 给定输出信号电压有效值 U_o、负载电阻 R_L 和电源电压 V_{CC} 时。在这种情况下设

计输出级，不应估算 I_{cm}，而是先按动态范围（已知 U_o 和 V_{CC}，则动态范围已定）求出 R_C，再计算满足动态范围要求的交流负载电阻 R_L'，之后求出静态工作点参数并设计偏置电路。

2. 静态工作点的调整方法

仍以图 E.1 所示分压偏置基本共射放大电路为例，说明调试方法。

（1）静态工作点的测量方法。首先，将放大电路输入端对地短路，然后用合适的直流电流表和电压表，先后测量出晶体管的 I_{CQ} 和各极电压（U_B、U_C、U_E 或 U_{BE}、U_{CE}）。为了避免更动接线，可以用测量电压换算成电流的方法测量 I_{CQ}（或 I_{EQ}）。例如：$I_{EQ} = U_E / R_E$，$I_{CQ} = (V_{CC} - U_C) / R_C$。

值得注意的是，在测量电压时，应选用高内阻的电压表，否则会产生较大的测量误差。

（2）静态工作点的调整方法。测得静态工作点参数 I_{CQ} 和 U_{CEQ} 之后，就知道放大电路的工作状态是否符合设计要求。如果测得 $U_{CEQ} \leqslant 0.5V$，说明晶体管已经饱和或者接近饱和，这时应加大上偏置电阻 R_{B1} 的阻值，使 I_{BQ}、I_{CQ} 下降而 U_{CEQ} 上升，直至符合设计要求为止；如果测得 $U_{CEQ} \approx V_{CC}$，说明晶体管已经截止或接近截止状态，这时应适当减小上偏置电阻 R_{B1} 的阻值，使 I_{BQ}、I_{CQ} 增大而 U_{CEQ} 下降，直至符合设计要求为止。通过上述调整使晶体管确实工作在放大区，否则输出信号将产生非线性失真。

值得注意的是，用电位器调节工作点时，为了防止因电位器旋到阻值为零或过小状态，使 I_{CQ} 超过 I_{CM} 而烧坏晶体管，应将一只数万欧姆的固定电阻与电位器相串联作为 R_{B1}。

5.2.2 集成运放电路静态调试

在设计和制造集成运放时，已解决了内部电路各个晶体管的偏置问题。因此，在正常应用时，只要按技术要求提供合适的电源电压，运放内部各级的工作点就是正常的。这里的静态调试，主要是指由双电源供电改为单电源供电时的调试，以及消除寄生振荡和输出端电压调零等内容。

1. 正确供电

（1）双电源供电。有的运放需要正、负两组电源供电，如 F001 需要 +12V 和 -6V；大部分需要正、负对称电源供电，如 F004、F007 等型号，它们的电源电压为 ±15V。

运放电路在接通电源之前，一定要弄清运放外引线电源端（$V+$、$V-$）和地端，并将直流稳压电源输出电压调整到需要值上，然后再接通电源。

（2）单电源供电。单电源集成运放的功能与双电源供电运放大致相同，常见的型号有 CF158、CF258 和 F3140（高内阻型）等。

另外，在交流放大电路中，双电源供电的运放常改为单电源供电形式，改变方法是：需将两个输入端（IN+、IN-）和输出端（OUT）三个端口的直流电压调至电源电压的一半，以保证运放内部电路各点的相对电压和双电源供电时相同。单电源供电又可分为单端偏置法和双端偏置法。单端偏置法，其偏置电压是从同相输入端（IN+）加入的；双端偏置法，其偏置电压是从两个输入端同时加入的。

2. 消除自激振荡（即相位补偿）

运放本身是个电压增益很高的多级直接耦合放大器，在实用中，外电路多半采用深度负反馈电路形式。由于内部晶体管极间电容和分布电容的存在，信号在传输过程中产生了附加相移。因此，原电路中的负反馈有可能变成正反馈而引起高频自激振荡，造成放大电路不能正常工作。解决上述问题的办法，是外加电抗性元件（如电容器）或 RC 网络，以进行相位补偿，达到消除自激振荡的目的。有些需要进行相位补偿的运放，其产品说明书中注明了补偿端和补偿元件参考数值。

另一种需要进行相位补偿的运放，补偿元件数值需要调试才能确定。调试方法有两种，第一种方法是根据有关资料和应用条件选用，如 F004 在调试补偿电容时，可根据产品说明书中提供的实验数据选用；第二种方法是实际调试，首先将输入端接地，在补偿端逐渐增加补偿电容的容量，直至自激振荡消失。目前，多数通用型运放（如 F007 等），不需要外接补偿电容器。因其在制造过程中已在晶体管集电极与基极间接了小电容，通常称为密勒补偿。

3. 调零

运放的输入级多为差动放大电路，由于电路参数不可能完全对称，故必定存在输入失调电压和电流。这样，当输入信号为零（即两输入端接地）时，输出端对地仍有一定的输出。为了在静态时使运放输出端为零电位，可利用外接调零电位器进行调零。调零电位器的阻值，应按手册中规定值选用，不应为扩大调节范围而选用高阻值的电位器，否则会加重输入级失配程度，降低共模抑制比。

5.3 放大电路动态调试

在静态调试的基础上，给放大器加上合适的输入信号，在确保输出信号不失真的情况下，用示波器等测试仪器，测试出输出信号和电路的性能参数，并根据测试结果对电路的静态参数和元件参数进行必要的修正，使电路的各项性能指标满足设计要求。这一过程称为动态调试。

本节介绍非线性失真的消除方法，最佳工作点和最大动态范围的调试方法，以及电压放大倍数、输入和输出电阻、幅频特性的测试方法。

5.3.1 消除非线性失真

放大电路加上设计要求的输入信号以后，用示波器从前级至末级观察波形，如果某级或某几级出现波形失真，还要反复调整相应级的静态工作点，使放大电路既有较高的增益，又无波形失真。

下面以 NPN 型三极管分压偏置基本共射放大电路为例，如图 3.5.1 所示，介绍两种典型非线性失真的消除方法。

1. 饱和失真

因工作点偏高，致使输入信号正半周的顶部进入管子的饱和区，造成输出电压波形"底部被切掉"。可采取增大上偏置电阻 R_{B1}，即减小 I_{BQ} 使工作点下移，或适当减小集电极电阻 R_C，即加大负载线斜率等措施，迫使工作点远离饱和区，即可消除饱和失真。

2. 截止失真

因工作点偏低，致使输入信号负半周的顶部进入管子的截止区，造成输出电压波形"顶部被切掉"。可采取减小上偏置电阻 R_{B1}，即增大 I_{BQ} 使工作点上移，或适当加大集电极电阻 R_C，即减小负载线斜率等措施，迫使工作点远离截止区，即可消除截止失真。

如果发现输出电压波形顶部和底部同时被切割掉，则说明既存在截止失真，又存在饱和失真。这是由于输入信号幅度偏大或电源电压 V_{CC} 偏低造成的。如果输入信号大小已定，可

适当提高 V_{CC} 并重调工作点加以排除。此外，适当加入负反馈，能有效地抑制非线性失真，但同时必须兼顾增益指标。

5.3.2 最佳工作点的调整和最大动态范围的测量

放大电路电源电压 V_{CC}、交流负载电阻 R'_L 和偏置电路元件确定之后，工作点的位置和动态范围也随之确定。虽然经调试，排除了非线性失真，获得了较合适的工作点和拓宽了动态范围，但这时的工作点不一定是最佳工作点，动态范围也不一定是最大的。为了使放大电路处于最佳工作状态，还需要进一步调试，以获得最佳工作点和最大动态范围。

最佳工作点应处在交流负载线的中点上。如能做到，则动态范围也将最大。具体调试方法如下。

逐步增大放大电路输入信号的幅度，同时用示波器观察其输出电压波形。若输出电压波形正、负峰在同一时刻被切割，则说明静态工作点已在交流负载线的中点上，即此时的工作点是最佳工作点；若正、负峰不在同一时刻被切割，则说明静态工作点不在交流负载线的中点上，此时的工作点不是最佳工作点。这时，可调整输出级的上偏置电阻 R_{B1}，直至工作点处在交流负载线中点为止。之后，由小到大再次逐渐增大输入信号幅度，当输出电压波形为最大不失真时，测量输出信号电压 U_o（有效值），则可得最大动态范围，其值为 $2\sqrt{2}U_o$；若用示波器测量，输出信号峰-峰值就是最大动态范围。

5.3.3 基本动态参数的测试方法

以下参数的测试方法，对分立元件电路和集成运放电路均适用。测试的前提条件是：放大电路工作正常，输出信号电压波形不失真。

1. 电压放大倍数的测试

用交流毫伏表（如 CA2171 型）分别测量各级输入和输出电压的大小，从而得到电压放大倍数。如电压放大倍数不符合要求，可适当提高中间级的静态工作点或加大中间级的集电极电阻 R_c，或换用 β 值较高的晶体三极管，即可满足设计要求。在负反馈放大电路中，适当降低反馈深度，效果将会比较明显，但也要兼顾其他各项技术指标。

为了提高测量的准确程度，应注意以下几个问题。

（1）要正确选用测量仪器。所选用仪器的工作频率范围应远大于被测电路的通频带；仪器的输入（输出）电阻应满足被测电路的要求。

（2）测量高增益放大电路的增益时，由于输入信号小，可能是毫伏或微伏数量级，用低灵敏度（即测程大）仪器测量误差过大，需选用高灵敏度仪器。如不具备此条件，可在信号源与放大电路之间接一个阻抗变换电路，减小测量误差。

（3）当被测放大电路工作频率较高时，必须用示波器探头接于被测电路进行测量。因为加探头后，示波器输入电阻一般提高了 10 倍，而分布电容大大减小了，有助于提高高频信号的测量精度。

2. 输入电阻的测量

按输入电阻的定义，有两种测量方法。

（1）"串联电阻"法。该方法适用于低输入电阻测量，即在信号源与被测放大电路之间，串入一个与被测输入电阻同数量级的已知电阻 R，如图 3.5.2 所示。

用交流毫伏表分别测量图 3.5.2 中 U_s 和 U_i 的值，则：

$$R_i = \frac{U_i}{U_s - U_i} \times R$$

（2）"半电压"法。该方法适用于高输入电阻的测量，如场效应管或集成同相放大电路输入电阻的测量。上述"串联电阻"法需测输入信号电压 U_i，由于被测放大器输入电阻往往比测量仪器输入电阻还高，故所测 U_i 值误差甚大，此法在此不适用。此时应采用测量输出电压 U_o 的方法，测试电路如图 3.5.3 所示。

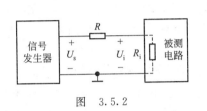

图　3.5.2

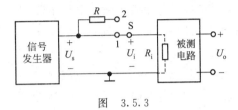

图　3.5.3

如图 3.5.3 所示，信号源输出电压 U_s 保持恒定，当开关 S 处于"1"位置时，测得放大器输出电压为 U_{o1}；当开关 S 处于"2"位置时（串入了与被测输入电阻同数量级的已知电阻 R），测得放大器输出电压为 U_{o2}。因为放大电路的电压放大倍数为常数，所以有：

$$R_i = \frac{U_{o1}}{U_{o1} - U_{o2}} \times R$$

由上式可见，如果用电阻箱代替 R，则可通过调节电阻箱的阻值，使 $U_i = U_s/2$ 或 $U_{o2} = U_{o1}/2$，这时电阻箱的示值即为被测输入电阻的阻值，故此法称为"半电压"法。

3. 输出电阻测量

放大器的输出端，可以等效为一个理想电压源 U_o 与输出电阻 R_o 相串联的电路，如图 3.5.4 所示。

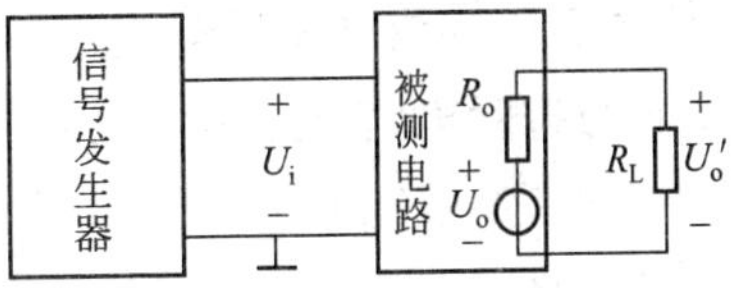

图　3.5.4

放大器输出电阻的大小，反映了放大器带动负载的能力，可以通过测量放大器接入负载前后的输出电压，求得输出电阻 R_o。

首先测得放大器开路输出电压 U_o（理想电压源电压），再测得接入已知负载 R_L 时的输出电压 U_o'，则：

$$R_o = \frac{U_o - U_o'}{U_o'} \times R_L$$

测试时应注意以下两个问题。

（1）R_L 过大或过小都将造成较大的测量误差，仍以取 R_L 接近被测输出电阻 R_o 值为宜。如果 R_L 用电阻箱代替，通过调节电阻箱，可使 $U_o' = U_o/2$，这时，电阻箱的示值就是输出电阻，故该方法也可称为"半电压"法。

（2）在测量过程中，始终应保持输入信号幅度恒定。

4. 幅频特性的测量

幅频特性是放大器的增益与输入信号频率之间的关系曲线。通过它可求得放大器的上限频率 f_H、下限频率 f_L 和通频带 f_{BW}。

幅频特性有两种测量方法：一是"稳态法"，也称频域测量法，该法又可分为"点频法"和"扫频法"两种；二是"暂态法"，又称时域测量法，该方法适宜对放大器进行定性研究。下面分别加以介绍。

（1）点频法。在保持输入信号大小为某一个定值的条件下，改变输入信号的频率，每改变一个频率就测出放大器的电压增益。这样，就获得了一组频率与增益的数据，根据这组数据作出幅频特性曲线。

通常幅频特性曲线的横坐标采用对数坐标，因此，在选取测试点的频率时，应注意按对数规律选取。纵坐标电压增益常以分贝（dB）表示。

关于放大器通频带的测量，可先测出放大器中频区的输出电压 U_o（或计算出电压增益），升高信号频率直至输出电压下降到中频区输出电压 U_o 的 0.707（-3dB）倍为止，该频率即为上限频率 f_H；同理，降低信号频率可测得下限频率 f_L。于是通频带为：$f_{BW} = f_H - f_L$。

（2）扫频法。该方法是在点频法的基础上发展而来的，两种方法原理基本相同。所不同之处在于：调节输入信号频率的方法由自动代替了手动，获得测量结果的方式由自动显示的曲线代替了点测的离散的数据。因此所用仪器也由频率特性图示仪，代替了普通的信号发生器和交流毫伏表。

（3）暂态法。将周期性方波信号加于放大器的输入端，用脉冲示波器观测波形。可以定性看出：若输出脉冲前沿上升时间不大，平顶降落也很小，则说明被测放大器通频带较宽；若输出脉冲前沿上升时间较长，则说明被测放大器上限频率 f_H 较低；若平顶降落也较大，则说明被测放大器下限频率 f_L 较高，所以通频带较窄。

5.4 实验电路故障检查与排除

检查与排除电路故障是实验的重要内容之一，能否迅速而准确地排除故障，反映实验者基础知识和基本技能的水平。

模拟电路类型较多，故障原因与现象不尽相同，所以本节仅介绍检查与排除电路故障的一般方法和步骤。

5.4.1 检查电路故障的基本方法

若实验电路（或电子设备）不工作，首先应检查供电电源系统，例如，检查电源插头（或接线端）接触是否良好，电源线是否折断，保险丝是否完好，整流电路是否正常等。在确认供电系统正常后，方可利用下列方法检查电子电路。

1. 测试电阻法

此法应在关闭电源的情况下进行。测试电阻法又可分为通断法和测阻值法两种。

通断法用于检查电路中连线、焊点有无断路、脱焊；不应连接的点、线之间有无短路。在使用无焊接实验电路板或接插件时，常出现接触不良、断路或短路故障，利用通断法可以迅速确定故障点。

测阻值法用来测量电路中元器件本身引线间的阻值，以判断元器件功能是否正常，例如：电阻器的阻值是否变更失效或断路；电容器是否击穿或漏电严重；变压器各绕组间绝缘是否良好，绕组直流电阻值是否正常；半导体器件引线间（即 PN 结）有无击穿，正、反向阻值是否正常等。测试操作时应注意两点：一是将电路中电解电容器正极端对地短路一下，泄放掉其存储的电荷，免得损坏欧姆表；二是被测元器件引线至少要有一端与电路脱开，以消除对与被测元器件相并联的其他元器件的影响。

测阻值法也可用于检查电路，例如：在接入电源 V_{CC} 之前，可先用欧姆表测一下 V_{CC} 到地，输入端与输出端到地的电阻值，检查实验电路整体是否存在短路或断路故障，以防电源短路而损坏直流稳压电源，或因输出端短路而损坏实验电路元器件。

2. 测试电压法

用测阻值法检查过后，确认实验电路内无短路故障，即可接上电源 V_{CC}，观察电路元器件是否有"冒烟"或"过热"等异常现象。若正常，则可用测试电压法继续寻找故障。

使用电压表测试，并将各测试点测得的电压值与有关技术资料给定的正常电压值相比较，以判断故障点和故障原因。电路中的电压可分以下三种情况。

(1) 电压值已知。电压值是已知的，如电源电压 V_{CC}、放大状态下晶体三极管的 U_{BE}、截止或饱和状态下晶体管的 U_{CE}、稳压管的稳定电压等。

(2) 电压值估算。有些测试点的正常电压值可估算出来。如已知晶体三极管集电极电阻 R_C 和集电极电流 I_C，则 R_C 上的压降可求出。

(3) 电压对比。有些测试点的正常电压值可与同类正常电路对比得到。

使用上述方法时，应明确电路的工作状态，因为工作状态直接影响各测试点电压的大小和性质。

3. 波形显示法

在电路静态正常的条件下，可将信号输入被检查的电路（振荡电路除外），然后，用示波器观察各个测试点的电压波形，根据波形判断电路故障。

波形显示法适用于各类电子电路的故障分析。如对于振荡电路，可以直接测出电路是否起振，振荡波形、幅度和频率是否符合技术要求；对于放大电路，可以判断电路的工作状态是否正常（有无截止或饱和失真），判断各级电压增益是否符合技术要求，判断级间耦合元件是否正常等。以上对于数字电路同样适用。波形显示法具有直观、方便、有效等优点，因此得到了广泛应用。

4. 部件替代法

在故障判断基本正确的情况下，对可能存在故障的元器件（含集成电路），可用同型号（或技术指标接近的同类器件）好的元器件替代。替代后，若电路恢复正常工作，则说明原来的元器件存在故障。这种检查故障的方法，多用于不易直接测试有无故障的元器件，如无条件测量电容器容量是否正常时，无条件判断晶体三极管是否软击穿时，无条件判断专用集成电路质量优劣时等，均可用替代法进行检查。

注意事项：在替代前，应检查被替代元器件供电电压是否符合要求，其外围元器件是否正常。若电源电压不对或外围元件存在异常现象（如某个电阻已烧毁），不可贸然替代。特别对那些连线多、功率较大、价格较高的元器件，替代时更应慎重，要防止再次造成损坏。

5.4.2 排除故障的一般步骤

以上介绍的是检查故障的方法。至于如何迅速、准确地找出电路故障点，还要遵循一定的步骤。

排除电路故障，要在反复观察、测试与分析的过程中，逐步缩小可能发生故障的范围，逐步排除某些可能发生故障的元器件，最后在一个小范围内，确定出已损坏或性能变差的元器件。根据这一思路，拟定如下检查步骤。

1. 直观检查

观察电路有无损坏迹象，如阻容元件及导线表面颜色有无异变，焊点有无脱焊，导线有无折断；触摸半导体器件外壳是否过热等。若经直观检查未发现故障原因或虽然排除了某些故障，但仍不能正常工作，则应按下述步骤进一步检查。

2. 判断故障部位

首先应查阅电路原理图，按功能划分成几个部分，弄清信号产生或传递关系，各部分电路之间的联系和作用原理；然后，根据故障现象，分析故障可能发生在哪一部分；再查对安装工艺图，找到各测试点的位置，为检测做好准备。

3. 确定故障所在级

根据以上判断，在可能发生故障的部分电路中，用电压测试法对各级电路进行静态检查；用波形显示法进行动态检查。检查顺序可由后级向前级推进或者相反也可。下面以电压放大电路为例加以说明。

（1）由前级向后级推进检查。将测试信号从第一级输入，用示波器从前级至后级依次测试各级电路输入与输出波形。若发现其中某一级输入波形正常而输出波形不正常或无输出，则可确定该级或下一级（是前一级负载的一部分）存在故障。为进一步弄清故障发生在哪一级，可将这两级间耦合电路断开，断开后，前一级仍不正常，则故障就在前一级；断开后，若前一级工作恢复正常，则故障发生在耦合电路和下级输入电路中。

（2）由后级向前级推进检查。将测试信号由后级向前级分别加在各级电路的输入端，并同时观察各级输入与输出信号波形。如果发现某一级有输入信号而无输出信号或输出信号波形不正常，则该级电路可能有故障，这时，可将该级与其前后级断开，并进一步检测。

（3）确定故障点。故障级确定后，要找出发生故障的元器件，即确定故障点。通常是用电压测试法测出电路中静态电压值，略加分析即可确定该级中哪个元器件存在故障。例如：测得故障级中晶体管的 $U_{BE} \approx 0V$ 或 $U_{BE} \gg 0.7V$，则可初步确定该管已损坏。然后，切断电源，拆下可能有故障的元器件，再用测试仪器进行检测。这样，即可准确无误地找出故障元器件。

（4）修复电路。找出故障元器件后，还要进一步分析其损坏的原因，以保证已修复电路的稳定性和可靠性。对接线复杂的电路，在更新元器件时，要记住各引线的焊接位置，必要时可做适当标记，以免接错再次损坏元器件。修复的电路应通电试验，测试各项技术指标，看其是否达到了原电路的技术要求。

第6章

电子技术课程设计

电子技术基础课程设计包括选择课题，电子线路设计、组装、调试和编写总结报告等教学环节。本章主要介绍课程设计的有关知识。

6.1 电子电路的设计方法

在设计一个电子线路系统时，首先必须明确系统的设计任务，根据任务进行方案选择，然后对方案中的各部分进行单元电路的设计、参数计算和器件选择，最后将各部分连接在一起，画出一个符合设计要求的完整的系统电路图。

6.1.1 设计任务要求

对系统的设计任务进行具体分析，充分了解系统的性能、指标、内容及要求，以便明确系统应完成的任务。

6.1.2 方案选择

这一步的工作要求是，把系统要完成的任务分配给若干个单元电路，并画出一个能表示各单元功能的整机原理框图。方案选择的重要任务是根据掌握的知识和资料，针对系统提出的任务、要求和条件，完成系统的功能设计。在这个过程中要敢于探索，勇于创新，力争做到设计方案合理、可靠、经济，功能齐全，技术先进，并且对方案要不断进行可行性和优缺点的分析，最后设计出一个完整框图。框图必须正确反映系统应完成的任务和各组成部分的功能，清楚表示系统的基本组成和相互关系。

6.1.3 单元电路的设计、参数计算和元器件选择

根据系统的指标和功能框图，明确各部分任务，进行各单元电路的设计、参数计算、元器件选择和电路图的绘制。

1. 单元电路设计

单元电路是整机的一部分，只有把各单元电路设计好，才能提高整体设计水平。每个单元电路设计前都需明确本单元电路的任务，详细拟定出单元电路的性能指标，与前后级之间的关系，分析电路的组成形式。在具体设计时，可以模仿成熟的先进电路，也可以进行创新或改进，但都必须保证性能要求。不仅单元电路本身要设计合理，而且各单元电路间也要互相配合，注意各部分的输入信号、输出信号和控制信号的关系。

2. 参数计算

为保证单元电路达到功能指标要求，就需要用电子技术知识对参数进行计算。例如，放大电路中各电阻值、放大倍数的计算；振荡器中电阻值、电容值、振荡频率等参数的计算。只有很好地理解电路的工作原理，正确利用计算公式，计算的参数才能满足设计要求。参数计算时，同一个电路可能有几组数据，注意选择一组能完成电路设计要求的功能和在实践中能真正可行的参数。

计算电路参数时应注意下列问题。

（1）元器件的工作电流、电压、频率和功耗等参数应能满足电路指标的要求。

（2）元器件的极限参数必须留有足够裕量，一般应大于额定值的 1.5 倍。

（3）电阻和电容的参数应选计算值附近的标称值。

3．元器件选择

（1）阻容元件的选择。电阻和电容种类很多，正确选择电阻、电容是很重要的。不同的电路对电阻和电容性能要求也不同，有些电路对电容的漏电要求很严，还有些电路对电阻、电容的性能和容量要求很高。例如，滤波电路中常用大容量（$100\sim3\,000\mu F$）铝电解电容，为了滤掉高频，通常还需并联小容量（$0.01\sim0.1\mu F$）瓷片电容。设计时要根据电路的要求选择性能和参数合适的阻容元件，并要注意功耗、容量、频率和耐压范围是否满足要求。

（2）分立器件的选择。分立元件包括二极管、晶体三极管、场效应管、光电二（三）极管、晶闸管等。根据其用途分别进行选择。选择的器件种类不同，注意事项也不同。例如，选择晶体三极管时，首先注意是选择 NPN 型还是 PNP 型管，是高频管还是低频管，是大功率管还是小功率管，并注意管子的参数 P_{CM}、I_{CM}、BV_{CEO}、BV_{EBO}、I_{CBO}、β、f_T 和 f_β 是否满足电路设计指标的要求，在高频工作时，要求 $f_T=(5\sim10)f$，f 为工作频率。

（3）集成电路的选择。由于集成电路可以实现很多单元电路甚至整机电路的功能，所以选用集成电路来设计单元电路和总体电路既方便又灵活，它不仅使系统体积缩小，而且性能可靠，便于调试及运用，在设计电路时颇受欢迎。

集成电路有模拟集成电路和数字集成电路。国内外已生产出大量集成电路，器件的原理、功能、特性及型号可查阅有关手册。选择的集成电路不仅要在功能和特性上实现设计方案，而且要满足功耗、电压、速度、价格等多方面的要求。

4．电路图的绘制

为了详细表示设计的整机电路及各单元电路的连接关系，设计时需绘制完整电路图。电路图通常是在系统框图、单元电路设计、参数计算和元器件选择的基础上绘制的，它是组装、调试和维修的依据。绘制电路图时要注意以下几点。

（1）布局合理、排列均匀、图面清晰、便于看图，有利于对图的理解和阅读。有时一个总电路由几部分组成，绘图时应尽量把总电路画在一张图纸上。如果电路比较复杂，需绘制几张图，则应把主电路画在同一张图纸上，而把一些比较独立或次要的部分画在另外的图纸上，并在图的断口两端做上标记，标出信号从一张图到另一张图的引出点和引入点，以此说明各图纸在电路连线之间的关系。有时为了强调并便于看清各单元电路的功能关系，每一个功能单元电路的元件应集中布置在一起，并尽可能按工作顺序排列。

（2）注意信号的流向，一般从输入端或信号源画起，由左至右或由上至下按信号的流向依次画出各单元电路，而反馈通路的信号流向则与此相反。

（3）图形符号要标准，图中应加适当的标注。图形符号表示器件的项目或概念。电路图中的中、大规模集成电路器件，一般用方框表示，在方框中标出它的型号，在方框的边线两侧标出每根线的功能名称和引脚号。除中、大规模器件外，其余元器件符号应当标准化。

（4）连接线应为直线，并且交叉和折弯应最少。通常连接线可以水平布置或垂直布置，一般不画斜线。互相连通的交叉线，应在交叉处用圆点表示。根据需要，可以在连接线上加注信号名或其他标记，表示其功能或去向。有的连线可用符号表示，例如器件的电源一般标电源电压的数值，地线用专用符号表示。

设计的电路是否能满足设计要求，还必须通过组装、调试进行验证。

6.2 电子电路的组装与调试

电子电路设计好后，便可进行组装、调试，最后对课题内容进行全面总结。

6.2.1 电子电路的组装

电子技术基础课程设计中组装电路，通常采用焊接和在实验箱上插接两种方式。焊接组装可提高学生焊接技术，但器件可重复利用率低。在实验箱上组装，元器件便于插接且电路便于调试，并可提高器件重复利用率。下面介绍在实验箱上用插接方式组装电路的方法。

1．集成电路的插接

插接集成电路时首先应认清方向，不要倒插，所有集成电路的插入方向要保持一致，注意引脚不能弯曲。

2．元器件的位置

根据电路图的各部分功能确定元器件在实验箱的插接板上的位置，并按信号的流向将元器件顺序连接，以便于调试。

3．导线的选用

导线的选用和连接导线直径应和插接板的插孔直径相一致，过粗会损坏插孔，过细则与插孔接触不良。为方便检查电路，根据不同用途，导线可以选用不同的颜色。一般习惯是正电源用红线，负电源用蓝线，地线用黑线，信号线用其他颜色的线等。连接用的导线要求紧贴在插接板上，避免接触不良。连线不允许跨接在集成电路上，一般从集成电路周围通过，尽量做到横平竖直，这样便于查线和更换器件。组装电路时注意电路之间要共地。正确的组装方法和合理的布局，不仅使电路整齐美观，而且能提高电路工作的可靠性，便于检查和排除故障。

6.2.2 电子电路的调试

通常有以下两种调试电路的方法。

第一种是采用边安装边调试的方法。把一个总电路按框图上的功能分成若干单元电路，分别进行安装和调试，在完成各单元电路调试的基础上，逐步扩大安装和调试的范围，最后完成整机调试。对于新设计的电路，此方法既便于调试，又可及时发现和解决问题。该方法适于课程设计中采用。

第二种方法是整个电路安装完毕，实行一次性调试。这种方法适于定型产品。

调试电路时应注意做好调试记录，准确记录电路各部分的测试数据和波形，以便于分析和运行时参考。

电子电路一般调试步骤如下。

1．通电前检查

电路安装完毕，首先直观检查电路各部分接线是否正确，检查电源、地线、信号线、元器件引脚之间有无短路，器件有无接错。

2．通电检查

接入电路所要求的电源电压，观察电路中各部分器件有无异常现象。如果出现异常现象，则应立即关断电源，待排除故障后方可重新通电。

3．单元电路调试

在调试单元电路时应明确本部分的调试要求，按调试要求测试性能指标和观察波形。调试顺序按信号的流向进行，这样可以把前面调试过的输出信号作为后一级的输入信号，为最后的整机联调创造条件。电路调试包括静态和动态调试，通过调试掌握必要的数据、波形、现象，然后对电路进行分析、判断，排除故障，完成调试要求。

4．整机联调

各单元电路调试完成后就为整机调试打下了基础。整机联调时应观察各单元电路连接后各级之间的信号关系，主要观察动态结果，检查电路的性能和参数，分析测量的数据和波形是否符合设计要求，对发现的故障和问题及时采取处理措施。

调试中电路故障的排除可以按下述方法进行。

（1）信号寻迹法。寻找电路故障时，一般可以按信号的流程逐级进行。从电路的输入端加入适当的信号，用示波器或电压表等仪器逐级检查信号在电路内各部分传输的情况，根据电路的工作原理分析电路的功能是否正常，如果有问题，应及时处理。调试电路时也可从输出级向输入级倒推进行，信号从最后一级电路的输入端加入，观察输出端是否正常，然后逐级将适当信号加入前面一级电路输入端，继续进行检查。这里所指的"适当信号"是指频率、电压幅值等参数应满足电路要求，这样才能使调试顺利进行。

（2）对分法。把有故障的电路分为两部分，先检测这两部分中究竟是哪部分有故障，然后再对有故障的部分采用"对分法"检测，一直到找出故障为止。采用"对分法"可减少调试工作量。

（3）分割测试法。对于一些有反馈的环形电路，如振荡器、稳压器等电路，它们各级的工作情况互相有牵连，这时可采取分割环路的方法，将反馈环去掉，然后逐级检查，可更快地查出故障部分。对自激振荡现象也可以用此法检查。

（4）电容器旁路法。如遇电路发生自激振荡或寄生调幅等故障，检测时可用一只容量较大的电容器并联到故障电路的输入端或输出端，观察对故障现象的影响，据此分析故障的部位。在放大电路中，旁路电容失效或开路，使负反馈加强，输出量下降，此时用适当的电容并联在旁路电容两端，就可以看到输出幅度恢复正常，也就可断定旁路电容的问题。这种检查可能要通过多处试验才有结果，这时要细心分析可能引起故障的原因。这种方法也可用来检查电源滤波和去耦电路的故障。

（5）对比法。将有问题的电路的状态、参数与相同的正常电路进行逐项对比。此方法可以较快地从异常的参数中分析出故障。

（6）替代法。把已调试好的单元电路代替有故障或有疑问的相同的单元电路（注意共地），这样可以很快判断故障部位。有时元器件的故障不很明显，如电容器漏电，电阻变质，晶体管或集成电路性能下降等，这时用相同规格的优质元器件逐一替代实验，就可以具体地判断故障点，加快查找故障点的速度，提高调试效率。

（7）静态测试法。故障部位找到后，要确定是哪一个或哪几个元件有问题，最常用的就是静态测试法和动态测试法。静态测试是用万用表测试电阻值，电容器是否漏电，电路是否断路或短路，晶体管和集成电路的各引脚电压是否正常等。这种测试是在电路不加信号时进行的，所以叫静态测试。通过这种测试可发现元器件的故障。

（8）动态测试法。当静态测试还不能发现故障原因时，可以采用动态测试法。测试时在电路输入端加上适当的信号再测试元器件的工作情况，观察电路的工作状况，分析、判别故障原因。

　　组装电路要认真细心，要有严谨的科学作风。安装电路要注意布局合理。调试电路要注意正确使用测量仪器，系统各部分要"共地"，调试过程中不断跟踪和记录观察的现象、测量的数据和波形。通过组装、调试电路，发现问题，解决问题，提高设计水平，圆满地完成电路设计任务。

6.3 课程设计总结报告

　　编写课程设计的总结报告是对学生写科学论文和科研总结报告的能力训练。通过写报告，不仅把设计、组装、调试的内容进行全面总结，而且把实践内容上升到理论高度。总结报告应包括以下几点。

　　（1）课题名称。

　　（2）内容摘要。

　　（3）设计内容及要求。

　　（4）比较和选定设计的系统方案，画出系统框图。

　　（5）单元电路设计、参数计算和器件选择。

　　（6）画出完整的电路图，并说明电路的工作原理。

　　（7）组装调试的内容，包括：

　　① 使用的主要仪器和仪表；

　　② 调试电路的方法和技巧；

　　③ 测试的数据和波形并与计算结果比较分析；

　　④ 调试中出现的故障、原因及排除方法。

　　（8）总结设计电路的特点和方案的优缺点，指出课题的核心及实用价值，提出改进意见和展望。

　　（9）列出系统需要的元器件。

　　（10）列出参考文献。

　　（11）收获、体会。

6.4 课程设计课题举例

6.4.1 逻辑信号电平测试器的设计

　　在检修数字集成电路组成的设备时，经常需要用万用表和示波器对电路中的故障部位的高低电平进行测量，以便分析故障原因。使用这些仪器能较准确地测出被测点信号电平的高低和被测信号的周期，但使用者必须一方面用眼睛看着万用表的表盘或示波器的屏幕；另一方面还要寻找测试点，因此使用起来很不方便。

　　本节介绍的仪器采用声音来表示被测信号的逻辑状态，高电平和低电平分别用不同声调的声音表示，使用者不需分神去看万用表的表盘或示波器的荧光屏。

　　1. 电路组成

　　图 3.6.1 所示为测试器的原理框图。由图可以看出电路由五部分组成，即输入电路、逻辑状态判断电路、音响电路、发音电路（喇叭）和电源。

　　2. 输入电路及逻辑判断电路

　　图 3.6.2 所示为测试器的输入和逻辑判断电路原理图。

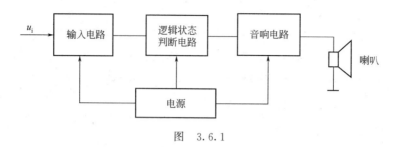

图　3.6.1

图中 u_i 是被测信号。A_1 和 A_2 为两个运算放大器。可以看出 A_1 和 A_2 分别与它们外围电路组成两个电压比较器。A_2 的同相端电压为 0.4V 左右（VD_1 和 VD_2 均为锗二极管），A_1 的反相端电压 U_H 由 R_3 和 R_4 的分压决定。当被测电压 $u_i < 0.4V$ 时，A_1 反相端电压大于同相端电压，使 A_1 输出端 A 为低电平（0V）。A_2 反相端电压小于同相端电压，使它的输出端 B 为高电平（5V）。当 u_i 在 0.4V～U_H 之间时，A_1 同相端电压小于 U_H，A_2 同相端电压也小于反相端电压，所以 A_1 和 A_2 的输出电压均为低电平。当 $u_i > U_H$ 时，A_1 输出端 A 为高电平，A_2 输出端 B 为低电平。

3. 音调产生电路

图 3.6.3 所示为音调产生电路原理图。电路主要由两个运算放大器 A_3 和 A_4 组成。下面分三种情况说明电路的工作原理。

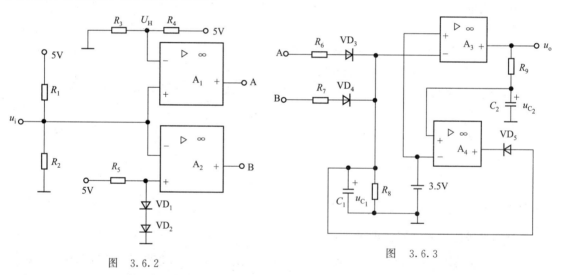

图　3.6.2　　　　　　　　　　　　　　图　3.6.3

（1）当 $u_A = u_B = 0V$（低电平）时。

此时由于 A 和 B 两端全为低电平，所以二极管 VD_3 和 VD_4 截止。因 A_4 的反相输入端为 3.5V，同相输入端电压为电容 C_2 两端的电压 u_{C_2}，由于 u_{C_2} 是一个随时间按指数规律变化的电压，所以 A_4 输出电压不能确定，但这个电压肯定是大于或等于 0V，因此二极管是截止的。由于 VD_3、VD_4 和 VD_5 均处于截止状态，电容 C_1 没有充电回路，u_{C_1} 将保持 0V 电压不变，使 A_3 输出为高电平。

（2）当 $u_A = 5V$，$u_B = 0V$ 时。

此时二极管 VD_3 导通，电容 C_1 通过 R_6 充电，u_{C_1} 按指数规律逐渐升高，由于 A_3 同相输入端电压为 3.5V，所以在 u_{C_1} 达到 3.5V 之前，A_3 输出端电压为 5V，C_2 通过 R_9 充电。

从图 F.3 中可以看到 C_1 的充电时间常数为 $\tau_1 = C_1 R_6$，C_2 的充电时间常数为 $\tau_2 = C_2(R_9 + r_{o3})$，其中 r_{o3} 为 A_3 的输出电阻。假设 $\tau_2 < \tau_1$，则在 C_1 和 C_2 充电时，当 u_{C_1} 达到 3.5V 时，u_{C_2} 已接近稳态时的 5V。因此在 u_{C_1} 升高到 3.5V 后，A_3 同相端电压小于反相端电压，A_3 输出电压由 5V 跳变为 0V，使 C_2 通过 R_9 和 r_{o3} 放电，u_{C_2} 由 5V 逐渐降低。当 u_{C_2} 降到

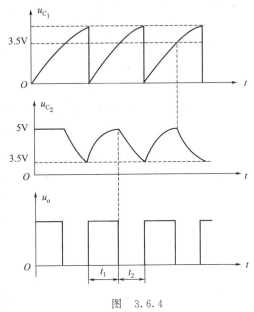

小于 A_4 反相端电压（3.5V）时，A_4 输出端电压跳变为 0V，二极管 VD_5 导通，C_1 通过 VD_5 和 A_4 的输出电阻放电。因为 A_4 输出电阻很小，所以 u_{C_1} 将迅速降到 0V 左右，这导致 A_3 反相端电压小于同相端电压，A_3 的输出电压又跳变到 5V，C_1 再一次充电。如此周而复始，就会在 A_3 输出端形成矩形脉冲信号。u_{C_1}、u_{C_2} 和 u_o 的波形如图 3.6.4 所示。

图 3.6.4

由图 3.6.4 可以看出，A_3 的输出电压 u_o 的周期为：$T = t_1 + t_2$。根据一阶电路的响应特点可知，$t_1 = 1.2\tau_1$，$t_2 = 0.36\tau_2$。这就是说，只要改变时间常数 τ_1、τ_2，即可改变 u_o 周期。

（3）当 $u_A = 0$，$u_B = 5V$ 时。

此时电路的工作过程与 $u_A = 5V$，$u_B = 0V$ 时相同，唯一的区别是由于 VD_4 导通 VD_3 截止，u_B 高电平通过 R_7、VD_4 向 C_1 充电，所以 C_1 的充电时间常数改变了，使得 u_o 的周期会发生相应的变化。

4. 电路技术指标

（1）测量范围：低电平 $< 0.8V$，高电平 $> 3.5V$。

（2）用 1kHz 的音响表示被测信号为高电平。

（3）用 800Hz 的音响表示被测信号为低电平。

（4）当被测信号在 $0.8 \sim 3.5V$ 之间时，不发出音响。

（5）输入电阻大于 $20k\Omega$。

（6）工作电源为 5V。

6.4.2 数字频率计

数字频率计用于测量信号（方波、正弦波或其他脉冲信号）的频率，并用十进制数字显示，它具有精度高，测量迅速，读数方便等优点，因此用途十分广泛。

1. 数字频率计工作原理

数字频率计原理方框图如图 3.6.5 所示（图中 S_1 是测量信号选择开关，S_2 是闸门时基选择开关）。

脉冲信号的频率就是在单位时间内所产生的脉冲个数，其表达式为 $f = N/T$。其中，f 为被测信号的频率，N 为计数器所累计的脉冲个数，T 为产生 N 个脉冲所需的时间。计数器所记录的结果，就是被测信号的频率。如在 1s 内记录 1000 个脉冲，则被测信号的频率为 1000Hz。

由晶体振荡器、多级分频系统及门控电路，得到具有固定宽度 T 的方波脉冲作为门控

信号，时间基准 T 称为闸门时间。宽度为 T 的方波脉冲控制闸门（与门）的一个输入端 B。被测信号频率为 f_x，它的周期为 T_x，该信号经放大整形后变成序列窄脉冲，送到闸门另一输入端 A。当门控信号到来后，闸门开启，周期为 T_x 的信号脉冲和周期为 T 的门控信号相"与"通过闸门，在闸门输出端 C 产生的脉冲信号送到计数器，开始计数，直到门控信号结束，闸门关闭。单稳 1 的暂态送入锁存器的使能端，锁存器将计数结果锁存，计数器停止计数并被单稳 2 的暂态清零。若取闸门时间 T 内通过闸门的信号脉冲个数为 N，则锁存器中的锁存计数 $N=T/T_x=Tf_x$，$f_x=N/T$。测量频率是按照频率的定义进行的，若 $T=1\mathrm{s}$，则计数器显示的数字 $f_x=N$。若取 $T=0.1\mathrm{s}$，通过闸门的脉冲个数仍为 N 时，则 $f_x=N_1/0.1=10N_1$（N_1 是闸门时间为 $0.1\mathrm{s}$ 时，通过闸门的脉冲个数）。由此可见，闸门时间决定量程，可以通过闸门时基选择开关选择，选择 T 大一些，测量准确度就高一些。根据被测频率选择闸门时间，显示器的小数点对应闸门时间显示数据量程。实验时若未加小数点显示，闸门时间 T 为 $1\mathrm{s}$，被测信号频率通过计数锁存可直接从计数显示器上读出。调试时观测 A、B、C、D 和 E 各点波形，可得一组完整的数字频率计波形。

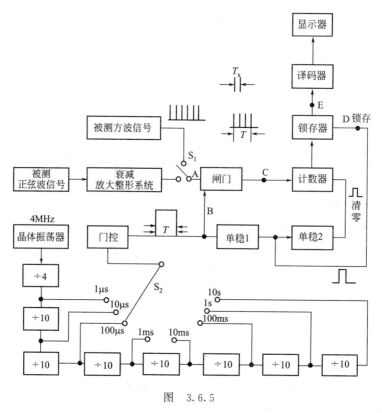

图　3.6.5

2. 衰减放大整形系统

衰减放大整形系统包括衰减器、跟随器、放大器、施密特触发器。它将正弦波输入信号 U_x 整形成同频率方波 U_o，测试信号通过衰减开关选择输入衰减倍率。衰减器由分压器构成，幅值过大的被测信号，经过分压器分压送入后级放大器，以避免波形失真。由运算放大器构成的射级跟随器起阻抗变换作用，使输入阻抗提高。同相输入的运算放大器的放大倍数为 $(1+R_F/R_1)$，改变 R_F 的大小可以改变放大倍数。系统的整形电路由施密特触发器组成，整形后的方波送到闸门以便计数。

3. 石英晶体振荡器和分频器

石英晶体振荡器的振荡频率为 4MHz，经过分频器，输出频率的周期范围为 $1\mu s\sim10s$。根据被测信号频率的大小，通过闸门时基选择开关选择时基。时基信号经过门控电路得到方波，其正脉宽 T 控制闸门的开放时间。

4. 可控制的计数锁存、译码显示系统

本系统由计数器、锁存器、译码器、显示器、单稳态触发器组成。其中计数器按十进制计数。如果在系统中不接锁存器，则显示器上的显示数字就会随计数器的状态不停地变化，只有在计数器停止计数时，显示器上的显示数字才能稳定，所以，在计数器后边必须接入锁存器。锁存器的工作是受单稳态触发器控制的。门控波形 B 的下降沿使单稳态触发器 1 进入暂态，单稳 1 的上升沿作为锁存器的时钟脉冲（使能）。锁存器在使能脉冲作用下，将门控信号周期 T 内的计数结果存储起来，并隔离计数器对译码显示的作用，同时把所存储的状态送入译码器进行译码，在显示器上得到稳定的计数显示。

为了使计数器稳定、准确地计数，在门控脉冲结束后，锁存器将计数结果锁存。在单稳 1 暂态脉冲的下降沿使单稳 2 进入暂态，利用单稳 2 的暂态对计数器清零，清零后的计数器又等待下一个门控信号到来重新计数。

5. 闸门电路

闸门电路主要由与门组成，该电路有两个输入端和一个输出端。输入端的一端接门控信号，另一端接整形后的被测方波信号，闸门是否开通受门控信号的控制。当门控信号为高电平 1 时，闸门开启，而门控信号为低电平 0 时，闸门关闭。显然，只有在闸门开启的时间内，被测信号才能通过闸门进入计数器，计数器计数时间就是闸门开启时间。可见，门控信号的宽度一定时，闸门的输出值正比于被测信号的频率，通过计数显示系统把闸门的输出结果显示出来，就可以得到被测信号的频率。

6. 电子计数器测量周期

当被测信号频率比较低时，用测量周期的方法来测量频率，比直接测量频率有更高的准确度和分辨率，且便于测量过程自动化。该测量方法在许多科学技术领域中都得到了普遍应用。

测量周期时常用周期倍乘增大 N 值，减小量化误差的影响，提高测量准确度。测量周期与测量频率的基本原理相似。参阅测频原理可设计出用电子计数器测量周期的电路系统。

7. 电路技术指标

（1）测量频率范围 $20\sim9\,999$Hz 和 1Hz~100kHz。

（2）测量信号：方波峰-峰值 $3\sim5$V（与 TTL 兼容）。

（3）闸门时间：10ms、0.1s、1s 和 10s，脉冲波峰-峰值 $3\sim5$V。

（4）显示方式：用七段 LED 数码管显示读数，做到显示稳定，不跳变；小数点的位置跟随量程的变更而自动移位；为了便于读数，要求数据显示的时间在 $0.5\sim5$s 内连续可调；具有"自检"功能。

（5）频率计的单元电路：可控制的计数、锁存、译码显示系统；石英晶体振荡器及分频系统；带衰减器的放大整形系统。

（6）选做内容：

① 用计数法测量周期；

② 用大规模集成电路 ICM7216 组装数字频率计，并进行调试。

第7章

常用电阻器

7.1 电阻器和电位器的型号命名法

电阻器及电位器的型号命名一般由四部分组成，其表示方法及意义见表3.7.1。

表 3.7.1 电阻器、电位器的型号命名法

第 一 部 分		第 二 部 分		第 三 部 分		第 四 部 分
用字母表示主称		用字母表示材料		用数字或字母表示分类		用数字表示序号
符 号	意 义	符 号	意 义	符 号	意 义	
R	电阻器	T	碳膜	1	普通	
RP	电位器	P	硼碳膜	2	普通	
		U	硅碳膜	3	超高频	
		H	合成膜	4	高阻	
		I	玻璃釉膜	5	高温	
		J	金属膜（箔）	6	精密	
		Y	氧化膜	7	＊高压或特殊函数	
		S	有机实芯	8	特殊	
		N	无机实芯	9	高功率	
		X	线绕	G	可调	
		R	热敏	T	小型	
		G	光敏	L	测量用	
		M	压敏	W	微调	
				D	多圈	

注：＊第三部分数字"7"，对于电阻器来说表示"高压"，对于电位器来说表示"特殊函数"。

7.2 电阻种类及几种常用电阻的结构和特点

常用电阻有碳膜电阻、碳质电阻、金属膜电阻、线绕电阻和电位器等，现将几种常用电阻的结构和特点进行列表说明（表3.7.2）。

表 3.7.2 几种常用电阻的结构和特点

电阻种类	电阻结构和特点
碳膜电阻	气态碳氢化合物在高温和真空中分解，碳沉积在瓷棒或瓷管上，形成一层结晶碳膜。改变碳膜的厚度和用刻槽的方法变更碳膜的长度，可以得到不同的阻值。碳膜电阻成本较低，性能一般
金属膜电阻	在真空中加热合金，合金蒸发，使瓷棒表面形成一层导电金属膜。刻槽和改变金属膜厚度可以控制阻值。与碳膜电阻相比，其体积小，噪声低，稳定性好，但成本较高
碳质电阻	把碳黑、树脂、黏土等混合物压制后经热处理制成。在电阻上用色环表示它的阻值。这种电阻成本低，阻值范围宽，但性能差，采用极少

续表

电阻种类	电阻结构和特点
线绕电阻	用康铜或者镍铬合金电阻丝,在陶瓷骨架上绕制成。这种电阻分固定和可变两种。它的特点是工作稳定,耐热性能好,误差范围小,适用于大功率的场合,额定功率一般在 1W 以上
碳膜电位器	它的电阻体是在马蹄形的纸胶板上涂上一层碳膜制成。它的阻值变化和中间触头位置的关系有直线式、对数式和指数式三种。碳膜电位器有大型、小型、微型几种,有的和开关一起组成带开关电位器 还有一种直滑式碳膜电位器,它是靠滑动杆在碳膜上滑动来改变阻值。这种电位器调节方便
线绕电位器	用电位器在环状骨架上绕制成。它的特点是阻值变化范围小,功率较大

7.3 电阻器的主要性能指标

表征电阻器的主要技术参数有电阻值、额定功率、准确度等。

1. 电阻器的标称阻值

标准化了的电阻值称为标称阻值。标称阻值组成的系列称为标准系列。表 3.7.3 所示为常用固定电阻器的标称系列,表 3.7.4 所示为常用可变电阻器的标称系列。

任何固定式电阻器的标称值应符合表 3.7.3 所示的数值或表所列数值乘以 10^n,其中 n 为正整数或负整数。

表 3.7.3 常用固定电阻器的标称系列

允许误差	系列代号	系 列 值
±5%	E_{24}	1.0,1.1,1.2,1.3,1.5,1.6,1.8,2.0,2.2,2.4,2.7,3.0,3.3,3.6,3.9,4.3,4.7,5.1,5.6,6.2,6.8,7.5,8.2,9.1
±10%	E_{12}	1.0,1.2,1.5,1.8,2.2,2.7,3.3,3.9,4.7,5.6,6.8,8.2
±20%	E_8	1.0,1.5,2.2,3.3,4.7,6.8

表 3.7.4 常用可变电阻器的标称系列

名 称	允 许 误 差	系 列 值
线绕电位器	±10%,±5%,±20%,±1%	E_{12} 或 E_8
薄膜电位器	±20%,±10%,±5%	E_{12} 或 E_8

2. 电阻器的准确度

电阻器的准确度指电阻器的实际阻值与规定阻值之间的偏差范围,以允许偏差的百分数表示。常用的电阻器允许误差的等级见表 3.7.5。

表 3.7.5 电阻器允许误差的等级

允 许 误 差	±0.5%	±1%	±5%	±10%	±20%
级 别	0.05	0.1	I	II	III

3. 电阻器的额定功率

电阻器的额定功率指在标准大气压和一定环境温度下,电阻器能长期连续负荷而不改变性能的允许功率。

额定功率共分 19 个等级,其中常用的有 0.05W、0.125W、0.25W、0.5W、1W、2W、4W、5W、…、500W 等。电阻器额定功率的选取要比实际耗散功率大一倍左右。

7.4 电路图中电阻器符号及参数标记规则

1. 符号表示（见图 3.7.1）

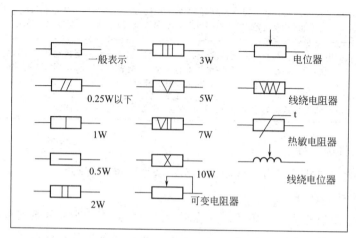

图　3.7.1

2. 阻值标记

（1）1Ω 以下的电阻，在阻值数字后面要加 "Ω" 的符号，如 0.5Ω。

（2）1kΩ 以下的电阻，可以只写数字不写单位，如 6.8Ω 可写成 6.8，200Ω 可写成 200。

（3）1kΩ～1MΩ，以 kΩ 为单位，符号是 "k"，如 6 800 可写成 6.8k。

（4）1MΩ 以上，以 MΩ 为单位，符号是 "M"，如 1MΩ 可写成 1M。

标记举例：

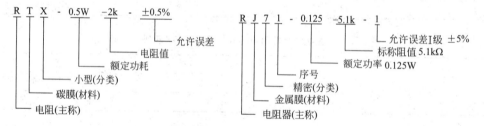

7.5 电阻器的色标

电阻器的阻值和误差，一般都用数字标印在电阻器上，但一些体积很小的合成电阻器，其阻值和误差常以色环来表示。这就是电阻器的色标，如图 3.7.2 所示。

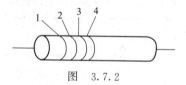

图　3.7.2

这种色标包括电阻器上的色带或点。其颜色和数值如表 3.7.6 所示。

在图 3.7.2 中，第一条带的颜色表示了电阻值的第一位有效数字，第二条带的颜色表示了第二位有效数字，第三条带的颜色代表倍率值 n（乘上 10^n），第四条色带表示电阻值的误差范围。若没有第四条色带，就表示电阻有 20% 的误差。

表 3.7.6 电阻器颜色和数值表

颜　色	代表的有效数字	电阻,EIA 及 MIL	
		代表倍数	代表误差/%
黑	0	1	—
棕	1	10	—
红	2	100	—
橙	3	1 000	—
黄	4	10 000	—
绿	5	10 0000	—
蓝	6	10^6	—
紫	7	10^7	—
灰	8	10^8	—
白	9	10^9	—
金	—	0.1	5
银	—	0.01	10
无色	—	—	20

例如，一个电阻其色标第一圈是绿色，第二圈是棕色，第三圈是橙色，第四圈是无色，则表示 $51×1\,000＝51k\Omega±20\%$。

又如，一个电阻其色标第一圈是红色，第二圈是红色，第三圈是黑色，第四圈是金色，对照表 3.7.6 可知其阻值是 $22×1＝22\Omega$，误差是 5%。

如果是五色环电阻，前三环为有效数值，第四环为倍率，第五环为误差。

第8章

常用电容器

8.1 电容器的型号命名法

电容器的型号命名由四部分组成，其表示方法及意义如表 3.8.1 所示。

表 3.8.1　电容器型号命名法

第 一 部 分		第 二 部 分		第 三 部 分		第 四 部 分
主称		材料		特征		序号
符　号	意　义	符　号	意　义	符　号	意　义	用字母和数字表示
C	电容器	C	高频瓷	T	铁电	
		T	低频瓷	W	微调	
		I	玻璃釉	J	金属化	
		Y	云母	X	小型	
		V	云母纸	D	低压	
		Z	纸介	M	密封	
		J	金属化纸	Y	高压	
		B	聚苯乙烯等非极性有机薄膜	C	穿心式	
				S	独石	
		L	涤纶等极性有机薄膜			
		Q	漆膜			
		H	纸膜复合			
		D	铝电解			
		A	钽电解			
		G	金属电解			
		N	铌电解			
		E	其他材料电解			
		O	玻璃膜			

8.2 电容器种类及几种常用电容的结构和特点

常用电容按介质区分有纸介电容、油浸纸介电容、金属化纸介电容、云母电容、薄膜电容、电解电容等。表 3.8.2 列出了几种常用电容的结构和特点。

表 3.8.2　几种常用电容的结构和特点

电容种类	电容结构和特点
纸介电容	用两片金属箔做电极,夹在极薄的电容纸中,卷成圆柱形或者扁柱形芯子,然后密封在金属壳或者绝缘材料壳中制成。它的特点是体积较小,容量可以做得较大,但是固有电感和损耗都比较大,适用于低频电路
云母电容	用金属箔或在云母片上喷涂银层做电极板,极板和云母一层一层叠合后,再压铸在胶木粉或封固在环氧树脂中制成。其特点是介质损耗小,绝缘电阻大,温度系数小,适用于高频电路

176

电容种类	电容结构和特点
陶瓷电容	用陶瓷做介质,在陶瓷基体两面喷涂银层,然后烧成银质薄膜作为极板制成。其特点是体积小,耐热性好,损耗小,绝缘电阻高,但容量小,适用于高频电路 铁电陶瓷电容容量较大,但损耗和温度系数较大,适用于低频电路
薄膜电容	结构与纸介电容相同,介质是涤纶或聚苯乙烯。涤纶薄膜电容介质常数较高,体积小,容量大,稳定性好,适宜做旁路电容。聚苯乙烯薄膜电容介质损耗小,绝缘电阻高,但温度系数大,可用于高频电路
金属化纸介电容	结构基本与纸介电容相同,它在电容器纸上覆盖一层金属膜来代替金属箔,体积小,容量较大,一般用于低频电路
油浸纸介电容	它把纸介电容浸在经过特别处理的油里,能增强其耐压性。其特点是电容量大,耐压高,但体积较大
铝电解电容	它用铝圆筒做负极,里面装有液体电解质,插入一片弯曲的铝带做正极制成,还需经直流电压处理,使正极片上形成一层氧化膜做介质。其特点是容量大,但是漏电大,稳定性差,有正、负极性,适用于电源滤波或低频电路中。使用时,正、负极不要接反
钽铌电解电容	它用金属钽或者铌做正极,用稀硫酸等配液做负极,用钽或铌表面生成的氧化膜做介质制成。其特点是体积小,容量大,性能稳定,寿命长,绝缘电阻大,温度特性好,用在要求较高的设备中

8.3 电容器的主要特性指标

表征电容器的主要技术参数有标称容量、允许误差、耐压和绝缘电阻等。

1. 电容器的标称容量

电容器上标有的电容数值是电容器的标称容量。常用固定电容的标称容量系列见表 3.8.3。任何固定电容器的标称值应符合表 3.8.3 数值或表列数值乘以 10^n,其中 n 为正整数或负整数。

表 3.8.3　常用固定电容的标称容量系列

电容类别	允许误差	容量范围	标称容量系列
纸介电容、金属化纸介电容、纸膜复合介质电容、低频(有极性)有机薄膜介质电容	±5% ±10% ±20%	100pF～1μF	1.0;1.5;2.2;3.3;4.7;6.8
		1～100μF	1;2;4;6;8;10;15;20;30;50;60;80;100
高频(无极性)有机薄膜介质电容、瓷介电容、玻璃釉电容、云母电容	±5%		1.0;1.1;1.2;1.3;1.5;1.6;1.8;2.0;2.2;2.4;2.7;3.0;3.3;3.6;3.9;4.3;4.7;5.1;5.6;6.2;6.8;7.5;8.2;9.1
	±10%		1.0;1.2;1.5;1.8;2.2;2.7;3.3;3.9;4.7;5.6;6.8;8.2
	±20%		1.0;1.5;2.2;3.3;4.7;6.8
铝、钽、铌、钛电解电容	±10% ±20%		1.0;1.5;2.2;3.3;4.7;6.8(容量单位 μF)

2. 电容器的允许误差

电容器的准确度的允许偏差直接以允许偏差的百分数表示。常用固定电容允许误差的等级见表 3.8.4 所示。

表 3.8.4　常用固定电容允许误差的等级

允许误差	±2%	±5%	±10%	±20%	+20%、-30%	+50%、-20%	+100%、-10%
级别	02	I	II	III	IV	V	VI

3. 电容器的耐压

电容器长期可靠地工作下所能承受的最大直流电压，就是电容器的耐压，也叫电容的直流工作电压。如果在交流电路中，则要注意所加的交流电压最大值，不能超过电容的直流工作电压值。表 3.8.5 列出了常用固定电容直流工作电压系列。

表 3.8.5　常用固定电容的直流电压系列

1.6	4	6.3	10	16	25	32 *	40	50	63
100	125 *	160	250	300 *	400	450 *	500	630	1000

注：标"*"的数值，只限电解电容用。

4. 电容的绝缘电阻

由于电容两极板之间的介质不是绝对的绝缘体，它的电阻不是无穷大，而是一个有限大的数值，一般在 1 000MΩ 以上。电容两极之间的电阻叫绝缘电阻，或叫漏电电阻。漏电电阻越小，漏电越严重。电容漏电会引起能量损耗，这不仅影响电容的寿命，而且会影响电路的正常工作，因此，漏电电阻越大越好。

8.4 电路图中电容器符号及参数标记规则

1. 符号表示（图 3.8.1）

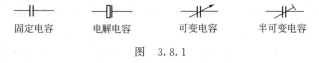

固定电容　　　电解电容　　　可变电容　　　半可变电容

图　3.8.1

2. 电容值标记

标记举例：

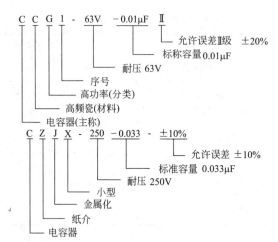

通常在容量小于 10000pF 的时候用 pF 做单位。为了方便起见，大于 100pF 而小于 1μF 的电容常常不注单位。没有小数点的，它的单位是 pF，有小数点的，其单位是 μF。例如：3300 就是 3300pF，0.1 就是 0.1μF 等。

8.5 电容器的色标

现在使用的电容器，一般都在电容器上刻上该电容器的电容值。但是仍存在一些用色环（或色点）表示电容器参数的方法，简单介绍如下。表 3.8.6 列出了模制电容器的色码。

表 3.8.6 模制电容器的色码

颜 色	有 效 数 字	模制纸质圆筒型电容器		
		十 进 倍 率	允许误差/±%	电压/V
黑	0	1	20	—
棕	1	10	—	100
红	2	100	—	200
橙	3	1 000	30	300
黄	4	10 000	40	400
绿	5	10^5	5	500
蓝	6	10^6	—	600
紫	7	—	—	700
灰	8	—	—	800
白	9	—	10	900
金	—	0.1	—	—
银	—	—	10	—
无色	—	—	—	—

例如，在图 3.8.2 所示的圆筒型模制纸质电容器中，根据表 3.8.6 可知：$C=22000\text{pF}$，允许误差 $=\pm10\%$，$U=1600\text{V}$（两位电压数字表示额定电压大于 900V，应在该两位数字后面加上两个 0）。第一、二位为电容容量有效数字，第三位为倍率，第四位为误差，第五位、六位为有效电压数字。

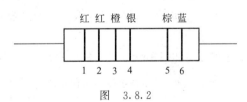

图 3.8.2

第9章

半导体器件

导电能力介于导体与绝缘体之间的物质称为半导体，如锗、硅、硒及大多数金属氧化物。PN 结是由两种不同类型半导体材料组成的，它具有单向导电性。半导体都是利用半导体材料和 PN 结的特殊性组成的，它包括半导体二极管和三极管，以及特殊半导体和集成电路。它们都是组成电子电路的核心器件。

9.1 半导体二极管

半导体二极管也称晶体二极管，简称二极管。二极管具有单向导电性，可用于整流、检波、稳压及混频电路中。

1. 半导体二极管分类

(1) 按材料不同分。二极管按材料不同可分为锗管和硅管两大类。两者性能区别在于：锗管正向压降比硅管小（锗管为 0.2V，硅管为 0.5～0.8V）；锗管的反向漏电流比硅管大（锗管约为几百微安，硅管小于 $1\mu A$）；锗管的 PN 结可承受的温度比硅管低（锗管约为100℃，硅管约为200℃）。

(2) 按用途不同分。二极管按用途不同可分为普通二极管和特殊二极管。普通二极管包括检波二极管、整流二极管、开关二极管、稳压二极管；特殊二极管包括变容二极管、光电二极管、发光二极管等。

常用二极管的特性及用途如表 3.9.1 所示，符号如图 3.9.1 所示。

表 3.9.1　常用二极管的特性及用途

名　称	特　性	用　途
整流二极管	多用硅半导体制成，利用 PN 结单向导电性整流	把交流电变成脉动直流，即整流
检波二极管	常用点接触式，高频特性好	把调制在高频电磁波上的低频信号检出来
稳压二极管	利用二极管反向击穿时，两端电压不变原理，稳压好	稳压限幅，过载保护，广泛用于稳压电源装置中
开关二极管	利用正偏压时二极管电阻很小，反偏压时电阻很大的单向导电性，具有开关特性	在电路中对电流进行控制，起到接通或关断的开关作用
变容二极管	利用 PN 结电容随加到管子上的反向电压大小而变化的特性	在调谐等电路中取代可变电容器
发光二极管	正向电压为 1.5～3V 时，只要正向电流通过，可发光	用于指示，可组成数字或符号的 LED 数码管
光电二极管	将光信号转换成电信号，有光照时其反向电流随光照强度的增加而成正比上升	用于光的测量或作为能源即光电池

(a) 普通二极管　　(b) 稳压二极管　　(c) 发光二极管　　(d) 光电二极管

图 3.9.1　部分二极管符号示例

2. 二极管的型号命名

根据国际 GB/T 249—2017，半导体二极管和三极管型号由五部分组成，详见表 3.9.2。

表 3.9.2　半导体分立器件型号命名方法

第一部分		第二部分		第三部分		第四部分	第五部分
用数字表示器件的电极数		用字母表示器件的材料和极性		用字母表示器件的类别		用数字表示器件的序号	用字母表示规格
符号	含义	符号	含义	符号	含义	含义	含义
2	二极管	A B C D	N 型锗材料 P 型锗材料 N 型硅材料 P 型硅材料	P V W C Z L S N U K X G D A	普通管 微波管 稳压管 参量管 整流管 整流堆 隧道管 阻尼管 光电器件 开关管 低频小功率管 $(f_a<3\mathrm{MHz},P_C<1\mathrm{W})$ 高频小功率管 $(f_a\geqslant3\mathrm{MHz},P_C<1\mathrm{W})$ 低频大功率管 $(f_a<3\mathrm{MHz},P_C\geqslant1\mathrm{W})$ 高频大功率管 $(f_a\geqslant3\mathrm{MHz},P_C\geqslant1\mathrm{W})$	反映了极限参数、直流参数和交流参数等的差别	反映了承受反向击穿电压的程度。如规格号 A、B、C、D 等，其中 A 承受的反向击穿电压最低，B 次之，依次类推
3	三极管	A B C D E	PNP 型锗材料 NPN 型锗材料 PNP 型硅材料 NPN 型硅材料 化合物材料				

第一部分：用数字"2"表示二极管，用数字"3"表示三极管；

第二部分：材料和极性，用字母表示；

第三部分：类型，用字母表示；

第四部分：序号，用数字表示；

第五部分：规格，用字母表示。

示例 1：2CN1 表示硅材料 N 型阻尼二极管。

示例 2：3AX31A 表示 PNP 型锗材料低频小功率管，序号为 31，管子规格为 A。

3. 二极管的选用方法

（1）类型选择。按照用途选择二极管的类型。如用于检波可以选择点接触式普通二极管；用于整流可以选择面接触型普通二极管或整流二极管；用于光电转换可以选用光电二极管；在开关电路中使用开关二极管等。

（2）参数选择。用在电源电路中的整流二极管，通常考虑两个参数，即 I_F 和 U_{RM}。在选择的时候应适当留有裕量。

（3）材料选择。选择硅管还是锗管，可以按照以下原则决定：要求正向压降小的选择锗管；要求反向电流小的选择硅管；要求反电压高、耐高压的选择硅管。

9.2 半导体三极管

半导体三极管又称晶体三极管，通常简称晶体管，或双极型晶体管，它是一种控制电流的半导体器件，可用来对微弱信号进行放大和作为无触点开关。它具有结构牢固、寿命长、体积小、耗电省等一系列优点，因此在各个领域得到广泛应用。

1. 半导体三极管分类

（1）按材料分。三极管按材料分可分为硅三极管、锗三极管。

（2）按导电类型分。三极管按导电类型分可分为 PNP 型和 NPN 型。锗三极管多为 PNP 型，硅三极管多为 NPN 型。

（3）按用途分。按工作频率分为高频（$f_T>3\text{MHz}$）、低频（$f_T<3\text{MHz}$）和开关三极管；按工作功率又分为大功率（$P_C>1\text{W}$）、中功率（$P_C=0.5\sim1\text{W}$）和小功率（$P_C<0.5\text{W}$）三极管。

2. 型号命名

三极管型号由五部分组成，详见表 3.9.2。

示例 3：3AG11C 表示锗 PNP 型高频小功率管，序号为 11，管子的规格号为 C。

3. 选用

（1）类型选择。按用途选择三极管的类型。如按电路的工作频率，分为低频放大和高频放大，应选用相应的低频管或高频管；若要求管子工作在开关状态，应选用开关管；根据集电极电流和耗散功率的大小，可分别选用小功率管或大功率管，一般集电极电流在 0.5A 以上，集电极耗散功率在 1W 以上的，选用大功率三极管，否则，选用小功率三极管。习惯上也把集电极电流为 0.5～1A 的称为中功率管，而 0.1A 以下的称为小功率管。还有按电路要求，选用 NPN 型或 PNP 型管等。

（2）参数选择。对放大管，通常必须考虑 β、$U_{(BR)CEO}$、I_{CM} 和 P_{CM} 四个参数。一般希望 β 大，但并不是越大越好，需根据电路要求选择 β 值。β 值太高，易引起自激振荡，工作稳定性差，受温度影响也大。通常选 β 在 40～100 之间。$U_{(BR)CEO}$、I_{CM} 和 P_{CM} 是三极管极限参数，电路的估算值不得超过这些极限参数。

第10章

半导体集成电路

10.1 半导体集成电路的型号命名方法

1. 型号命名方法

半导体集成电路的型号由五部分组成，符号及意义如表 3.10.1 所示。

表 3.10.1　半导体集成电路型号命名法

第○部分		第一部分		第二部分	第三部分		第四部分	
用字母表示器件符号国家标准		用字母表示器件的类型		用阿拉伯数字表示器件的系列和品种代号	用字母表示器件的工作温度范围/℃		用字母表示器件的封装	
符号	意　义	符号	意　义		符号	意　义	符号	意　义
C	中国制造	T	TTL		C	0～70	W	陶瓷扁平
		H	HTL		E	−40～85	B	塑料扁平
		E	ECL		R	−55～85	F	全密封扁平
		C	CMOS		M	−55～125	D	陶瓷直插
		F	线性放大器			：	P	塑料直插
		D	音响、电视电路				J	黑陶瓷直插
		W	稳压器				K	金属菱形
		J	接口电路				T	金属圆形
		B	非线性电路					
		M	存储器					
		U	微型机电路					

例如：（1）肖特基 TTL 双 4 输入与非门。

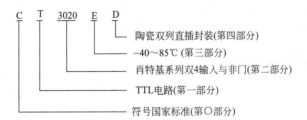

（2）CMOS 8 选 1 数据选择器（3S）。

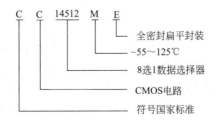

（3）通用型运算放大器。

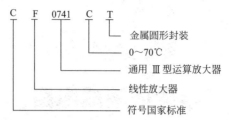

2. 国标 TTL 集成电路与国外 TTL 集成电路型号对照说明

国标 TTL 集成电路与国外 TTL 集成电路是完全可以互换的，两者型号之间有一一对应规律。

国外型号：

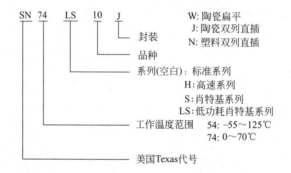

国标型号：

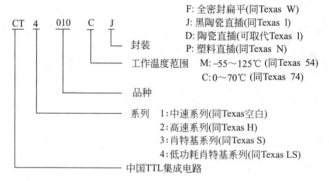

例如：CT4010CJ——SN74LS10J；

CT4010MF——SN54LS10W。

10.2 常用集成电路引脚排列图及功能表

常用集成电路引脚排列图及功能表见图 3.10.1～图 3.10.36 及表 3.10.2～表 3.10.21。

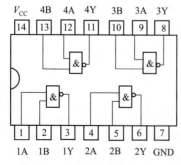

图 3.10.1 74LS00 四 2 输入与非门

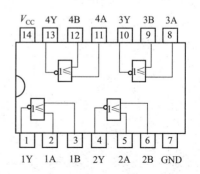

图 3.10.2 74LS02 四 2 输入或非门

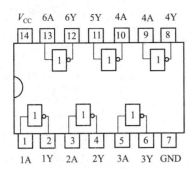

图 3.10.3　74LS04 六反向器

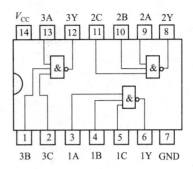

图 3.10.4　74LS10 三 3 输入与非门

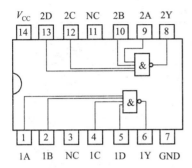

图 3.10.5　74LS20 双 4 输入与非门

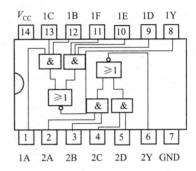

图 3.10.6　74LS51 双与或非门

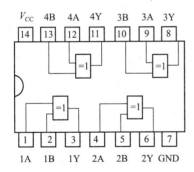

图 3.10.7　74LS86 四 2 输入异或门

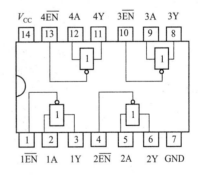

图 3.10.8　74LS125 四总线缓冲门

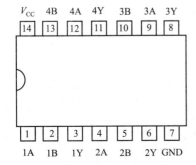

图 3.10.9　74LS03 四 2 输入与非 OC 门

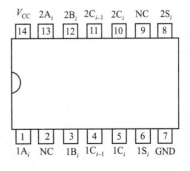

图 3.10.10　74LS183 双进位全加器

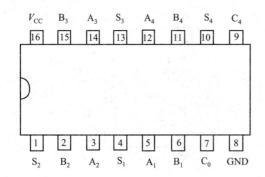

图 3.10.11　74LS283 快速进位四位二进制全加器

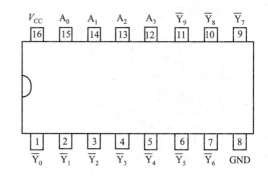

图 3.10.12　74LS42 4-10 线译码器

表 3.10.2　74LS42 功能表

输	入			输	出								
A_3	A_2	A_1	A_0	$\overline{Y}_9$	$\overline{Y}_8$	$\overline{Y}_7$	$\overline{Y}_6$	$\overline{Y}_5$	$\overline{Y}_4$	$\overline{Y}_3$	$\overline{Y}_2$	$\overline{Y}_1$	$\overline{Y}_0$
L	L	L	L	H	H	H	H	H	H	H	H	H	L
L	L	L	H	H	H	H	H	H	H	H	H	L	H
L	L	H	L	H	H	H	H	H	H	H	L	H	H
L	L	H	H	H	H	H	H	H	H	L	H	H	H
L	H	L	L	H	H	H	H	H	L	H	H	H	H
L	H	L	H	H	H	H	H	L	H	H	H	H	H
L	H	H	L	H	H	H	L	H	H	H	H	H	H
L	H	H	H	H	H	L	H	H	H	H	H	H	H
H	L	L	L	H	L	H	H	H	H	H	H	H	H
H	L	L	H	L	H	H	H	H	H	H	H	H	H
H	L	H	L	H	H	H	H	H	H	H	H	H	H
H	L	H	H	H	H	H	H	H	H	H	H	H	H
H	H	L	L	H	H	H	H	H	H	H	H	H	H
H	H	L	H	H	H	H	H	H	H	H	H	H	H
H	H	H	L	H	H	H	H	H	H	H	H	H	H
H	H	H	H	H	H	H	H	H	H	H	H	H	H

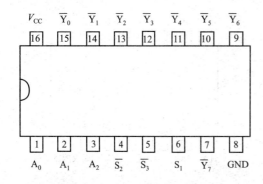

图 3.10.13　74LS138 3-8 线译码器

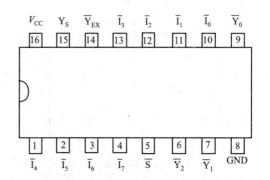

图 3.10.14　74LS148 8-3 线优先编码器

表 3.10.3 74LS138 功能表

输 入					输 出							
使 能		选 择 端										
S_1	$\overline{S}_2+\overline{Y}_3$	A_2	A_1	A_0	$\overline{Y}_7$	$\overline{Y}_6$	$\overline{Y}_5$	$\overline{Y}_4$	$\overline{Y}_3$	$\overline{Y}_2$	$\overline{Y}_1$	$\overline{Y}_0$
×	1	×	×	×	H	H	H	H	H	H	H	H
0	×	×	×	×	H	H	H	H	H	H	H	H
H	L	L	L	L	H	H	H	H	H	H	H	L
H	L	L	L	H	H	H	H	H	H	H	L	H
H	L	L	H	L	H	H	H	H	H	L	H	H
H	L	L	H	H	H	H	H	H	L	H	H	H
H	L	H	L	L	H	H	H	L	H	H	H	H
H	L	H	L	H	H	H	L	H	H	H	H	H
H	L	H	H	L	H	L	H	H	H	H	H	H
H	L	H	H	H	L	H	H	H	H	H	H	H

表 3.10.4 74LS148 功能表

输 入									输 出				
$\overline{S}$	$\overline{I}_0$	$\overline{I}_1$	$\overline{I}_2$	$\overline{I}_3$	$\overline{I}_4$	$\overline{I}_5$	$\overline{I}_6$	$\overline{I}_7$	$\overline{Y}_2$	$\overline{Y}_1$	$\overline{Y}_0$	$\overline{Y}_S$	$\overline{Y}_{EX}$
1	×	×	×	×	×	×	×	×	1	1	1	1	1
0	1	1	1	1	1	1	1	1	1	1	1	0	1
0	×	×	×	×	×	×	×	0	0	0	0	1	0
0	×	×	×	×	×	×	0	1	0	0	1	1	0
0	×	×	×	×	×	0	1	1	0	1	0	1	0
0	×	×	×	×	0	1	1	1	0	1	1	1	0
0	×	×	×	0	1	1	1	1	1	0	0	1	0
0	×	×	0	1	1	1	1	1	1	0	1	1	0
0	×	0	1	1	1	1	1	1	1	1	0	1	0
0	0	1	1	1	1	1	1	1	1	1	1	1	0

图 3.10.15 74LS151 八选一数据选择器

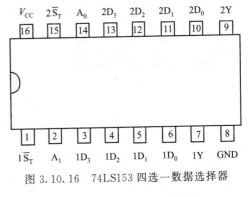

图 3.10.16 74LS153 四选一数据选择器

表 3.10.5 74LS151 功能表

输入				输出	
选择			选通		
A_2	A_1	A_0	$\overline{S}_T$	Y	$\overline{W}$
×	×	×	H	L	H
L	L	L	L	D_0	$\overline{D}_0$
L	L	H	L	D_1	$\overline{D}_1$
L	H	L	L	D_2	$\overline{D}_2$
L	H	H	L	D_3	$\overline{D}_3$
H	L	L	L	D_4	$\overline{D}_4$
H	L	H	L	D_5	$\overline{D}_5$
H	H	L	L	D_6	$\overline{D}_6$
H	H	H	L	D_7	$\overline{D}_7$

表 3.10.6 74LS153 功能表

输入			输出
选择		选通	
A_1	A_0	$\overline{S}_T$	Y
×	×	H	L
L	L	L	D_0
L	H	L	D_1
H	L	L	D_2
H	H	L	D_3

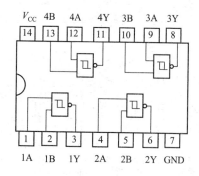

图 3.10.17　74LS132 正与非施密特触发器

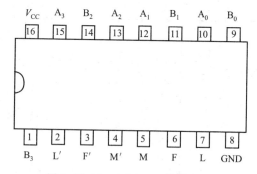

图 3.10.18　74LS85 四位数码比

表 3.10.7　74LS85 功能表

输入							输出		
A_3B	A_2B_2	A_1B	A_0B_0	M' $(A'>B')$	L' $(A'=B')$	F' $(A'<B')$	M $(A>B)$	F $(A=B)$	L $(A<B)$
$A_3>B_3$	$\times$	$\times$	$\times$	$\times$	$\times$	$\times$	1	0	0
$A_3<B_3$	$\times$	$\times$	$\times$	$\times$	$\times$	$\times$	0	1	0
$A_3=B_3$	$A_2>B_2$	$\times$	$\times$	$\times$	$\times$	$\times$	1	0	0
$A_3=B_3$	$A_2<B_2$	$\times$	$\times$	$\times$	$\times$	$\times$	0	1	0
$A_3=B_3$	$A_2=B_2$	$A_1>B_1$	$\times$	$\times$	$\times$	$\times$	1	0	0
$A_3=B_3$	$A_2=B_2$	$A_1<B_1$	$\times$	$\times$	$\times$	$\times$	0	1	0
$A_3=B_3$	$A_2=B_2$	$A_1=B_1$	$A_0>B_0$	$\times$	$\times$	$\times$	1	0	0
$A_3=B_3$	$A_2=B_2$	$A_1=B_1$	$A_0<B_0$	$\times$	$\times$	$\times$	0	1	0
$A_3=B_3$	$A_2=B_2$	$A_1=B_1$	$A_0=B_0$	1	0	0	1	0	0
$A_3=B_3$	$A_2=B_2$	$A_1=B_1$	$A_0=B_0$	0	1	0	0	1	0
$A_3=B_3$	$A_2=B_2$	$A_1=B_1$	$A_0=B_0$	0	0	1	0	0	1

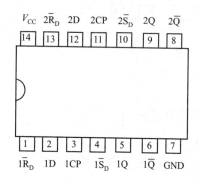

图 3.10.19　74LS74 双 D 触发器

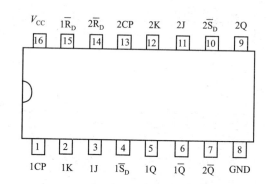

图 3.10.20　74LS112 双 JK 触发器

表 3.10.8　74LS112 功能表

输入				输出	
$\overline{S}_D$	$\overline{R}_D$	CP	D	Q	$\overline{Q}$
L	H	$\times$	$\times$	H	L
H	L	$\times$	$\times$	L	H
L	L	$\times$	$\times$	H	H
H	H	$\uparrow$	H	H	L
H	H	$\uparrow$	L	L	H
H	H	0	$\times$	Q_0	$\overline{Q}_0$

表 3.10.9　74LS74 功能表

输入					输出	
$\overline{S}_D$	$\overline{R}_D$	CP	J	K	Q	$\overline{Q}$
L	H	$\times$	$\times$	$\times$	H	L
H	L	$\times$	$\times$	$\times$	L	H
L	L	$\times$	$\times$	$\times$	H	H
H	H	$\downarrow$	L	L	Q_0	$\overline{Q}_0$
H	H	$\downarrow$	L	H	L	H
H	H	$\downarrow$	H	L	H	L
H	H	$\downarrow$	H	H	$\overline{Q}_0$	Q_0
H	H	$\times$	$\times$	$\times$	Q_0	$\overline{Q}_0$

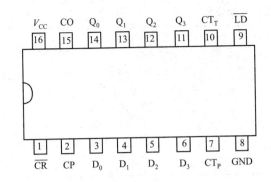

图 3.10.21　74LS160/161/163 同步
十进制计数器

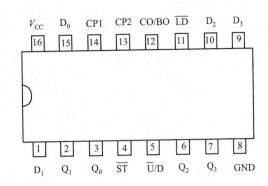

图 3.10.22　74LS190 同步可逆
十进制计数器

表 3.10.10　74LS160 功能表

输入									输出			
清零	使能		置数	时钟	数据				Q_0　Q_1　Q_2　Q_3			
$\overline{CR}$	CT_T	CT_P	$\overline{LD}$	CP	D_0	D_1	D_2	D_3				
L	×	×	×	×	×	×	×	×	L　L　L　L			
H	×	×	L	↑	d_0	d_1	d_2	d_3	d_0　d_1　d_2　d_3			
H	H	H	H	↑	×	×	×	×	计数			
H	L	×	H	×	×	×	×	×	保持			
H	×	L	H	×	×	×	×	×	保持			

表 3.10.11　74LS161 功能表

输入									输出			
清零	使能		置数	时钟	数据				Q_0　Q_1　Q_2　Q_3			
$\overline{CR}$	CT_T	CT_P	$\overline{LD}$	CP	D_0	D_1	D_2	D_3				
L	×	×	×	×	×	×	×	×	L　L　L　L			
H	×	×	L	↑	d_0	d_1	d_2	d_3	d_0　d_1　d_2　d_3			
H	H	H	H	↑	×	×	×	×	计数			
H	L	×	H	×	×	×	×	×	保持			
H	×	L	H	×	×	×	×	×	保持			

表 3.10.12　74LS163 功能表

输入									输出			
清零	使能		置数	时钟	数据				Q_0　Q_1　Q_2　Q_3			
$\overline{CR}$	CT_T	CT_P	$\overline{LD}$	CP	D_0	D_1	D_2	D_3				
L	×	×	×	↑	×	×	×	×	L　L　L　L			
H	×	×	L	↑	d_0	d_1	d_2	d_3	d_0　d_1　d_2　d_3			
H	H	H	H	↑	×	×	×	×	计数			
H	L	×	H	×	×	×	×	×	保持			
H	×	L	H	×	×	×	×	×	保持			

表 3.10.13　74LS190 功能表

输入								输出			
使能	置数	时钟	加/减	数据							
$\overline{ST}$	$\overline{LD}$	CP1	$\overline{U}/D$	D_0	D_1	D_2	D_3	Q_0	Q_1	Q_2	Q_3
$\times$	0	$\times$	$\times$	d_0	d_1	d_2	d_3	d_0	d_1	d_2	d_3
0	1	↑	0	$\times$	$\times$	$\times$	$\times$	加法计数			
0	1	↑	1	$\times$	$\times$	$\times$	$\times$	减法计数			
1	1	$\times$	$\times$		$\times$	$\times$	$\times$	保持			

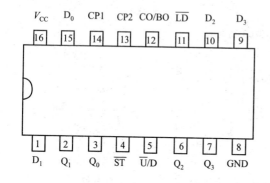

图 3.10.23　74LS191 同步可逆
二进制计数器

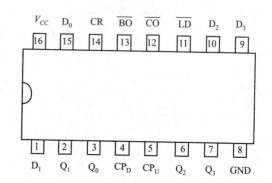

图 3.10.24　74LS192 同步可逆
十进制计数器

表 3.10.14　74LS191 功能表

输入								输出			
使能	置数	时钟	加/减	数据							
$\overline{ST}$	$\overline{LD}$	CP1	$\overline{U}/D$	D_0	D_1	D_2	D_3	Q_0	Q_1	Q_2	Q_3
$\times$	0	$\times$	$\times$	d_0	d_1	d_2	d_3	d_0	d_1	d_2	d_3
0	1	↑	0	$\times$	$\times$	$\times$	$\times$	加法计数			
0	1	↑	1	$\times$	$\times$	$\times$	$\times$	减法计数			
1	1	$\times$	$\times$	$\times$	$\times$	$\times$	$\times$	保持			

表 3.10.15　74LS192 功能表

输入								输出			
清零	加计数	减计数	置数	数据							
CR	CT_U	CT_D	$\overline{LD}$	D_0	D_1	D_2	D_3	Q_0	Q_1	Q_2	Q_3
H	$\times$	$\times$	$\times$	$\times$	$\times$	$\times$	$\times$	L	L	L	L
L	$\times$	$\times$	L	d_0	d_1	d_2	d_3	d_0	d_1	d_2	d_3
L	↑	H	H	$\times$	$\times$	$\times$	$\times$	递增计数			
L	H	↑	H	$\times$	$\times$	$\times$	$\times$	递减计数			
L	H	H	H	$\times$	$\times$	$\times$	$\times$	保持			

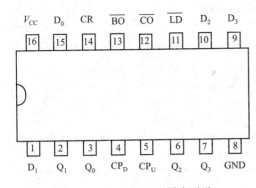

图 3.10.25 74LS193 同步可逆
二进制计数器

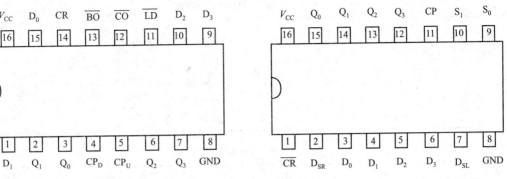

图 3.10.26 74LS194 四位双向通用
移位寄存器

表 3.10.16 74LS193 功能表

输入								输出			
清零	加计数	减计数	置数	数据				Q_0 Q_1 Q_2 Q_3			
CR	CT_U	CT_D	$\overline{LD}$	D_0	D_1	D_2	D_3				
H	×	×	×	×	×	×	×	L L L L			
L	×	×	L	d_0	d_1	d_2	d_3	d_0 d_1 d_2 d_3			
L	↑	H	H	×	×	×	×	递增计数			
L	H	↑	H	×	×	×	×	递减计数			
L	H	H	H	×	×	×	×	保持			

表 3.10.17 74LS194 功能表

输入										输出			
清零	模式		时钟	串行		并行				Q_0^{n+1}	Q_1^{n+1}	Q_2^{n+1}	Q_3^{n+1}
$\overline{CR}$	S_1	S_0	CP	D_{SL}	D_{SR}	D_0	D_1	D_2	D_3				
L	×	×	×	×	×	×	×	×	×	L	L	L	L
H	×	×	L	×	×	×	×	×	×	Q_0^n	Q_1^n	Q_2^n	Q_3^n
H	H	H	↑	×	×	d_0	d_1	d_2	d_3	d_0	d_1	d_2	d_3
H	L	H	↑	×	H	×	×	×	×	H	Q_0^n	Q_1^n	Q_2^n
H	L	H	↑	×	L	×	×	×	×	L	Q_0^n	Q_1^n	Q_2^n
H	H	L	↑	H	×	×	×	×	×	Q_1^n	Q_2^n	Q_3^n	H
H	H	L	↑	L	×	×	×	×	×	Q_1^n	Q_2^n	Q_3^n	L
H	L	L	×	×	×	×	×	×	×	Q_0^n	Q_1^n	Q_2^n	Q_3^n

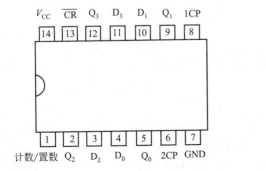

图 3.10.27 74LS196 十进制计数器/锁存器

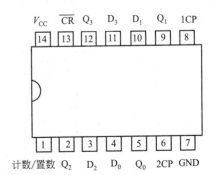

图 3.10.28 74LS197 二进制计数器/锁存器

表 3.10.18　74LS196 功能表

输入							输出			
清零	置数	时钟	数据				Q_3 $\quad Q_2$ $\quad Q_1$ $\quad Q_0$			
$\overline{CR}$	$\overline{LD}$	CP	D_3	D_2	D_1	D_0				
0	×	×	×	×	×	×	0　0　0　0			
1	0	×	d_0	d_1	d_2	d_3	d_0　d_1　d_2　d_3			
1	1	↓	×	×	×	×	递增计数			

表 3.10.19　74LS197 功能表

输入							输出			
清零	置数	时钟	数据				Q_3 $\quad Q_2$ $\quad Q_1$ $\quad Q_0$			
$\overline{CR}$	$\overline{LD}$	CP	D_3	D_2	D_1	D_0				
0	×	×	×	×	×	×	0　0　0　0			
1	0	×	d_0	d_1	d_2	d_3	d_0　d_1　d_2　d_3			
1	1	↓	×	×	×	×	递增计数			

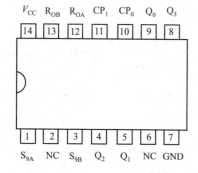

图 3.10.29　74LS290 十进制计数器

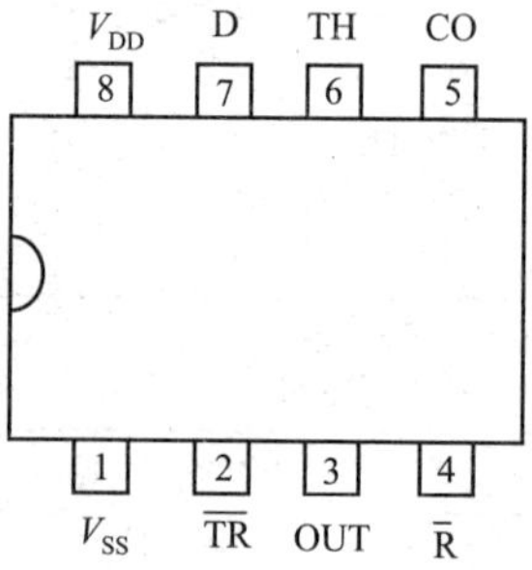

图 3.10.30　CC7555 集成定时器

表 3.10.20　74LS290 功能表

输入			输出			
$R_{OA} \times R_{OB}$	$S_{9A} \times S_{9B}$	CP	Q_3	Q_2	Q_1	Q_0
H	L	×	L	L	L	L
L	H	×	H	L	L	H
L	L	↓	计数			

表 3.10.21　CC7555 功能表

TH	$\overline{TR}$	$\overline{R}$	OUT	放电管 VD
×	×	0	0	导通
$>(2/3)V_{DD}$	$>(1/3)V_{DD}$	1	0	导通
$<(2/3)V_{DD}$	$<(1/3)V_{DD}$	1	不变	维持原态
×	$<(1/3)V_{DD}$	1	1	关闭

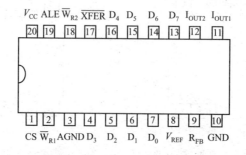

图 3.10.31　DAC0832 数/模转换器

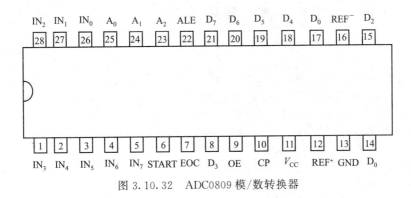

图 3.10.32　ADC0809 模/数转换器

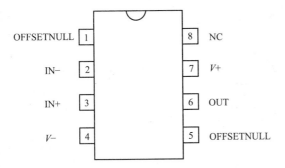

图 3.10.33　LM741（μA741、WA741）
高增益集成运算放大器

注：1 脚与 5 脚间接入一只几十千欧的调零电位器，
并将中心抽头接到负电源端（4 脚）

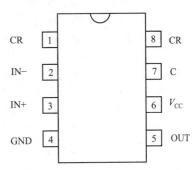

图 3.10.34　LM386 集成功率放大器

注：7 脚接旁路电容（大于 10μF），1 脚与 8 脚
之间接入 RC 网络后可调节电压增益

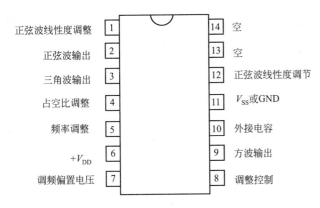

图 3.10.35　ICL8038 函数发生器

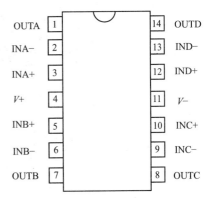

图 3.10.36　LM324 四运放集成
运算放大器

参考文献

［1］ 阎石. 帮你学数字电子技术基础. 北京：高等教育出版社，2004.

［2］ 华成英. 帮你学模拟电子技术基础. 北京：高等教育出版社，2004.

［3］ 阎石. 数字电子技术基础. 第 5 版. 北京：高等教育出版社，2006.

［4］ 杨素行. 模拟电子技术基础简明教程. 第 3 版. 北京：高等教育出版社，2006.

［5］ 杨碧石. 数字电子技术基础. 北京：人民邮电出版社，2007.

［6］ 杨碧石. 模拟电子技术基础. 北京：人民邮电出版社，2008.

［7］ 杨碧石，束慧，陈兵飞. 电子技术实训教程. 第 2 版. 北京：电子工业出版社，2009.

［8］ 胡宴如. 模拟电子技术基础. 第 2 版. 北京：高等教育出版社，2010.

［9］ 杨拴科. 模拟电子技术基本基础. 第 2 版. 北京：高等教育出版社. 2012.

［10］ 杨志忠. 数字电子技术及应用. 北京：高等教育出版社，2012.

［11］ 余红娟. 模拟电子技术. 北京：高等教育出版社，2013.

［12］ 周良权，方向乔. 数字电子技术基础. 第 4 版. 北京：高等教育出版社，2014.

［13］ 劳五一. 模拟电子技术教程. 北京：清华大学出版社. 2015.

［14］ 华成英，叶朝辉. 模拟电子技术基础. 第五版. 北京：高等教育出版社，2015.

［15］ 杨碧石，戴春风，陆冬明. 电子技术基础（数字部分）. 北京：化学工业出版社. 2017.

［16］ 杨碧石，戴春风，陆冬明. 电子技术基础（模电部分）. 北京：化学工业出版社，2018.